广西民族风俗艺术
卷肆

下

卷首

始

广西民族风俗艺术

吕胜中主编

总序

广西壮族自治区位于中国南部，南临北部湾，西南界越南，北连贵州、湖南，东接广东，西邻云南。在这片山岭绵延、江河纵横的土地上，六七十万年前就已有人类生活了。两千多年前『百越』中的西瓯、骆越部落就活跃在这里。在历史的漫长路上，古人处处留下闪烁着智慧之光的创造——粗犷古拙的花山崖画，浑厚质朴的骆越铜鼓，『分派湘漓』的秦时灵渠，『杰构天南』的明代真武阁……为广西的山山水水构架出永久的美丽，也为广西五彩斑斓的民情风习铺衬好厚重的画布。

在这块画布前站立着十二个民族——壮、汉、瑶、苗、侗、仫佬、毛南、回、京、彝、水、仡佬族的兄弟姐妹，他们承继着祖先的业绩，以纯真、善良和崇尚美好的心灵，艺术般地开创着自己人生的路途，也把自己的生活幻化为不朽的艺术。民间艺术——劳动者的艺术。与文明世界艺术家的创造不同，他们没有『艺术品』的概念，也不是为了纯粹的审美目的。他们的创造基于民族、地域文化集体意识的根系，从作用于精神与生活实用的原则入手，去施展各自的聪慧和才智。没有断裂过的民族的、历史的文化与他们一脉相承，没有清规戒律的本色创造能力又扩展着他们自在驰骋的不拘天地。因而，用现代文化人美术分类的方式去套叠民间艺术是极其愚蠢的，持着糊涂的自以为是永远不可能操持原本的本真。鉴于此，本书不以技法、工具材料或形制分类的方式，而是从生活民俗的角度出发，深入到衣食住行、岁时节日、人生仪礼、民族信仰之中，去开掘探究广西各民族劳动者的艺术。《广西民族风俗艺术》将按卷次序列，以箱匣的方式逐次向大家推出。

也许有人会问，现在正是改革开放进入纵深的阶段，包括广西各少数民族在内的中国人民，无论在思想观念还是生活方式方面都在发生着巨大的变化，我们去研究这样的属于陈旧传统的文化箱底，有什么现实的意义吗？

明天，必定已不是从前。但是，如果我们不再简单地相信历史没有纰漏，我们便会以今天的判断重新选择：如果我们不再愿意当寄生的菟丝，我们就会在脚下的泥土中扎根；如果我们不再急功近利寻求一夜的暴发，我们就会留住青山——人类文化基因库里源源不断的柴薪，传递给后世一盏永远的启明灯。

那么，今天，我们是否再回首？

当人类踉跄着在必须前行的螺旋舷梯上艰难跋涉的时候，为了轻松些，为了完成自己的行程，随时会丢掉身上沉重的包袱，而那里边，往往有些珍贵的东西……

大家慢慢看吧。

一九九八年十月
于广西壮族自治区成立四十周年之际

本卷文字
玉时阶（壮族）
姜全子

本卷主摄影
王梦祥

本卷图片支持
余亚万 张小宁
罗森资 鲁忠民
霍永添 李 桐
李美兴 温少瑛
魏桂宁 区 阳
玉时阶（壮族）

卷肆 五彩衣裳（下）

篇肆·衬托朴实的面容

在上卷里，我们打开山寨的衣箱，饱览过广西各民族传统的五彩衣裳。衣裳本身就是一幅蕴含丰富形色和深远意境的画作，足以让文明世界中的艺术专业户们大开眼界。不过，衣服毕竟不是可挂在镜框中的平面绘画，它是『得体』的艺术品种，只有与人结合到一起，才显示出它的全部魅力。也许正因为此，美感的获取到了最恰如其分的程度时，我们自然会想到一个通常的词——舒服。

舒服的感觉首先流露在着衣人的脸，它是人类用衣装重塑自己的理想境界中，给予人体显露的一个不可多得的机会，而衣装也着意刻画了它的笔触，从上卷大量的花纹中，我们看到许多民族衣服上的图纹，都是天地万物的宇宙大命题。衣服如同是一个混沌——穿着之时，开口之处，生命的笑颜从其中冒出——人类不断地演示生命起源史剧的壮丽序幕。因之，面容在衣裳的衬托下，更加显示出生命角色的感染力。面容是上帝造物的创意，衣服是人类主宰自己的创意，天人合一，生成了中国传统多元文化中生命实体的造型艺术。

金秀茶山瑶

婚礼仪式上的新娘子与众不同，偏要把美丽的面容掩盖起来——这已成为中国婚俗中千篇一律的程式，却淡化了程式的所以然。

当我从广西诸民族衣裳中看清了天地三界的宇宙大观，得出了混沌的结论，茶山瑶家新娘头上的花盖头也即将揭开——

花盖头，一块织着八角纹太阳图案的彩锦，一片象征吉祥天空的华盖。

盖着的时候是一个神秘，打开的时候是一个世界。

这正是混沌初开，创世女神诞生的演示仪式。

掀起你的盖头来吧！

生命仪礼中的瑶族女子，从此开始，

你将承继创世女神的使命，

为自己的民族绵延子孙。

也裹着成熟了
的浑圆宇宙，
等待着

混沌初开，
创世女神诞生
的演示仪式。
喜歌高奏，鼓乐长鸣，
掀起你的盖头来吧，
露出你崭新的面容！
生命仪礼中的瑶族女子，
从此开始，
真正领悟了创世先祖的点拨，
用你的纯洁和深爱，去完成生命传代的责任。

百年前的壮族女子

一九〇〇年，一位叫方苏雅的法国官员拍下了这位壮族女子的面容，并将照片命名为『蒙娜丽莎的微笑』。

但我觉得壮女的微笑里含着更多的深沉和无奈。多少年来，少数民族在主流文化的挤压当中顽强生存，倔犟和自尊的个性，在女子华美的衣裳和头饰的反衬中，显得更

加清楚。时光远去，这种微笑已渐渐隐去。

另一种微笑浮现——这位今日的壮家少女，简单了衣装上的挑绣花纹，省略了头上的金饰银钗，抛却了脸上的深沉和无奈。笑得轻松！笑得自在！

南丹壮族

贺州盘瑶

花锦、彩带缠裹在头顶，披肩、围腰系扎在身。
盘王的儿男把自家打扮得五彩斑斓，
为了炫耀自己是龙犬的子孙，
也标示了崇尚完美的族群——
工于绣织的瑶族妇女不仅打扮如花的自我，
也用自己的手艺打扮自家的男人。
头帕上和衣肩上无尽的妩媚
与瑶家汉子棱角分明的脸盘刚柔相济，
协调出深沉厚重性格中的干练和明快
这才是男儿本色的全部，
这也是祖先赐给后代堂正仪表的责任。

融水苗族

银质的头箍和项圈如同日月的光环，把苗女清秀的面颊映出纯洁的华泽。
顶戴的鲜花把生命渲染进自然的景色，
是否也为了娱悦苗族崇拜的蝴蝶妈妈？

兴安瑶族

巾帕缠结出的三翘角头饰流露出一种不驯的野性意味，黑白的草珠、鲜红的缨穗，又把兴安瑶女尖俏冷峻的面孔罩染得热烈奔放。

金秀茶山瑶

高翘的银板弧向天空，
似乎捧托着太阳泼洒下来的光线。
银板也许象征着动物的犄角或耳朵，
也许象征着财产和身份，
但那翘起的弧线像一把动情琴弓，
拉动着茶山瑶女子神采中高不可攀的风韵。

巴马布努瑶

蜂蜡塑成的身，彩虹化成的精神，密洛陀的儿女，密洛陀的后代。经历艰难创世界，
尝尽辛辣争生存。不屈身材不低头，站起坐下布努人。

那坡彝族

檐柱……丝丝……彩旗村的妻妻，彝族少女的青春，冬棚绿樱樱的叶子，大阳映照的面庞继续迎接日光的洗浴・胸前的『挡花』银板，因此也折射出波动、渴求的芳心。

那坡黑衣壮

黑色的布衫，黑色的头帕，尚黑的壮族人以正色示向世界，以黑色衬托生命绽露的精彩。披挂黑衣白银的壮家女腼腆的微笑，已将五颜六色抛洒普天下。

那坡黑衣壮

为何将背影对准镜头？原来是满头的银簪诱引了我的眼睛。壮家少妇的花簪别出了富丽的发式，银花折射着太阳的光焰。

隆林壮族

单纯的色彩，简洁的样式，是壮族衣着的朴素风格，衬托出面部的丰富。淡妆素裹，就像一帧雅致的水墨人物肖像画。墨气淋漓幛犹湿，写意笔法抹出浓重的黑衣；三矾五染精勾细勒，工笔重彩描出厚实滋润的脸盘——即使不是摄影家的有意捕捉，在隆林的乡间，也到处可见这样的图画。

桂平盘瑶

盘王节上的老阿婆粲然一笑，脸上的皱纹刻写着的人生经历，顿时与衣上绣着的民族纹理融为篇章，写出生动的故事。

南丹中堡苗

满头白发的苗族老阿妈，
项上挂着十条银制的项圈，
那是太阳的光环，那是始祖母亲的恩典。
胸兜上露出来的神鸟、太阳、神竿的挑绣花纹，
记录着女性创造的功绩，也写着生命繁衍的经验。

田林蓝靛瑶

盘卷的纱线从头顶垂下，并非为着抵挡风寒，也不是都市里摩登的假发，这是盘王垂下的两耳，珍贵过满头的秀发。

融水花瑶

长发如行云流水的慢板，轻吟出一曲抒情的歌谣；盘髻如叶筋游丝的白描，勾勒出一幅传神的画轴。在重塑生命的壮举中，瑶家女子身穿五彩斑斓的衣裙，头挽翘露耳角的发型，使世代崇敬的祖先形象附着自身，自我便完美无缺了。

隆林花苗

已是穿着大工业生产的印花布衫，省去了自己挑绣花衣的时间，爱花爱美的苗女子还是将自己打扮得不同于众。更是挑花的头帕上闪烁着的太阳花，留下了祖祖辈辈都不曾丢弃的本原依恋。

金秀茶山瑶

铸满银角的头箍将头发掩起，
背后垂下银螺和流苏，
银角的锐刺使娇娜的女子变得勇武起来，
像一位生命之搏中的巾帼英雄。

头饰如储含着一支支飞箭，
可射穿一切来犯之敌；
头饰又如一个能量无限的太阳，
向四周放出沸腾生命的光芒。

金秀茶山瑶

茶山瑶女子的确不是专事女红的娇娥，
短衣便捷，束发轻盈，
造就出她们出没于大瑶山中的英姿飒爽。

南丹中堡苗

娃崽的锦帽织着民族古老的吉祥鸟，又钉嵌上银制的弥勒佛，这是文化碰撞中的古老『波普』，这是民族旅途中的曾经『流行』。戴这样的锦帽成长，头脑有了多层的庇护，思想有了更大的宽松。

贺州尖头瑶

『尖头瑶』其实是因盘瑶女子的帕巾帽而得名。
无数条精心挑绣的布帕，
层层叠叠堆成一个高高的尖塔形，
顶戴在成年女子的头上。
顶布的习俗在古代民族中并不鲜见，
标志着女人的善织能绣，
显示着家族的富有。
重要的是对织物的敬重——
这是先祖传导下来的技艺，
织物中的每一个花纹，
都有祖先永恒的灵性，
因而尖头瑶的女子不感到沉重。

融水花瑶

谁说男子不讲究打扮？
瑶家的汉子比女人更多些妆饰。
紧身的亮布坎肩、大红的护领，
使强壮的身板平添矫健；
忽闪的银制羽翎、尖俏的额冠，
使木讷的脸膛多了些机灵。
男儿之美不只是一堆坚韧的筋骨结实的肉，
灵魂的塑造，才更使风流人物赢取风骚。

融水瑶族

盛装的头冠披上串珠锦帕，
就像张开翅膀护佑先灵的大鸟，
又与女人的面孔构成十字形的太阳符号。
竖——上接天空，下立大地；
横——可指向四面八方。
横竖的形体随着生命的运动，
在天地之间书写出一串奇妙的文字。

三江富禄侗族

披上满绣的披肩，
戴上银缀的凤冠，
第一次穿上节日盛装的侗家女娃成熟了，
成熟得如山水间的栖凤，欲飞向生命广博的绿野，
寻找心灵的家园。

融水苗族

神话故事中的神鸟向往凡世，脱下羽衣变成了美女，现实中的苗家女子穿上『百鸟衣』，变成了凤鸟。百鸟衣使人类又回到与生灵万物同呼吸共命运的远古岁月，生命贴近自然，却比自然更加美丽。

凌云瑶族

打扮成祖先龙犬的形貌，仿佛又回归到五彩斑斓的神犬本色之中；唱起悲戚的『哭嫁歌』，叫女儿念着盘瓠的根由。

三江侗族

是什么让她把古朴写在脸上？又是什么使她将厚重凝进笑中？那套青紫色的亮布衫，那条白中挑花的巾帕，那项上挂着的银圈，塑造了一种审美的深沉，品位的典雅。

金秀瑶族

黑白的交响中，闪出了几朵艳丽的红色挑花，使阳刚的男子显出妩媚；紧身的衣褂、银簪束发，又为未泯的野性归入潇洒。一个完美的汉子站立起来，不动声色，就该支撑全天下。

田林盘瑶

一串大红的绒线球，把女子的面孔从黑色的长袍中捧起，生命的光焰顿生。
红绒球如滚动的太阳，如撒落的星星，用一方精心编织的天衣罩住生命的心胸。
一条长长的布带，盘结成无数个大写的『人』字顶起来了！
盘古播下的种子就在这之间苏醒。

五彩衣裳（下）

衬托朴实的面容

篇肆

结语 一张张表情的面孔与我们相遇，一面面灵魂的透镜对着我们的眼睛，于是相互认识了，又匆匆分手。画中人谢绝了我们的挽留，依然自在于如画的真山真水中。任何一个有着悠久文化传统的民族，都造就了自己民族特质的灵魂超越骨肉形躯，纵横物质世界。因而，画中人说：不要因衣装而取人，五彩衣裳的美丽，是心灵深处的表情，没有酿造已久的传统，穿上它也只是一张板着的面孔。衣服是我们的面容，我们的面容在心中。

终

篇伍·烘染健美的身影

『衣，身之章也。』（引《左传·闵公二年》）章，明也，即通过衣服把人体打扮得多姿多彩，引人注目。人类最初穿上衣裳时，也许并不只是为了装饰自身，然而随着历史的演进，社会的发展，服装的审美功能也愈加重要。在广西，这种美的追求又必须与各民族的生存环境、宗教信仰、文化背景协调，更为鲜明地造就出族属不同集群各自的审美个性。

在广西境内，包括汉族在内的十二个民族，他们大多数居住在南国的山峦之中，山水草木、花香鸟语陶冶了山里人的性情，他们久久地领悟天地方圆的形式，五彩世界的斑斓，去创新自己的服饰，塑造自己的形体。一个个各自不同的民族，自然有着各自的独特，而各民族自然分化聚居的一个个集群，又有着缤纷山野中的别样自在，这便形成了广西各民族服饰的品类繁多，数不胜数。

五彩衣裳烘染出变幻无穷的层次，塑造出浓重结实的体积，述说出千秋万代的生命，呼唤出萃集万千的灵魂。

壮族

在走进今日壮乡之前，让我们先通过文字残留下来的投影片断观照一下久远的过去。

宋 椎髻跣足，或着木屐，衣青花斑布（引宋·范成大《桂海虞衡志·志蛮》）

明 花衣短裠 男子着短衫，名为黎桶，腰前后两幅掩不至膝妇女亦着黎桶，下围花幔（引明·顾炎武《天下郡国利病书》）

清 男女服色皆尚青，蜡点花斑，式颇华，但领、袖用五色绒线绣花于上 髻结贯耳，富者男女皆以银作大圈加颈。男衣短窄，裂布束胫，出入常佩刀。女衣不掩膝，长裙细褶，或蓝或红或花，更有穿夹裙者，厚三、四层，重五、六斤，缀五色绒于襟袂裙幅间。善涉水，手摄裙幅，视水浅深以次收展。（怀远○壮）男女皆斑衣，长仅至脐，裙不过膝。（临桂壮）丈夫尺帛缭头，妇人髻绾木梳，短衣长裙，

○今宜州境内

俱贯耳跣足。（永福县）妇人椎髻差圆，络珠为饰，裙拖十幅，刺花成彩。引清·谢启昆《广西通志》卷二七八（庆远府壮）身着青布，衣多缘绣，亦止及腰，内络花兜，敞襟露胸，以示丽。亦有聚鹅毛为毯缀衣以为饰者，裤短而裙长，不裤者半焉。裙色皆深青，亦以缘绣，襞积颇繁，腰多束花巾。引清·李文琰《庆远府志》卷十 男服短穿衫，老者细褶裙，少者长青裤，女服青衣花纹小袂，裙以红缯线纹其中，上青下红，长则曳地。引《古今图书集成》一四五卷《方舆汇编·职方典·庆远府部》（宜山县）男衣短狭，色尚青，老者衣细褐。妇女则小袂长裙，绣刺花纹，其长曳地。引清·李文琰《庆远府志》卷十（天河县）妇人服饰无老少，色尚红，裙作细褶，厚累五六层，重数斤。（永定长官土司）村峒壮人，男以花巾青布缠头，赤足，遇喜庆事及出门做客，亦有戴红帽穿鞋袜者。罕着衣袍。妇女头戴花簪，耳戴大银环，穿青蓝花布大袖短衣，袖口用红布镶四五寸，省亲会客始穿。多穿青蓝布短裙，间有穿青布及月蓝布细褶长裙者。虽极寒冷，俱赤足。引清·李文琰《庆远府志》卷十（白山土司）士人衣尚青，男子间有着蓝者，妇女则纯青，行路以青布一幅卷于发上，短衫长裙，裙极宽而褶极细，着衣衫者则无裙。未嫁子女项挂银圈，耳悬灯笼坠，手无戒指，唯拇指束一银箍，名曰桶箍。首饰用琴样银簪，长尺许，横贯于髻。平日皆跣足，遇年节及喜庆宴会，男着袜，女蹑花鞋，悉以布为之。绫锦绸缎，富绅家间或用之，若僻远村民，则有终其身未一睹者。引清·道光《白山司志》卷 宣化壮俗，男子湜发留大髻，以笠空其中，覆于顶。男女衣皆青，或以薯染红。盛服则锦兜花裙，缀以古铜钱，丁当白喜。富女以银作大圈围领上。长裙细折，缀五色绒线于襟袂间。（永淳）壮妇高髻，上覆大笠，跣行乱石从箐中若飞。胸着锦兜花裙，裙边系唐宋铜钱，叮当有声。（西林县壮）男女冬夏皆尺帛裹头，狭衣短裙。男衣带皆黑，妇女衣不掩膝，长裙细褶。引清·谢启昆《广西通志》卷二七八（下雷土州）妇女所着衣服，上节衣长九寸，领袖俱堆五色线，下节用布幅围。头巾白质黑章，髻如田螺，又以银钗数枝斜簪其髻，多赤脚，后发剪齐。引清·光绪《归顺直隶州志》卷三（养利州）妇女短衣长裙，衣缝两截。男子冠帽，贫者尺布裹头，穿草履。引清·康熙《养利州志·习尚》（桂平县）妇用银丝围绕头髻，耳环大圈，不用坠子。衣不掩膝，长裙细褶，缀五色绒于襟袂间。引清·黄国昱纂《桂平县资法图志》第四卷 凭借古人或详或略的文字记载，我们对壮族先民的服装有了一个大致的了解，却很难勾画出一个清楚的轮廓。清代傅恒的《皇清职贡图》卷四，多少弥补了这一缺憾。尽管画者的描绘未必全面，记叙文字中也仍透露出轻慢的神态，但它毕竟给予了一个

○今罗城境内
○今宜州、都安境内
○今邕宁境内
○今大新境内
○今宜州境内
○今马山境内
○今横县境内
○今大新境内
○见《钦定四库全书》

线索，使我们有可能将今天——仍保留着古朴之风的广西少数民族穿着的艺术——与传统连接起来。值得高兴的是，从这些字画中找到了广西土地上的各民族先民。让我们用热情为这些白描和简介补足色韵吧！

賀縣獞婦

清·傅恒《皇清职贡图》

■（贺县獞人）男花巾缠头，项饰银圈，青衣绣缘，女环髻遍插银簪，衣锦边短衫，系纯锦裙，华饰自喜，能织獞锦及巾帕，其男子所携必家自织者。■（融县獞人）男花布缠头，女项饰银圈，衣缘以锦花褶绣。履时携所织獞锦出售，必带笠而行。■（兴安县獞人）男蓝布裹头，妇椎髻银簪，悬以花胜抹额，悉缀以珠，衣裳俱缘以锦绣。■（思恩府属侬人）妇首绾双髻，短衣布裙，时携巾扇闲游，女青衣绣

賀縣獞人

融縣獞人

融縣獞婦

○「獞」为旧时对壮族的蔑称，下同

○思恩府今环江境内，侬人为当地壮族人自称

○「狼」为旧时对壮族的蔑称，下同

○今大新境内。土人为壮族人别称

○今西林、隆林境内

裳，系红绿彩色带，喜簪花，亦喜以茜草染齿。（岑溪县狼人）男椎髻绩麻为衣 妇垂髻，耳环与民人相同，喜以茜草染齿使红以示丽（太平府土人）多以尺布裹头，不留髭须，足着革履，出必以油盖自随，时负丝网袋趁圩负物而归。妇人手戴银钏，多者或至三四。短衣长裙，行则亵于带间。（西隆州土人）男以蓝布缠头，蓝衣花带，手银镯，足鸮鞋。时肩丝网袋以贮什物。土妇首裹布帻，髻插花簪，绿衣红领花袖，外系细褶之裙，束以飘带

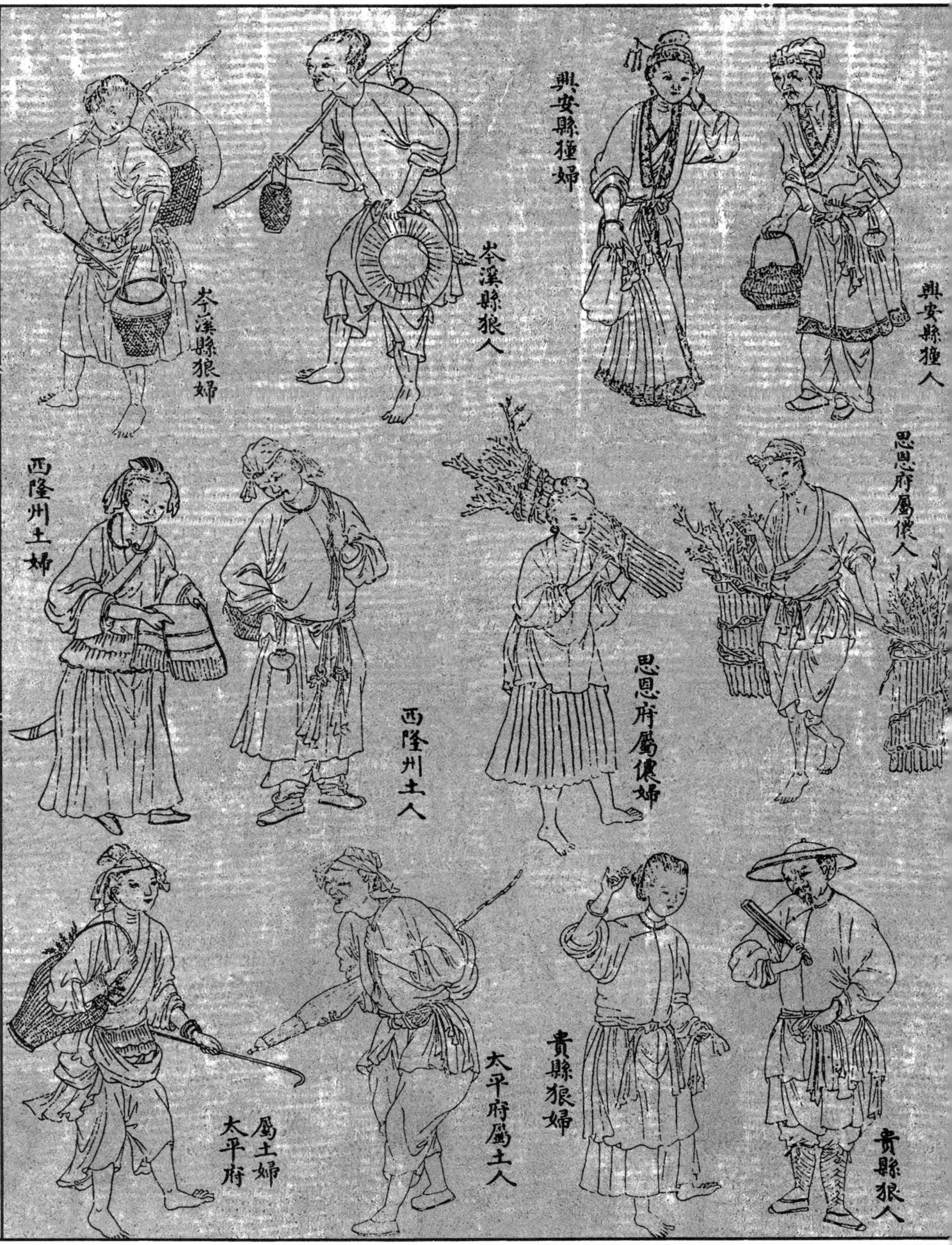

近代晚清以后，壮族的服装有了变化，男子衣装日趋简便，女人的衣装日趋华丽繁缛，男子穿裤弃裙，女子亦裙亦裤。壮族人口众多，分布地区广，各地壮族人所处的地理环境不同，再加上历史上土司制度的封建割据，从而导致了浓厚的地方风格。■百色地区壮族女性的衣装仍保留着清纯的古风，少女黑衣镶细花边，或挽白色袖口，海蓝色细褶裙，裙边蜡染深色花纹，白布挑黑花边头帕横搭头上，帕穗垂于肩，脚穿湖蓝色绣花布鞋，显出山寨少女独

有的素雅和清纯。中年妇女着黑色短衫，亦镶细花边，黑裤外罩短裙，缠白色长头帕，帕两端黑线挑绣图案花纹，垂穗线及两肩，显得身姿轻捷挺拔，色彩单纯明朗。■桂西北一带，山清水秀，四季有分。夏天壮女喜欢在头上包一印花或提花毛巾，上身穿深蓝色或带花短衫，外套为不绣花、不镶边的对襟无领白布上衣，胸前只钉两组布纽扣，露出带花的内衣，内外衬托，显得简洁清淡。下穿青黑色宽脚长裤，离裤脚数寸处或膝盖处镶有一宽一窄、颜

色或红或蓝的两道彩色阑干，十分艳丽。劳动时腰间围一青布镶边围裙，或臂戴花布套袖，更是干练潇洒。其冬装又略有不同，男女均包黑头巾，老年妇女穿黑色无领开胸对襟衣；女青年穿绣有红、绿、蓝、白、黑五种色彩镶边的上衣，下穿宽筒裤，裤筒膝盖处镶有蓝、红、绿等色的丝质或棉质花边。

而龙胜壮族稍有不同，民国以前男子穿铜扣大襟衣，后改穿小襟，又称琵琶襟，二十世纪二十年代又改为右扣小襟衣。头上包黑布巾，脚下穿云头布底鞋，若是讲究些的人家，穿的则是双桥龙头鞋，鞋底有四十八个奶钉。老年妇女穿纯黑无领破胸对襟衣，青年女子上衫有五色阑干，下穿及膝长裙，上绣各色图案，脚穿尖头蝴蝶鞋，打扮得相当俏丽。

着蓝衣黑裤的少女倒是透出另一份天真和青爽，右襟海蓝色短衣配肥

大的衣裤，衬托出山村女子健壮厚实的体态，似乎青春生命的活力正在全身涌动，并随着她悠扬的歌声飘浮在青绿的山水境界。■广西西南角的靖西县壮族村落，有着不同的穿衣习俗。如王村少女着青色衣裤，上衣右衽，肩及领

口镶有三道黑色的沿边，裤脚处有一道挑花刺绣或挑花图案。头戴白色印花头巾，一直包到眉毛上沿。有的村寨的女子穿粉色无领对襟短衫，胸前只有两枚布扣，领襟及袖口沿做另色细边。追求简练明快，似乎是壮族服饰的共同特征，而那条裹缠在头上、两端低垂于肩头的长长的白色印花巾帕，却又似乎是一种夸张和炫耀。

南丹在广西西北部红水河流域，与贵州省接壤，古为壮族莫氏土官世居之地。《宋史·蛮夷传》载：『南丹州蛮，亦溪峒之别种也。地与宜州及西南夷接壤。』壮族，旧亦称『僮族』或『獞族』，史学界认为，『僮』之称谓，最初源于庆远、南丹一带。最初的『僮』为南宋时的『撞军』和『撞丁』，是庆远府属的土兵和武装组织。元代始称僮民，泛指庆远府属溪峒的少数民族共同体。境内壮族，过去喜以青布制衣。宋《癸辛杂识》续集下记载：『南丹州男女之未婚嫁者，于每岁七月，聚于州主之厅，铺大毯于地。女衣青花大袖，用青绢盖头，手执小青盖。男子拥髻，皂衣皂帽，各分朋而立。』《古今图书集成·方舆汇编·职方典·庆远府风俗考》也说：本府『僮人杂处宜山、迈境与各州县，此种尤多。性气慓悍，椎髻跣足，穿耳悬环，男女如之。出入身带长刀，持镖戟，负劲弩，淬药箭 男服短穿衫，老者细褐裙，少者长青裤。女服青衣花纹小袂，裙以红缯线文其中，上青下红，长则曳地。』其男子现多以黑布巾缠头，上身穿黑布对襟布扣衣，衣上缝四个明袋，下穿大裆宽筒黑布长裤，穿时裤头左右交叠，再以布带扎之，穿布袜、布鞋。未婚姑

娘盘发于头，以两端缀穗的毛巾包头或盖头，上身穿天蓝色或浅蓝色或士林布大襟布扣衣，系黑布绣花围裙，长短与衣同，下身穿黑布长裤，脚穿布袜、布鞋，整个打扮秀丽而端庄简朴。老年妇女多以黑布帕包头，上身穿黑布或蓝黑布布扣大襟衣，下身穿黑布长裤，脚穿布袜、布鞋，劳动时多于身上围一条黑布围裙。

生活在桂西边陲那坡县的壮族，服饰古风至今未改。其服饰均为自家染织的蓝黑色布制作，从头到脚都是黑色或蓝黑色，故称『黑衣壮』。其男子头包黑布巾，形如圆筒，身穿黑布对襟布扣衣，下穿黑布宽筒裤。女子蓄发包黑头巾，

略呈扁平三角形状。上衣仅至肚脐，刚好接住裙头，纽路从领口往右腋下开，下摆左右两侧均开叉，两角上收呈弧形，衣沿用彩色丝线锁扣一道细边，袖口、衣襟均滚一道浅色布边为装饰。胸前缀银饰、串珠。下身穿宽脚长裤，外套长到膝盖的黑布裙，用浅色布做裙头，穿时由前往后系，走路时将裙摆掖在腰带里。因这种服饰从上到下明显地分为三个层次，故人们又将其称为『三层楼』。

■隆林各族自治县壮族，男子用白布巾或黑布巾包头，上穿对襟布扣黑布衣，下穿黑布长裤，穿草鞋、布鞋或胶鞋。妇女用白布巾、蓝布巾或黑布巾包头，穿右衽无扣衣，在右腋下缝布带系结，衣长齐腰，仅能盖住裙头或裤头。上衣分白、蓝、黑三色，白衣和蓝衣制作较为简单，装饰少；黑衣制作讲究，袖口、衣脚、领口等处均镶黄、红、黑边，然后绣上精美的纹样。下穿长到脚踝的宽筒长裤，长裤外套一条长到膝盖的百褶裙，其裙铺开如扇，穿上为裙。裙头镶阑干，裙脚绣花，裙两头各缝两根长短不一的绣带作系裙用，带末有彩穗，系裙时，两根短带垂于身后，两根长带绕腹一圈垂于两腿前。裙亦分白、蓝、黑三种，习俗尚黑，黑衣、黑裙、黑头巾为节日盛装，故做工精细。

壮族服饰，因地区和支系不同，其式样和风格各具特色。一般说来，除左、右江流域一带的部分男子仍用布带裹头外，绝大多数男子在家多免冠，出门或寒冬季节才戴布帽、棉帽。上身多穿开胸对襟唐装，下着长裤，有钱人家的老人冬穿右衽大襟长袍。女子多蓄发，用布巾或毛巾包头，布巾多为黑、白两色，毛巾多为提花毛巾和西华毛巾。或将头巾打开，正中盖住头顶，两端平均垂于两侧，将左侧一端绕于脑后，盖住发髻，再将右侧一端经脑后绕到左耳边扎紧，让须穗下垂，不露头顶；或将头巾折成三四寸宽，从左往右包，绕到左耳边扎紧，露出头顶。穿开胸对襟或偏襟上衣，腰系四周绣有彩色花边的围裙，下穿长裤或裙，脚穿绣花鞋。劳动时披一块绣得精致结实的垫肩。

瑶族

民谚曰『高山瑶，矮山苗，汉人住平地，壮侗住山槽』，『五岭无山不有瑶』是说瑶族多居住在高山密林之中，且分布广而零散。据民间传说和瑶族历史文献《过山榜》记载，瑶族的始祖盘瓠是评王的一只龙犬，且毛色五彩斑斓，因而瑶族无论男女，衣裳都绣有标志龙狗盘瓠的图腾，把自己装扮得更接近自己的先祖。

秦汉 织绩木皮，染以草实，好五色衣服，制裁皆有尾形　衣裳斑斓。引《后汉书》卷八二六

隋唐 莫徭　其男子但着白布裈衫，更无巾袴；其女子青布衫，斑布裙，通无鞋屦　服章多以斑布为饰。引《隋书》卷三十一

宋 椎髻临头，跣足带械，或袒裸，或鹑结，或斑布袍袴，或白布巾，其酋则青巾紫袍。妇人上衫下裙，斑斓勃窣，唯其上衣斑文极细，俗所尚也。引宋·周去非《岭外代答》卷三

明 男则长髻插梳，两耳穿孔，富者贯以金银大环，贫者以鸡、鹅毛杂棉絮绳贯之。衣仅齐腰，袖极短。年十八已上谓之裸汉，用猪粪烧灰，洗其发尾令红，垂于髻端，插雉尾以示勇　女则用五彩缯帛缀于两袖，前襟至腰，后幅垂至膝下，名狗尾衫，示不忘祖也　亦造金银首饰如火筋，横于髻，谓火筴钗。有裙有裤，裙最短，露膝。引清·嘉庆《广西

清 男子扁髻椎插笄，银环穿耳，银箍项颈，银环饰项，腕戴银钏，多至二三双。女子蓄发以竹，

覆以花布，如鸟张翼状。衣服背后系唐宋钱为饰。袖用五色绒彩线为文绣，短仅至膝，系铃于边幅，行则有声。引清·黄钧宰（金壶七墨）卷五

灵川六都多瑶，自谓盘古之裔。服青布短褐，袴不被膝，衣领绣花，以镶红绿为缘。（罗城通道镇板瑶）男衣黑衣，妇人左衽，裙有五色，系古铜钱，步行有声。（天河）男子蓄发挽髻，裹以花布。妇人以长带束额，耳戴大圈。男妇皆青布短衣裤，以红白布为沿。（思恩瑶）男衣短狭青衣，老者衣细葛，妇女则小袂长裙，绣刺花纹，其长曳地。（南丹瑶）男女皆蓄发挽髻，男青衣白裤，女花衣花裙，长仅及膝。（武缘瑶）男子辫发作髻，服青短衫，胸系花布，妇人加折裙，织花为饰。（西林瑶）男女衣裤色青，领袖皆锦，男结发摇扇，女裹花帕，露胸跣足。（桂平瑶）衣青蓝短衣，蓬头跣足，妇人则以红绿两截作裙。平南有平地瑶、盘古瑶、外瑶三种。平地瑶男女皆青衣花带草履，以银圈挂项。盘古瑶头插匙簪，衣领绣花，平地瑶则不簪不绣。外瑶俗于民同。引清·谢启昆（广西通志）卷二七八

○今罗城境内

○今环江境内

○今武鸣境内

○「猺」为旧时对瑶族人的蔑称，下同

○今永福境内

清·傅恒《皇清职贡图》

■（兴安县平地猺）○男花帛裹头，戴银手钏，衣袴俱锦，时以布裹负物。女锦缠头，缀以珠玉，项饰银圈，花布巾束腰。偶诣亲串家，晴雨必以油盖自随。■（陆川县山子猺）男椎髻缠头，着短袖衣。女则以绣缘领。每出行，男女皆携葫芦为饮器。■（罗城县盘猺）又名自在猺 男五色布裹头，领缘花绒，带缀制钱。女以竹片缀珠覆首，布衣花袖，带亦缀钱，复结制钱为佩，系之当胸，行步则玱然有声。■（永宁梳猺）○男不留髭须，椎髻缠花巾，领袖缘以花布。女布衣花带，不事装饰，以髻中宜木梳，故概名梳猺。

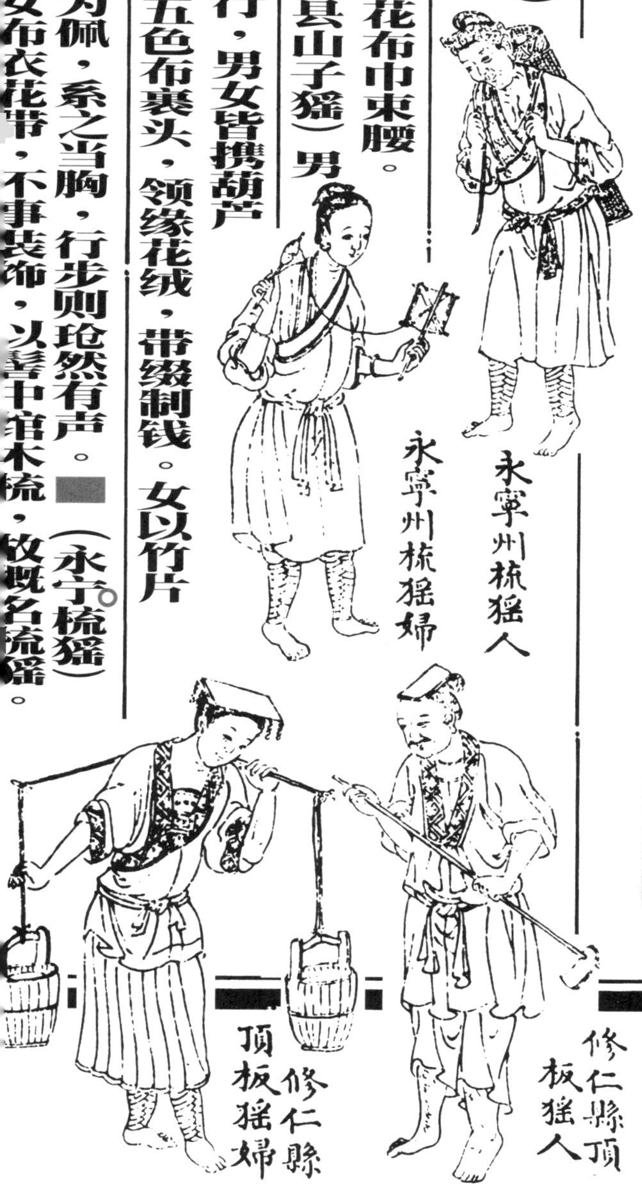

◎今荔浦、金秀境内

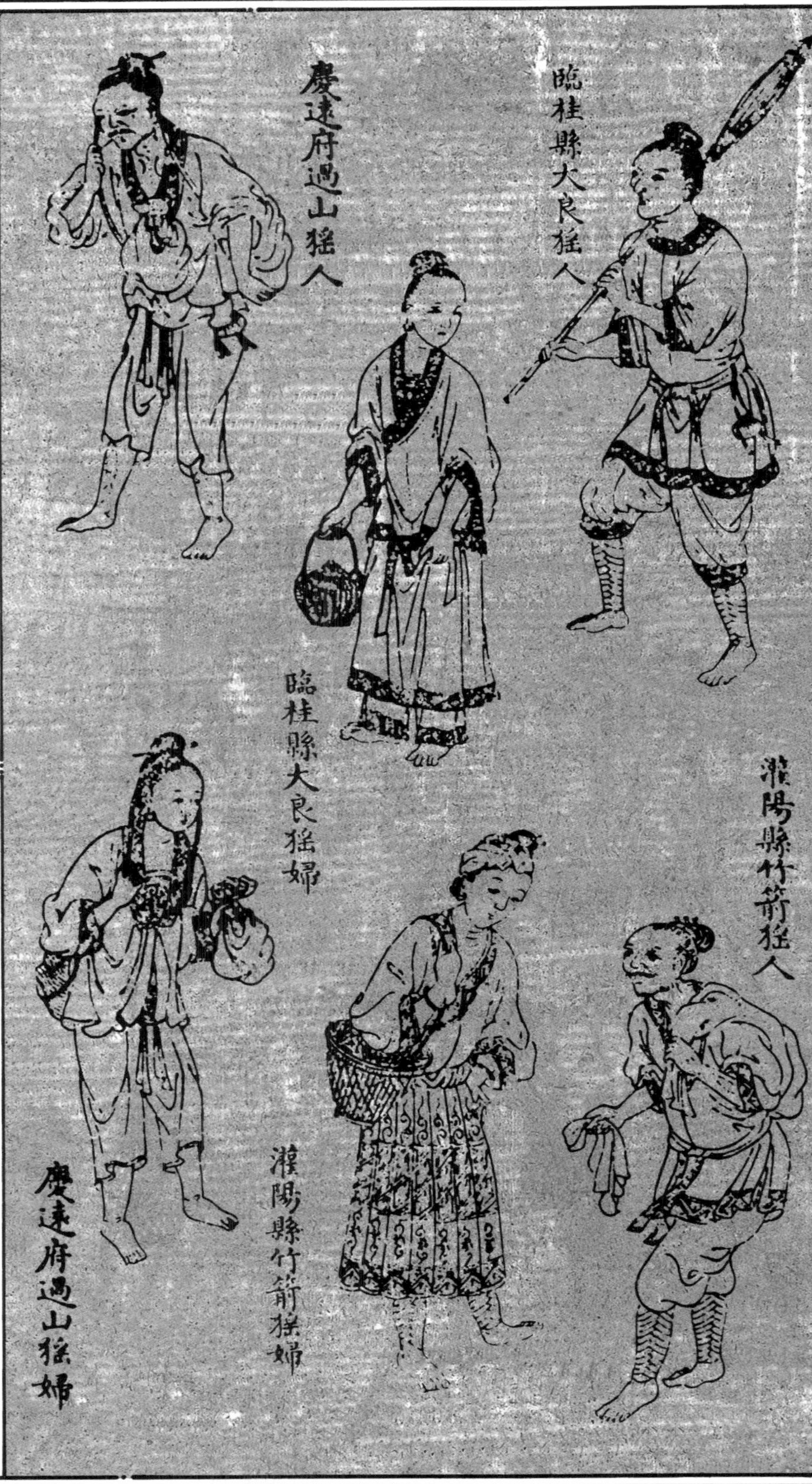

（临桂县大良猺）椎髻跣足，短衣缘绣，以锦缀膝，出必携雨盖。猺妇以银簪遍插髻间，耳缀大银环，以蛮锦刺绣为衣。时携竹篮赶圩。（庆远府属猺）男女俱插长簪，短衣绣领，结丝网为袋以负物，各以绳系额而行。（修仁县顶板猺）男女短衣花领，皆以黄蜡胶红板于首，女则缀以琉璃珠，累累若璎珞然，与湖南之顶板猺同，但以绳结领下者，略异。（灌阳县竹箭猺）男女俱挽髻，簪竹簪三枝，有似于箭。男衣缘边短衣，女花领绣裙，时入林采茶。

走进今天 今天瑶族人的衣着显然与历史的图像差距甚远，也许是古人绘图的差池，也许是今人生活境况的变迁，古时的东西总不会一成不变，不过，今天的新衣装里也肯定藏有千变万化仍不可离却的『宗』。

田林盘瑶妇女喜用蓝靛染成的黑土布制作服饰，纱粗布厚，穿着暖和。用两端绣有红、绿、黄、白彩色纹样的黑布巾缠头，层层缠绕，在额前交叉为人字形。上衣分为内、外衣，外衣为无领无扣对襟长衫，衣长过膝，腰部以上的两边衣襟绣八至十二种不同的图案纹样，图案纹样两侧挂一串朱红色绒球，袖口用红、黄、蓝等色布镶边，后背挂几十根饰有玻璃珠串的红色丝穗，或挂一块中间黑、四周蓝的方布披肩。用两端有挑花纹样和长穗的黑布腰带将衣服系紧。内衣用一块方布挖领穿头挡在胸前，挂在胸前的半幅为红布底，边沿镶色布，十分醒目。系黑底青布边围裙，与青色或黑色宽筒长裤相配，显得十分雍容大方。

■梅关大庾岭曾是瑶族聚居地。明代瑶族起义失败后，仅留下部分盘瑶。其女子多用长条彩带层层叠叠地将头包为圆形或扁形，再在头上盖一块织绣得十分精致艳丽的瑶锦或瑶绣。除前额外，其余部位的锦边均缀有红色丝穗，垂于左右两侧和脑后。上身穿长到膝盖的无扣交领衣，襟边绣花，前胸缀上、中、下三排用红丝线和红、白、蓝、黑等色珠子串结而成的丝穗，上排丝穗上缀三块长方形银牌，后面披一块四周镶红、蓝、白布边的蓝布披肩，挂一排红丝穗覆盖于披肩之上。腰束七条锦带，腰前系蓝边黑心绣花围裙，腰后系一条红丝线连成的腰裙。

桂平盘瑶男子多用长条彩带将头包为圆盘形，再用毛巾扎紧，在左耳后上方的圆盘上伸出一节彩带，末端缀穗。穿黑布交领衣，襟沿绣织瑶锦。披绣花披肩，腰扎数条锦带，系绣花围裙。下穿黑布长裤，扎绣花绑腿。

金秀瑶族自治县，旧称大瑶山瑶族自治区（县级行政区）。境内盘瑶多居山上，以山地农业为生，喜狩猎。服饰多用蓝黑色或黑色布料制作。其男子用长条黑布巾重重叠叠地将头缠为圆盘形，巾外再用瑶锦带缠绕，将锦带两端的彩色丝穗缀于左右两耳旁。上身穿开胸对襟黑布衣，下穿宽筒黑布长裤。平时上山劳动，喜随身携带火铳。其妇女多以白纱或红纱线缠头，形成下小上大的圆柱状，然后再用瑶锦带缠绕在纱线之外。在左右两耳上方的锦带上，分别垂下九束彩穗，头顶覆盖瑶锦。上穿长二尺余的交领衣，无领无扣，老年妇女过去多穿此衣。中青年妇女则穿胸衣遮胸，胸前缝两块红底或黑底的布，左右各一块，俗称『衣襟』。用红、黄、白、绿等色丝线在左右胸襟各绣五寸宽的图案纹样，从领口一直绣到肚脐处。袖口用红花布镶边。腹部挂一块边镶蓝布、中心为黑布的绣花围裙，用宽幅白布带将围裙和衣服扎住，再用一条以红、黄、绿、白、黑等色丝线绣成的彩色腰带将白布腰带扎紧。彩色腰

带的两端各缀有尺余长的彩穗，垂于腰两侧，行走时，穗须飘动，彩带飞舞，异常美丽。逢喜庆佳节，多佩戴制作精致的银饰，或挂绣织得十分美丽的瑶锦袋，衣饰相映，上下争辉。男女过去多跣足，现穿布鞋或胶鞋。

■金秀瑶族自治县部分盘瑶妇女盘发于头，在头顶上罩上圆锥形的竹笋壳，在脑后的部位留有可以通风的洞孔，再用边沿绣有花纹的黑布巾盖住竹笋壳，布外以瑶锦带层层缠紧，成为尖状帽，故又称『尖头瑶』。部分盘瑶用数张

瑶锦包头后，再用数条两端缀彩穗的瑶锦带缠绕于瑶锦外，形成较大的尖头帽，故称『大尖头』，而前者又称『小尖头』。据说一百多年前，当地盘瑶都是以布缠头为圆盘状，后来一部分居住在大瑶山边沿地区的盘瑶，因气候炎热，感到以布缠头为圆盘状十分闷热，遂改成尖头打扮。上身穿无领无扣对襟衣，可敞开穿，亦可左右衣襟交叉叠于腹前，再以腰带束之。中青年妇女一般都在外衣内衬胸衣，胸前缝两块红底或黑底的绣花布，左右各一块，俗称『衣襟』。衣襟上饰长方形银牌数块，俗称『银扣』。肩披一根绣花带，垂于左右两胸前。系绣花围裙，穿黑布长裤，套脚套，外出时背彩色锦袋。

■金秀瑶族自治县盘瑶新娘服饰古朴而有特点。据盘瑶传说，古时盘瑶妇女多用数根木棍支撑做成宽约一尺多、高约五寸的三角形木架，戴于头上，架上罩黑土布。后来她们感到戴这种头饰上山劳动很不方便，于是才改成用布缠成圆盘形。但为继承先辈的服饰，妇女们结婚时仍用木架作帽戴头上，木架上盖数张瑶锦，将整个头和肩都基本盖完，锦上缀各色串珠、彩穗，分别垂于左右两侧和脑后，仅露清秀美丽的脸庞，显得十分庄重古朴。上身穿黑布对襟无扣衣，衣袖挑绣图案纹样。衣内衬一块绣花胸围，用瑶锦带将衣束紧。胸前饰数块长方形银牌，缀三排串珠、彩穗，颈挂一条两端缀穗的绣花带，分别垂于左右胸前，系方形绣花短围裙。下身穿黑布宽筒长裤，膝盖以下部分用各色彩线绣精美图案纹样，穿绣花布鞋，打扮得十分秀丽动人。

■金秀瑶族自治县坳瑶自称『坳标』，其男子头扎白布巾，身穿无领对襟黑布衣，束白色绣花腰带，下穿黑布长裤。其女子蓄发盘于头顶，用竹壳做成梯形竹帽戴在头上。会亲访友、赶圩赴宴，在竹壳帽四周别上五枚银发簪，再在两侧各绕上一条银光闪闪的链条，将一银板插入额前发中。上身穿交领无扣黑布衣，衣襟刺绣彩色图案纹样，穿时先用白布带将衣服扎住，再以瑶锦带扎紧。下身穿黑布短裤，小腿套脚套，以彩带束紧。相传瑶族始祖盘瓠上山打

猎被羚羊撞下山身亡，其妻三公主找到盘瓠尸体时，一边嚎啕大哭，一边将身旁的竹壳捡起折成帽子戴在头上，以示戴孝。此后，坳瑶子孙除平时外，每逢年节喜庆，必戴竹壳帽跳黄泥鼓舞，唱盘王歌，纪念始祖盘瓠。

茶山瑶自称『拉珈』，主要居住在金秀瑶族自治县的金秀河沿岸。其女子服饰，有老年、青年、少女和盛装、便装之分。九至十四岁的少女，蓄发结辫盘于头顶；如发辫不够长者，则用黑缎绸结假辫盘头。在左右两边的发髻上对插十四根银簪，再用白头巾将发辫与银簪盖住。其衣、裤略与青年姑娘便装同。青年姑娘在家和劳动时穿便装。将发盘于头上，再用瑶锦带缠头，然后再用白头巾包头。上身穿交领无扣黑布衣，衣领、衣襟、衣边、袖口均用红、

黄、白等色丝线绣织图案纹样，用两端绣有彩色纹样的白布带将衣系紧，让两端的图案纹样缀于后腰，再用绣花腰带将白布带系紧。穿黑布长裤，套绣花脚套，以彩色绣带系紧于小腿上，穿布鞋。出门串亲、赶圩，喜背瑶锦袋。

上山劳动则多背峰形袋（又称饭包袋或树丫袋）。峰形袋用黑布制作，形如两个山峰、一个山坳，再将布带缝在袋沿上，用以背负劳动时的午饭和其他物品。老年妇女将发盘于头顶后，使用白布巾缠头，将头发和两耳全遮住。上身

穿浅蓝布右衽衣，沿领口处的衣襟绣一小条花边至衣脚，用绣花腰带将衣系紧，再用白布腰带将绣花腰带扎牢。穿黑布长裤，套绣花脚套，再用彩色绣花带系牢。穿布鞋或绣花布鞋。

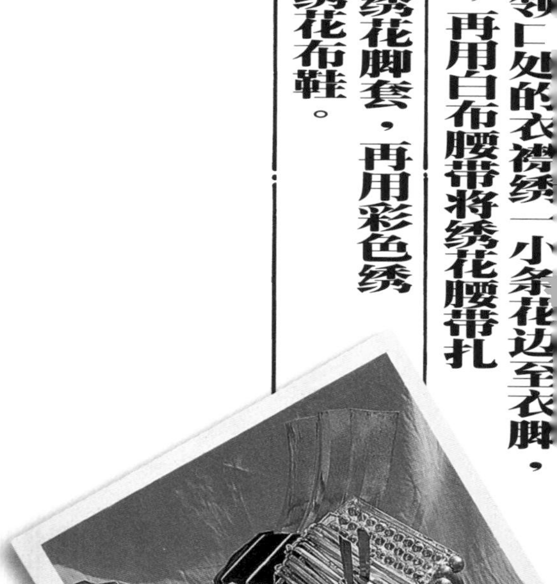

茶山瑶女子盛装打扮时，先将长发梳成四条辫子，将其中的两条辫子用纱线系成一个辫根，把发辫盘于头上，用红、黄色绣花锦带将头缠成圆盘形，再将三块长约尺半、宽约三寸、重约斤半，两头翘起如飞檐的银板与银片和银壳梳连好后，戴在头顶上，挺挺上翘，气概轩昂，再配以雪白的头巾披于脑后，与硕大的耳环、银板相衬托，显得庄重大方。姑娘们戴这种头饰出现于人群之中，既表示勤劳、富有，也有比美的意思。上身多穿交领黑布无扣衣，左右两侧衣脚开两个大叉口，衣襟、领沿、衣脚、袖口均绣花，穿时以右襟压左襟，束绣花腰带，穿长裤或长过膝盖的短裤，小腿或裤外套绣花脚套，以锦带系紧。

金秀瑶族自治县山子瑶自称『金迪门』，因其过去过游耕生活，迁徙不定，故又称『过山瑶』。清嘉庆《广西通志》卷二七八说：『山子，亦瑶种也。善种山，亦名过山瑶。剃发，短衣裤，妇人髻平列，用蕉叶结之。』男子用两端绣花缀穗的黑布带缠头，穿黑布衣，领口、衣襟、袖口绣花，束两端绣花的黑布腰带，穿黑布长裤。女子常在发髻上罩围箍，箍外包瑶锦帕，重叠四五层。穿黑布无扣右衽衣，衣领、衣襟以红、黄等色丝线绣纹样，腰系彩色锦带，穿黑布长裤。

花蓝瑶是金秀瑶族自治县五个瑶族支系中人口最少的一个。其服饰以蓝黑布制作，再在衣上绣织各种精美的图案纹样，因其衣裳斑斓绚丽，故称『花蓝瑶』。其妇女喜留长发，将其梳为半边头，平眉线处将其倒挽于头顶，用银夹夹上，再用黑布巾缠绕，顶上再以白布巾挽结形成前额开阔、下额宽大的布帽，将耳、眉毛部遮住。上身穿黑布无扣交领衣，长至臀部之下，束白布挑绣腰带，或以红、黄、青、橙、绿、黑、白细纱编织腰

带束身。胸襟、衣领对称绣两寸来宽的彩色图案纹样，花纹细腻，纹样小巧清新，衣袖和衣脚分别绣一尺和三寸宽的图案纹样。下穿长到膝盖的短裤，小腿扎黑白锦绑腿，再用彩色瑶锦带将绑腿系紧，让锦带两端的彩穗垂于小腿两侧，脚穿木屐，喜戴银饰，服饰斑斓古朴。

■阳朔县盘瑶妇女以彩色瑶锦带将头包为圆盘状，穿黑布无扣交领衣，衣领、衣襟、衣袖口用彩色丝线绣织图案纹样，边沿再镶花布。先用白布带将衣束之于身，再以彩色绣花带束于白

布带之外。下身穿宽筒黑布绣花裤，裤脚用三种不同颜色和图案纹样的花布镶三道阑干，小腿扎黑布绑带于裤内，以防上山劳动时被荆棘草丛割伤。衣装样式，既讲实用，又求美观。

蓝靛瑶自称『金门』，意为瑶人，又因其喜种蓝靛，服饰皆以蓝靛染制而成，故又称『蓝靛瑶』。那坡县蓝靛瑶，男子过去多穿对襟黑布衣，钉银质圆纽扣，衣领边沿和袖口都用黄绿色彩线绣细花边，穿宽筒长裤，裤脚绣图案纹样，缠绑腿。女子多蓄发，卷发于头上，用形如圆盘形的银头盖将头盖住，头盖四周横排三排浮雕式圆钉纹银饰，头盖边插两根骨叉，骨叉端挂两条小银链，银链下端再缀彩穗。戴银头盖时，先用一束白棉线扎住头发，再将头盖

罩上，然后将棉线绕前额遮住前半部头盖。戴银耳环。劳动时，还在头盖上加一条较长的黑头巾围头，以保护银头盖和白棉线。上身穿黑布开襟衣，衣后幅长及脚跟，平时多收叠于腰间，前幅右襟长于左襟，穿时将衣脚收叠于腰，再以彩色绣花带束之。衣领、衣襟、袖口绣小花边，胸前缀数束红丝穗。肩上披一张约三尺长、两尺宽的黑披风，四周用红黄丝线绣图案纹样，两角各缀一根锦带，系于胸前，既可增加美感，又可作挑担、扛柴的垫肩。下身穿宽筒黑布长裤，穿布鞋。

百色市蓝靛瑶，服饰多用蓝靛染制成蓝黑色或黑色。其男孩多剪发，用黑布做帽，四周和顶上均用红、黄、绿等色棉线做穗装饰。上身穿黑布或蓝黑布对襟翻领衣，衣领绣图案纹样，袖

口镶花布阑干，脖子上挂一条两端缀红色穗须的彩带，用白底绣花腰带束身，或以布扣扣前衣于胸前。下身穿蓝色或黑色布长裤，跣足或穿布鞋。女孩将发编成长辫缠绕于头，用一块长方形蓝布或蓝黑色布帕将头包成帽状，于脑后伸出一截头帕遮住后脑和脖子，用一条白布带将之扎牢于头上。上身穿翻领对襟无扣蓝黑布衣，衣领用红、白、黄等色丝线绣图案纹样，衣襟绣小花边，袖口镶花布、蓝布、瑶锦三道阑干，以两端缀红、白穗须的白底绣花腰带束身，系于腰后，行走时，穗须左右摆动，如彩练飞舞。脖子上挂一条两端缀红色穗须的绣花带，系结后垂于领口下。下穿黑布或蓝黑布长裤，跣足或穿布鞋。其成年妇女服饰大致与女孩同，但衣襟多用红布镶边，劳动时在腰前围一块围裙或胸兜以保护衣服。

龙胜各族自治县盘瑶，男子上身穿黑布对襟衣，下穿黑布长裤，束腰带，耳挂硕大银链。妇女盘发于头，戴瑶锦帽，四周缀串珠、彩穗。上身穿蓝布对襟布扣衣，衣领、衣襟绣图案纹样，肩披一块工艺极为精致厚实的黑布垫肩，上挂串串银饰。用彩色绣花腰带将一条图案古朴、色彩斑斓的围裙扎于腰，下穿黑布长裤，着布鞋或绣花布鞋。

龙胜红瑶的服饰极有特点，红瑶这一称谓，就是因其妇女穿一身刺绣得斑斓绚丽的红色上衣而得名。其女子蓄发盘髻，青年姑娘和已婚但未生育的妇女都用一块中心和四角各有一颗菱形图案的黑布巾包头，把发髻全包在头巾里，额前露菱角而不露发髻；生育孩子后便不再包发髻了。上身穿无扣交领红色刺绣短衫，用花布腰带将衣扎紧，再以红色刺绣花腰带扎于花布腰带外。下身穿长到膝盖的百褶花裙，系黑布围裙，由下往上缠黑布绑带，到膝盖下时用白布带系紧。在家时多穿布鞋和绣花鞋，上山下田劳动，多穿草鞋或胶鞋。红瑶妇女制作红色刺绣衣

时，不要现成图案，而直接按衣服布料原来的经纬线条进行刺绣，左右对称，精心制作，每制作一件红色绣花衣服，几乎要花上一两年的时间，是中青年妇女最珍贵的服饰。逢节日或亲友来访时，穿上斑斓绚丽的红色绣花衣

和百褶花裙，戴上银项圈、银耳环、银手镯、银戒指，显得绚丽多姿，楚楚动人。因其多居山区，上山劳动时，多背背篓装载物品，以利翻山越岭。

贺州瑶族有盘瑶和土瑶两个支系，其服饰均很有特色。盘瑶男子服饰，先用黑布巾缠头，再用数条刺绣图案纹样的绣花巾将头缠为圆盘状，身穿交领无扣黑布衣，领口、衣襟绣饰图案纹样，衣袖镶黄、蓝、白、红数道阑干，腰

下衣襟及衣脚滚两道白布边和一道蓝布边，用绣花腰带将衣扎紧，脖子上围一条两端绣织精美图案纹样的黑布巾，腰系绣花围裙，肩背绣花袋，下穿黑布长裤。其女子服饰有便装、盛装之分。女子盛装，将发盘于头上，用一块长

约两斤、宽约五寸的黑布将头发包扎成尖形，然后用十多条镶有红、白、蓝、黄布及绣有各种彩色图案纹样的黑色大布帕重重叠叠地缠成三角形状帽，让布帕两端的彩穗和串珠全露于帽外，缀于左右两耳旁及脑后。整个帽檐厚约五六寸，帽檐前高后低，仅露面容，整个帽呈圆锥体状，高达尺半，重约二十斤，帽上还装饰银牌，远看形如一座彩色金字塔，显得十分雍容华丽。因其帽为尖状，故有『尖头瑶』之称；又因其帽形状极大，故又称『大尖头』。其上身穿无扣交领黑布衣，领沿、衣襟绣饰图案纹样，衣脚、袖口镶红、白、蓝、黄布阑干，披绣花、镶边、缀穗披肩，扎绣花腰带，腰系绣花长围裙。下穿黑布长裤，裤脚镶红、白、黄、蓝布阑干，脚穿绣花鞋。女子便装装饰较少，头上帽檐穗须较少，且多缀于脑后，帽上一般不饰银器，不披披肩，腰前不系围裙。

贺州土瑶男子，平时用七八条布将头裹成圆柱状，或用各色棉线加串珠将头缠成圆盘状；参加婚礼时，有的用十多条毛巾裹头，毛巾外用五斤多丝线和串珠扎住。上身穿浅蓝色对襟布扣衣，长仅尺余，左右两胸前各安一个衣袋。上衣分蓝、白两种，白衣在内，蓝衣在外，一般不扣，将白衣衣领、衣襟翻于蓝衣外。参加婚礼时，胸前还要挂数十串串珠、彩穗，重达二十多斤。下穿宽筒、大裆、大裤头蓝布长裤，裤头镶白布边，穿时用布带扎紧。妇女

多将头发剃净，戴用油桐树皮制作的圆筒帽，根据各人头颅的大小，用树皮圈箍固定成型，表面垂直地涂上黄、绿相间的颜色，再涂桐油，色泽油亮鲜艳。在圆筒帽顶上盖数条毛巾，用彩色棉线将毛巾、帽子系紧于头上，在毛巾上撒披串珠、彩线，以多为美，以多为富。参加婚礼或节日，或女子出嫁，帽上盖毛巾多达二十余条，垂数十条串珠、彩线，毛巾上还用彩色颜料书写情歌或代表爱情的词句做装饰，另有一番意味。身穿青色或浅蓝色无扣长袍，一直盖

到脚面，类似旗袍，两侧开叉较高，以花布带束身。便装里面不穿内衣与长裤，只穿短裤，天冷时多穿几件长袍，缠脚绑。盛装于长袍外套短衣，袍内穿长裤，于后腰处饰一瑶锦，锦下缀红色丝穗，将腰部以下的长袍全遮住，远看

分外艳丽。

南丹白裤瑶自称『瑙格劳』，又因其男子穿白土布灯笼裤，故称『白裤瑶』。其成年男子均蓄发盘头，包白布或蓝黑布长头巾，上穿蓝黑色无扣交领衣，后脊梁对直下来的衣脚处开一燕尾形小口，束蓝黑色腰带，衣襟、袖口、衣脚均镶一条天蓝色布边，左右两胸襟各绣一白色长方形纹样，两相对称。下穿长到膝盖的白土布灯笼裤，大裆无裤头，裤筒短窄，裤脚镶黑布边，膝盖以下用黑布带缠绑，用绣花带将绑带系紧于小腿上。男子盛装，

将数件上衣缝在一起，衣角竖绣花纹。两边裤筒由下往上各绣五条长短不一的垂直红色纹样，形如人的五指，据说其祖先为保护民族尊严带伤而战，在裤上留下五指血痕，为纪念其功绩，男子都在位于膝盖的裤脚处绣五条垂直纹样。女子服饰有冬、夏之分。成年妇女蓄发盘髻，包黑布头巾，冬穿右衽短衣，长到裙头。夏衣最为别致，胸前、背后为两幅方布镶拼而成，长平裙头，两肩处有约三寸的地方相连，上端开一大孔，以便穿着。前幅多为蓝黑布，无图案纹样，后幅多用浅蓝色布绣图案纹样。据说

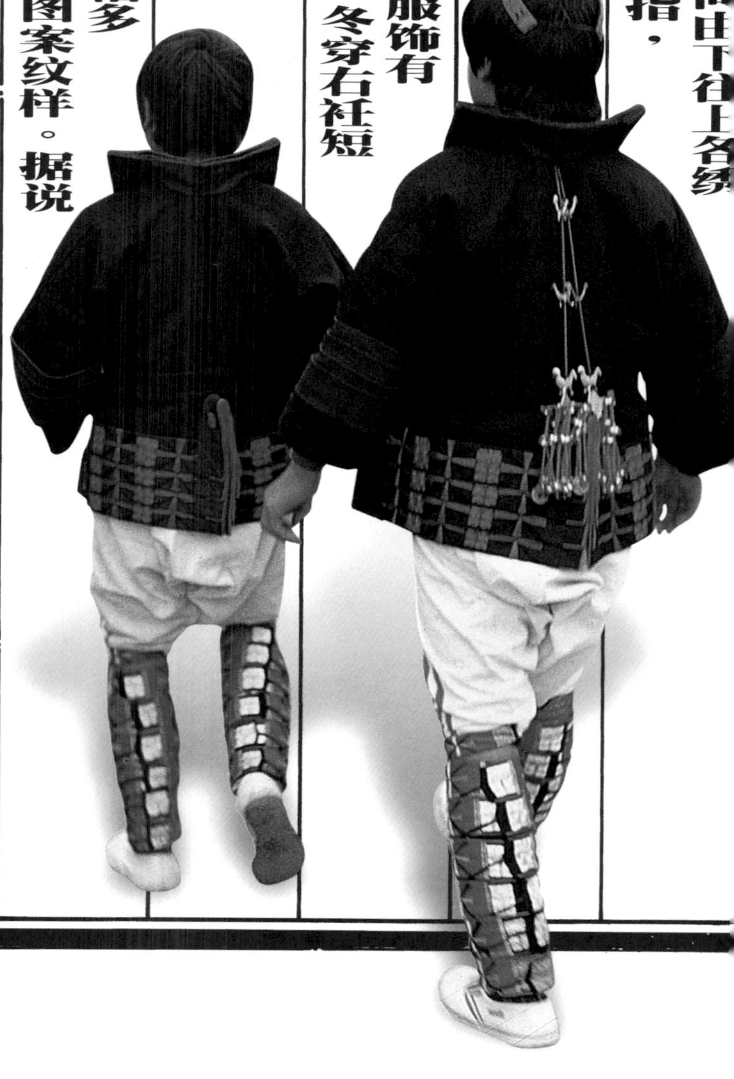

衣上的图案是摹拟当年被莫氏土官夺走的瑶王印绣的，用以纪念这一被凌辱欺压的历史。下穿长到膝盖的浆染蓝布百褶花裙，裙沿挑绣各种精美的纹样。冬天缠黑布脚绑，盛装时，在黑布脚绑外再缠绣花绑带。男女过去均跣足，或穿草鞋，近数十年始穿鞋袜。白裤瑶以穿民族服饰为荣，随意改变民族服饰常遭同族人的谴责。

都安、大化一带的布努瑶，男子头缠蓝黑布带，让布带两端的穗须分别垂于脑后左右两侧。上身穿无领或竖领对襟布扣阔袖蓝黑布短衣，下穿大裆大裤头宽筒黑布长裤，穿时须将裤头左右交叠，再翻卷两次才行，或在裤头上系布带，或扎布带于腰。内衣多为白布制作，只能穿在里面，俗称『挡汗衣』。逢年节、喜庆活动盛装时，头缠两端绣织彩色图案纹样的黑布带，带末缀彩穗，上衣的衣领、衣襟、衣脚、袖口均刺绣图案纹样，腰挂银烟盒、烟斗。

妇女多盘发于头上，再用黑布带缠头，缀串珠、彩穗于头左右两侧；或盘发于头，在头发上插银钗、银簪等首饰，头顶竖数块银牌，再缠黑布头帕或绣花头帕，帕上缀满各种样式的银饰，帕尾缀彩穗、满头的银珠、银牌、银簪，像一朵盛开的菊花。上身穿长到肚脐的黑布右衽衣，衣襟绣图案纹样，袖口镶红、白、黄、蓝等色布或花布阑干，胸前挂银链、银锁或银牌，腰后缀数条缀红色穗须的锦带。扎黑布腰带，外衣内系一条尺余的黑布百褶裙。下穿宽裆大裤脚长裤。

■兴安县瑶族妇女盘发于头，包以黑布绣花头帕，四周缀串珠和红色穗须。上身穿交领无扣天蓝色布衣，衣领、衣襟刺绣图案纹样，胸前饰银链、银币，腰束瑶锦带，系黑底蓝边布围裙。双手戴银镯。下身穿宽筒黑布长裤，裤脚刺绣红、白、青色纹样。

■临桂县宛田庙坪盘瑶妇女，将长发挽于头顶，再戴上外形独特的凤冠，冠上盖一块三边缀黑穗、四角缀红布条的瑶锦，整个打扮古朴端庄，透露出山里人的淳朴与机灵。

■田林县木柄瑶，女子盘发于头，用四周绣花边、两端绣大块图案纹样、中间绣若干小花纹的黑布带将头缠成圆筒状，将头巾的一端

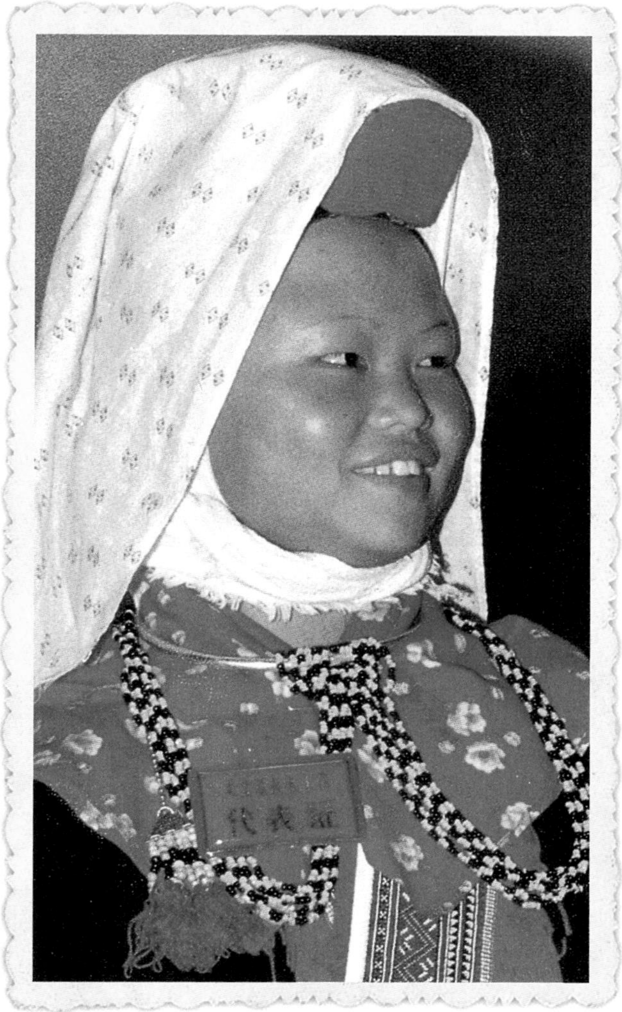

从头上往脑后斜伸出，形如帽檐。穿黑布绣花交领衣，下着长裤，裤外套短裙。■临桂县瑶族男女的头帕、衣、裤等均用黑布制作。妇女头戴用竹、木、纸板等制作的凤冠，冠上盖一块三边缀穗的瑶锦，左右两边缀红穗，后面缀长至肩下的黑穗，锦面再披一条两端缀穗的黑头巾，在脑后打个结后分别垂于左右肩上。上身穿对襟银扣黑布衣，衣襟绣花，下穿黑布长裤。■防城板瑶自称『祝敦优勉』，又因其妇女头顶一红布顶板，故称『板瑶』。先将头发编成一条长辫卷于头顶，用绳扎住，再用黄蜡封好，然后将用布捆扎成的顶板固定在头顶的蜡发上，最后再用一条两端绣有纹饰的白布帕或花布帕盖住顶板和耳朵，扎于脖子上。以其头饰之大小而有『大板瑶』和『细板瑶』之分。上穿无领对襟黑布衣，领沿镶红花布，衣襟绣花，衣两边下摆各开一叉口，束两端绣花的白布腰带。戴银项圈，挂珠串。穿裤脚绣花的黑布长裤。

■融水苗族自治县同练瑶族乡瑶族妇女盛装极有特点，多为节日和婚礼时穿着。将长发盘于头上，用黑布巾缠紧，再戴人字塔形冠，冠上披瑶锦，挂串珠、彩穗、彩布条，插银饰、纸花，将整个头部装饰得富丽堂皇。上身穿无领黑布衣，肩、背、胸披倒鹅蛋形的绣花披带，用绣花腰带和绿布腰带将披带和衣系紧，下穿黑布长裤，

脚穿绣花布鞋。颈挂三条粗大的银颈链，从领口到肚脐处的胸前，上下缀满数十个圆形银饰，周身银光闪闪，花团锦簇。男子盛装则以彩锦包头，头上盖一块四周绣花边的瑶锦，锦面盖满串珠、彩穗，脑后的锦上还缀两根红布带飘于身后。穿黑布长袖衣，外套红布无袖褂，领口、衣襟绣花，衣沿、衣脚镶蓝布边，束红、绿布腰带各一条，穿长裤。■融水花瑶，男子用黑布巾将头包成圆筒状。秋冬季节，男子穿数件上衣，内衣开胸对襟，外衣为右衽黑布衣，从里到外依次缩短，最外面一件最短，衣色各不相同，一眼望去，所穿衣服尽收眼中。下穿黑色窄口紧身裤，整

个打扮十分精悍。女子卷发于头上，上身穿无扣交领衣，衣襟绣花，衣袖镶彩色布，扎黑布腰带，系菱形绣花围裙。下穿下摆绣数条彩色刺干的百褶裙，打绑腿。因其服饰从上到下到处绣以彩色纹样，故称『花苗』。

全州县东山瑶妇女蓄发盘髻，再用两端缀穗的白色棉纱布巾包头，或用青布巾缠头，让布巾两端的穗须缀于脑后或左右两侧。上身穿黑布右衽衣，衣襟、衣脚绣织精美的图案纹样，下穿青布长裤，胸前系一绣花长围裙，扎瑶锦腰带，让腰带两端的彩色穗须缀于腰两侧，行走起来，穗须飞舞，分外妖娆。上思县十万大山一带的山子瑶妇女盘发于头，用红丝线将发缠紧，再用银质梅花发罩箍于头上，最后用一块绣花方巾盖住头顶，并用左右两耳上的巾角线将方巾系紧于头上。因其头饰斑斓，故又有『花头瑶』之称。上穿后幅长过膝，前幅在膝上的无扣交领衣，领口绣花，袖口镶花布阑干，挂绣花胸围，扎绣花腰带。下身穿短裤，小腿着脚套，以彩带系紧。

苗族

『日月向西走，山河往东行，我们的祖先呵，顺着日落的方向走，跋山涉水来西方。』◎大约在公元三世纪的时候，当时被称为『五溪蛮』的苗族先民沿乌江而进入今黔桂和湘川等地，他们唱着悲壮的歌长途跋涉，散落在南国的大山之中。这个分散而居的过程开始得相当早，有的已超过千年，因而各地的苗族在不同的生存条件下发展了各自的文化特点，衣装上更是如此。**清**（融水苗）青布缠头，耳、项各悬银圈，衣裤俱青色，短小紧窄。（怀远◎苗）男女服以青布，绣花极工巧，俗谓花衣苗。引清·谢启昆《广西通志》卷二七九（龙胜苗）头留长发挽髻子。四时用青布或花布包头，男上穿短青衣到膝，下穿青围布，非裙非裤，妇女头髻挽于额前，髻上插银簪，耳带大银圈，颈戴项圈，上穿

◎苗族古歌《迁徙歌》

◎今宜州境内

长花领青布短衣，胸前常挂银牌，下穿青布短裙，两胫常包花布，男女俱赤脚。清·道光《龙胜厅志》

清·傅恒《皇清职贡图》

■（龙胜苗）男缠头插雉尾，耳环项圈，青衣紫袖，女挽髻遍插银簪，复以长簪，缀红绒，短衣缘锦，花兜锦裙，常手携槟榔盒。男女皆跣足而行。（罗城苗）男子髻插三雉尾，耳环手镯，短衣绣缘，苗妇椎髻长簪，着镶锦敞衣，胸露花兜，裳则纯锦，以示靓丽。

近代以来 过去的美丽故乡毕竟已经走远，苗族在南国创家立业的歌声

中也不再仅仅是怀恋旧梦。他们已是西南边陲生命力旺盛的一支，他们的身影异彩纷呈。■隆林各族自治县花苗妇女将长发扎如蘑菇形，再用头巾缠头，或用头帕将头包上。上穿交领长袖绣花衣，领口、胸前、背后、衣袖均绣各种

彩色图案纹样，这些图案纹样，过去多用自己染制的各色蚕丝线刺绣，如今改用各色绒线或丝线绣。下穿浅蓝色麻布蜡染百褶裙，外系绣花长围裙，再用数条两端缀串珠、彩穗的绣花腰带将上衣与围裙系紧，系时将腰带两端打结

垂于腰后，行走时，腰带摆动，彩穗飞舞，异常美丽。小腿缠绣花绑带。因其一身上下花团锦簇，故名『花苗』。

■隆林各族自治县偏苗自称『孟沙』，又因其妇女过去常于头部右侧的发际间斜插一把木梳，故称『偏苗』，或称为『边苗』、『变苗』。偏苗服饰，男子剪发，或用黑布巾将头包成圆盘状，上身穿对襟布扣黑布衣，下穿蓝布长裤。女子蓄发盘头，未婚姑娘过去多包绣花帕，现在则多去圩场或商店购买花头巾，将头包成圆筒帽状，平时在家

包两三条，赶圩、走亲戚、节日喜庆包八九条；已婚妇女包黑头帕，用一根蓝色或灰色或白色布带束紧。中青年妇女一般上身穿交领无扣蓝布或青布短衣，长至腰，衣襟、领口、衣袖绣图案纹样，下身穿长到脚跟的蜡染绣花裙，

裙中间处有一条两寸宽的蜡染纹样圈，花纹上饰有几条阑干。裙头蜡染或刺绣两条大花圈，纹样精致美观。其长裙过去多用自种、自纺、自织的麻布缝制，现在则多去圩场或商店购买质地上乘的布料缝制。裙外系一条与长裙一样

长的绣花围裙。其女子喜戴银手镯，特别是未婚姑娘，少则一对，多则近十对，以示富有和美丽。青年男女恋爱，亦可以此为信物。

■隆林各族自治县清水苗自称『孟布』，据其族中老人传说，其祖先希望族人和子孙的心地能和清水一样纯洁，像清水江一样源远流长，万世永昌，故名。其男子服饰，多剪发或包头巾，穿对襟布扣衣，下穿长裤。女子盘发于头，将长约三尺的黑布巾叠成宽约一寸的布带缠绕于头，平时用一条头巾缠绕，逢喜庆、走亲戚、赶圩等，则用七八条头巾缠头，形同草帽般大小。既能增加美感，又可遮挡太阳。上身穿蓝色或天蓝色侧开襟衣，胸前侧开襟的地方绣三条彩色纹样，衣袖从胳膊处到袖口用八种不同颜色的丝线绣满图案纹样。下身穿两截裙，上截长约五寸，纯白；下截长约一尺，方格绣花边，用黑布腰带将之系于腰上。用白布或黑布绑带缠腿，再以彩带系紧。脚穿布鞋或绣花布鞋。平时还系一块围腰于裙外。

隆林各族自治县红苗自称『孟论』、『孟令』或『受论』，因其祖先喜扎红头巾而得名，后因国民党忌讳红头巾，强令收缴，红苗才不扎红头巾。其男子服饰基本上同偏苗、花苗。女子蓄发盘头，或将长发盘结于前额头顶，以布带扎紧，形如角状，用白布或绣花头巾缠头，再用黑布巾缠之于外，并留一节黑布巾垂于脑后，长至腰下。上身穿蓝布无扣对襟衣，或穿蓝布无扣对襟短袖衣，衣袖刺绣图案纹样，衣领为宽约五寸、长约与肩宽的长方形绣花领，可翻起，衣襟亦镶两块对称的绣花锦，边角略外翘；或右衣襟绣花纹，左衣襟无纹样，但翻起外翘。裙子多用麻布制作，分三节缝成，上层长三寸，为粗布；中层长一尺，涂蜡染花；下层长三寸，刺绣花纹。系绣花长围裙，扎邦腿。

■隆林各族自治县栽姜苗自称『孟加卡』或『孟拜』，据《苗冲纪闻》载：『栽庄苗女之装束，大致同偏苗，但裙长拽地，髻拢于顶，高起三四寸，如木椿焉，故又名栽椿苗。』男服由内外两件套在一起，内长外短，系围腰。女服衣领翻向两肩，领镶白边，从头套下，内外两层，外层背后和内层衣袖绣花，扎腰带。平时穿黑衣和蜡染素裙，系黑围腰。■隆林各族自治县白苗自称『孟漏』，因其妇女过去喜穿白色裙子而得名。其男子服饰和偏苗同。女子蓄发盘头，然后用长巾在头上裹扎成圆筒形帽，于脑后伸出一三角形帽檐。头巾一般是白底，上面绣彩色纹样。穿蓝布交领短上衣，近二三十年来亦穿其他色布上衣，后领大而绣花，袖口绣花或镶阑干。用长巾束腰，穿长到膝盖的白麻裙或绣花裙，系长围裙，打绑腿。

融水苗族自治县苗族女子跳芦笙踩堂舞时穿的百鸟衣极富民族特色。每逢佳节来临，她们将长发盘于头上，用青花边头巾缠头，插银钗、银花、银簪，额前缀银铃、银鱼。耳坠玉石、银环。身穿无领无扣对襟衣，袖口、衣襟绣花纹。用若干块菱形绣锦连成披肩，末端缀若干羽毛。衣内系菱形绣花胸衣，束绣花腰带。下身穿平膝短裤，外套百褶裙，裙外套『花带裙』。花带裙用二十来张各宽一寸、长与裙齐的长条绣花锦做成，上端缝在一根锦带上，下端缀羽毛，小腿套青布脚套，以绿绸系紧。穿百鸟衣跳芦笙踩堂舞，不仅是展示美丽和富有的象征，还是消灾避难，迎接丰收的祈望。据说苗族初到大苗山，经辛勤劳作，喜得丰收。秋后，苗家人聚集坡坪，吹响芦笙，进行踩堂。苗家动人的笙曲，婀娜的舞姿，欢乐的人群，沸腾的坡会，吸引了天上的仙女。她们纷纷下凡，身穿百鸟衣，手执彩带，加入到芦笙踩堂中翩翩起舞。踩堂一天又一天，聚会一日又一日，仙女们流连忘返，不肯离去。因羡慕苗

家的火热生活与人间家庭恩爱，而嫁给苗家后生。此后，苗家妇女也缝制百鸟衣，让姑娘们穿着赶坡踩堂，祈求丰年。从此，沸腾的芦笙场上，一片花山银海，百鸟齐鸣，银饰的撞击声伴着芦笙乐曲清脆悦耳，花衣花裙撩人眼乱，目不暇接。

■融水苗族自治县苗族，男子头缠青布头巾，上穿直领对襟短衣，下着长裤。女子头包青布花边头巾，耳戴玉石或银质耳环，戴手镯。上穿无领无扣对襟短衣，衣襟、领边、袖口镶苗锦或刺绣花边，束腰带。衣内挂一块上宽下尖的菱形胸围。下穿平膝短裤，外套百褶裙，小腿着青布脚套，以绿绸带系紧。县境杆洞、滚贝、白云、拱洞、四荣、安陲等地男子穿闪闪发亮的紫红色对襟短衣，下穿蓝黑色大裆宽筒长裤，裤头交叉插入绑带内。女子用自己制作的亮布缝制服饰，短衣长裙，衣的各部位都配饰花边和飘带。上衣对襟无扣，衣襟可交叉系紧，也可放开不系。挂一块菱形胸围，腹部围一块肚兜，用一条两寸宽的绸带系紧，剩余的绸带垂于裙子底部，俗称『燕子

嘴』。下穿深蓝色百褶裙，后幅略比前幅长两寸，小腿套两端镶有花边的脚套，用绸带绑紧上端，绸带的两端垂于脚内侧，打扮得婀娜多姿，分外美丽。

百鸟衣，又称芦笙衣，是融水苗族芦笙队男女青年在重大节日里跳芦笙舞时穿着的服饰。百鸟衣有新老之分，老式百鸟衣上衣分为两节，上节只盖到胸部和背部，下节在腰部和腹部上系两块活动布块，高三寸，宽六寸，每块活动布块上吊十三串从乌桕树上采下的土珍珠，每串珍珠末端插六至十根野鸡羽毛。新式百鸟衣把上衣两节连成一体，并加长衣袖，穿着方便、舒适。百鸟衣基本上是在男女盛装的基础上加工制作，一般是在衣肩、衣角、裙角加

挂羽毛珍珠串，另在女子裙外加二十多条长与裙齐的绣花布条，上端缝于一绣花腰带，系于腰间，成为『布带裙』，下端缀羽毛珍珠串。芦笙响时，串珠晃动，羽毛飞舞，图案斑斓，让人眼花缭乱，更使百鸟衣光彩夺目。

■南丹县月里和中堡一带的苗族，男子过去多用黑布巾包头，上穿黑布对襟衣，下穿黑布长裤。女子蓄长发，绾髻于前额头顶，以髻大者为美，故发少者，有掺假发于发中，再绾发为大髻者。部分女子还用黑布巾将髻包如蘑菇状，再用一条白布带将黑布巾扎牢于头上。外衣由胸部、背部和衣袖三部分缝合而成；亦可将胸部和背部两幅布于肩处联接，前后两襟不缝合，不要衣袖，穿时从上往下套。外衣多为黑布制作，衣沿滚蓝布边。前幅正中处多镶一块长

方形蜡染白底蓝花布，后幅为整块蜡染花布，白底蓝花，古朴素净。衣袖用各种彩色丝线或蚕丝线刺绣图案纹样，形成道道彩色阑干，十分美丽。下身穿蜡染绣花多截式百褶中长裙，其挑花颜色自上而下一般为素黑、素蓝、蓝白（蜡染）、黄红蓝等，最下一截为黑底挑红花，或为素蓝、素黑、蓝白（蜡染）、黄红绿白等。其裙褶多摆幅大，一条裙用布多达两三丈，重达二十多斤。每缝绣一条，约要一年时间。腰扎一条一丈五尺多长的绣花腰带。裙前系四五张黑布围裙，围裙上方镶黑白相间的布边，系时让每张围裙的布边都露出来，以示美观和富有。小腿缠白布或黑布绑腿，绑带长约两丈，宽约四寸。冬天冷时，全靠绑带缠腿御寒，保护皮肤。姑娘喜戴银饰，家有未嫁之女，父母亲都要为其准备一两件银饰。逢节日喜庆之时，姑娘戴上耳环、项圈、手镯，再穿上花纹斑斓的衣、裙，更显得绚丽多姿。

三江侗族自治县草苗自称『谬娘』，其语言与境内的苗族不同，属壮侗语族侗水语支，和侗族南部方言第一土语十分接近，生活习惯大多与侗族相近。草苗服饰有自己的特点，女孩子从七八岁起便开始蓄发，经常浣洗。未婚女子挽髻于头顶，插银簪、木梳，戴银耳环、银手镯。喜修发际，留细弯眉毛，包青布滚花边头帕，帕角垂至两肩，外出劳动时喜戴竹笠。上身穿长到膝盖的紫红色或黑色右开襟衣，钉银扣或铜扣，衣襟、衣领、袖口镶花边，腰系苗锦宽腰带。下身穿蓝布窄筒裤，或穿百褶裙，套桶形脚套，以带系紧。跣足或穿勾头绣花鞋。草苗多住山区，男女青年社交有唱歌『坐妹』的习惯。男女青年婚姻恋爱自由，但仅限于本民族内部，与其他民族通婚甚少。结婚时，男方家不用给女方家送礼，而女方家却要给男方家送酒、肉，请男方宗族兄弟吃『外婆饭』。草苗最突出的饮食习俗是每天要吃三四次油茶，家有贵客临门，必『打油茶』招待。一年之中，春节、端午、中元、中秋等节日与当地汉族、壮族大致相同，但元宵节的闹元宵却很有本民族特点，男女青年对唱山歌，通宵达旦，不少青年趁机寻觅配偶。

○「款」是侗族民间传统的社会组织形式，「款」有款约、款词。款词大多是记录民族神话、英雄故事及祖先的创业历史等内容

在侗族民间流传的古『款词』中，侗族人一直这样夸耀着自己祖先的穿戴：人人有黄带装扮，个个有花带束身，有妻的穿起华丽的花衣，单身汉也全身崭新。银舌雉尾插头上，羽管串珠吊衣襟，丝绒花巾系面前，红色大毡披身后。

当然，与其他民族文明发展的历程同样，侗族的先民们也经历过从断发文身，披叶裹草，到以纺织物制衣的历史。美丽的衣装，是他们文明的荣耀，也是他们智慧的创造。**隋唐** 南平僚，男子左衽，妇人横布两幅，穿中而贯其首，名为通裙。（引《旧唐书》卷一九七）**明** 男子科头跣足，或蹑木履。妇女之衣，长袴短裙，裙作细褶，裙后加布一幅，刺绣杂文如绶。胸前又加绣布一方，用银钱贯次为饰。头髻加木梳于后。男女常浴于溪，女以水沐发。不

○「僚」为唐宋时期对壮侗语族先民的称呼

施膏粉，好戴金银耳环，多至三五对，以线结于耳根。织花细如锦，斜缝一尖于上为盖头，脚跋无跟草鞋，冬衣无棉絮，惟以茅花御寒。（引明·弘治《贵州图经新志》卷七）

清 椎髻插雉尾，卉衣 男女俱穿耳，男首插白雉尾，女额、项、手以银箍、银圈、银镯为饰，裙以六幅青布为之而不缝，其长过足即用为脚缠。（引清·谢启昆《广西通志》卷二七九）尽管史料只言片语很难明显看出侗族服饰艺术的传统轨迹，但我们仍可以去看今天的侗衣，古朴的侗族人身上，或许仍然留存着他们民族的美的历程。

近代以来 侗族多居住在山清水秀的山区，村寨依山傍水而建，在南国三江青绿山水的大背景中，他们辟就了一个清和明净的美好境界。清和明净的侗族人正唱着夸赞他们今天美丽衣服的歌向我们走来。

三江侗族自治县八江一带侗族男子，用紫色亮布头巾缠头，节日盛装还于头上插一根野鸡羽毛。上身穿紫色亮布交领衣，戴银项圈，背彩色侗锦花袋。下身穿白布长裤，扎黑布绑腿，以彩锦带系紧。穿白布袜、黑布鞋。一身打扮黑白分明，给人一种干净明快的审美享受。其女子多挽髻于脑后，插银梳于髻上，或用彩色丝绒制作花球花朵，装饰于银簪、银帽上，再插或戴于头上，满头银光、红花，互相争艳媲美。上身穿青色侗布大襟衣，袖宽无领，襟

边系小布带。颈戴数个银项圈，以大和多为美。盛装时双手戴数个银手镯，耳缀银环。下身穿紫色亮布长裤，或穿紫色亮布百褶裙，套绣花脚套，以彩锦带系之。脚穿白布袜、勾头绣花鞋。整个穿着打扮，显得十分雍容华贵。

三江侗族自治县良口一带的侗族服饰，男子用黑布巾缠头，上身穿直领布扣黑土布对襟紧身衣，戴银项圈、银手镯，扎黑布腰带。下身穿白土布宽筒长裤，挽裤脚数圈于膝上，打黑布脚绑，用一块两角系绳、两边缀穗的侗锦将脚绑扎紧，脚穿白布袜和球鞋。外出时，常随身携带葫芦、毛巾。女子蓄发，春冬季节，多盘发于头，包对角白布头帕，上穿无领无扣右衽青布衣，腹前系两寸宽的布带，下穿宽筒长便裤，脚穿白布袜、布鞋或绣花云勾鞋；夏秋时节，将长发盘髻或挽为扁髻，髻上插一把木梳和数支银簪，额头上扎白布带，上身穿无领无扣对襟青布衣或黑布衣，袖宽而短，衬肚兜，扎黑布或青布腰带，下穿百褶裙，扎绑腿，穿白布袜和绣花船形踏跟勾鞋。喜戴银耳环、

银项圈。出门时多背侗锦袋，将白毛巾系于锦袋上。老年妇女蓄发盘头，用青布带将发缠紧，再在头上盖一块黑布头帕。上身穿交领黑布衣，衣领绣有红、青、白等色纹样，袖口镶青布绣花栏杆。系青布腰带，穿黑布长裤。

三江侗族自治县富禄一带山水秀丽，村寨多依山傍水而建，侗族人民聚族而居。在林荫、清泉、禾苗的田园风光熏陶下，这一带侗族的衣着素雅端庄，给人一种清新明快的审美享受。其女子喜蓄长发，常浣洗，将长发于头上

挽为偏髻。上身喜穿对襟无扣青布衣，近数十年来，亦有以月白、淡紫、红色布制衣者，但色彩仍以青、蓝等色为主。衣领挑绣各式图案纹样，袖口镶阑干或绣花，左右两侧衣脚各开一叉口，外衣可交叉系于胸前，亦可敞开，露出胸前的绣花胸围，胸围略长于衣，下端的三角形围布垂于衣下。下身穿黑布短裤或黑布短裙，小腿套黑布脚套，脚套下端绣花并镶红布或青布阑干，上端用青布带系紧于腿上。少穿鞋袜，涉水或下田劳动，脱掉脚套即可。

三江侗族自治县苗江一带侗族女子，春冬季节，挽髻包三角蜂窝状白头巾，戴耳环，挂银项圈，上身穿长到膝盖的亮布右衽衣，下穿黑布百褶裙，套脚套，穿白布袜和绣花鞋。夏秋季节，挽髻于头上，额上系一根白布带，上身

穿亮布对襟短袖衣，左右两侧衣脚各开一叉口，领沿、衣襟、衣脚均绣图案纹样，袖口镶一道青布阑干并刺绣一圈图案纹样，衣内系一下端为三角形的绣花胸围。耳缀大银环，戴银项圈、银手镯。下身穿黑布百褶裙，长至膝盖，小腿套下端绣图案纹样并镶一道青布阑干的黑布脚套，上端用青布带系紧于小腿上。节日盛装，挽髻于头后戴缀有各种彩花、绒球的银帽，穿亮布绣花对襟长袖衣，领沿、衣襟均绣图案纹样，袖口绣花和镶阑干，衣脚或镶色布，

或绣图案纹样，或在衣脚的绣花纹样下缀串珠丝穗，穿时左右交叉，用两端缀穗的红绸腰带将衣系紧。戴银耳环、银手镯，挂数个银项圈，富有者于项圈外再挂数银缀有各式动物、银铃的银链。下穿黑布百褶裙，套脚套，以带系之。

三江侗族自治县同乐一带侗族，其女子蓄发挽偏髻于头上，上身穿黑布对襟衣，左右两侧下摆各开一叉口，领沿、衣襟、衣脚均用蓝、白等色丝线绣图案纹样，袖口镶一道蓝布阑干，用黄、红、蓝、白等色丝线在袖上绣图案纹样。外衣衣袖略短而宽，内衣衣袖略长而窄，让内衣衣袖略露于外。穿时可将左右两衣角交叉于腹前，亦可敞开，内穿黑布绣花胸围，胸围的下端镶一块三角形蓝布，略长于衣，穿时露于衣外。手戴银手镯。下身穿黑布裤，小腿套脚套，以青布带将之系紧于小腿上。整个打扮古朴素静，让人赏心悦目。赶圩或参加花炮节等活动时，常携带一个小竹篮，用以装丝线、布料等物。

三江程阳桥侗族芦笙歌舞装，男子用黑布带缠头，或以黑布锦带缠头，再插数朵绒线花或珠饰。上身穿黑布对襟布扣衣，肩绣织彩锦或黑白锦，锦边缀丝穗，衣襟和胸部以下的衣服绣各种彩色纹样，袖口绣一大截纹样，再镶一道红布或青布阑干，钉红布纽扣。下身穿白布裤，长刚过膝，小腿套黑布脚套，以锦带系之。裤外套侗锦鸡毛吊珠裙，将若干块彩色侗锦连于腰带，系于衣内，每块侗锦的末端缀吊珠、鸡毛。三江一带的侗族女子芦笙舞衣极为富丽堂皇。着装前，先于家中或溪边浣发梳妆，将秀发盘于头上，再饰以银梳、银簪、银花、银钎等银饰。其中尤以银花做工最为精细别致，其浮雕造型栩栩如生，花朵争相吐艳，蝴蝶、小鸟展翅若飞，花纹凸出，极富立体感。侗族的银饰，大多为祖传。一般是外婆传给母亲，母亲传给女儿，女儿再传给后辈。只有女儿多的家庭，银饰不够分，母亲才去请人铸造。上衣为无领对襟紫色亮布衣，左右两侧各开一叉口，衣襟镶红、蓝花布，或绣花边，衣脚镶一道青

布阑干，衣袖镶色布阑干，绣数道图案纹样作花阑干。系彩色腰带。用数十块彩锦连成一圈围于肩上，形如婴儿口水兜，锦上缀串珠，每块锦就如一张花瓣，锦端缀串珠彩穗。下身穿黑布百褶裙，小腿套绣花脚套，以青布带系之。穿白布袜和布鞋。用若干块彩锦连成吊裙，系于布裙外，锦上缀各色串珠，锦末端缀彩穗，微风吹起，串珠晃动，彩穗飞舞，美丽动人。

仫佬族

■仫佬族主要聚居在广西罗城仫佬族自治县境内，少数散居于广西的宜州、环江、都安、忻城、柳城、河池、融水、柳州、南宁等县（自治县）市。仫佬族为西瓯、骆越人的后裔，历史上曾有『僚』、『伶』、『姆姥』、『木老』等称谓。过去，仫佬族都穿自织自染的青色土布衣。清嘉庆《广西通志》卷二七八载：『宜山姆姥即獠人○，服色尚青』。现男子多穿对襟衣，着长裤，穿草鞋或布鞋。

女子未嫁者梳辫，出嫁后挽髻，老年妇女多包青布头帕。穿大襟布扣蓝黑布衣，衣襟镶数道蓝布阑干，袖口绣花、镶蓝布阑干。下身穿蓝黑布宽筒长裤，裤脚用蓝布镶数道阑干。在家多跣足，出门穿草鞋或布鞋。

○「獠」为旧时对壮侗语族先民的蔑称

毛南族

毛南族主要聚居在广西环江毛南族自治县境内，少数散居于广西的河池、南丹、都安、东兰、巴马、宜州等地。毛南族自称『阿南』，意为这个地方的人。曾有『茆滩』、『茅难』、『冒南』、『毛难』等称谓。毛南族妇女服饰，青年姑娘披发于肩或编长辫，穿右开襟蓝布衣，衣领、衣襟、衣袖镶三道黑花边，下穿宽筒蓝布长裤，裤脚亦镶三道黑花边。黑花边有大小之分，大花边缝绣容易，费工少，为在家和劳动穿着；小花边做工精细，为赶圩、节日时

穿着。出门时随身携带花竹帽。老年妇女挽髻于脑后，插银簪或竹簪于髻上，外包黑布头帕。上身穿黑土布右开襟衣，下穿黑土布宽筒裤，穿白布袜和踏跟勾头绣花鞋。男子则穿钉五颗铜扣的右开襟衣，穿长裤，劳动时扎绑腿。

京族

京族，过去称『越族』，主要分布在广西防城港市东兴开发区的巫头、万尾、山心、潭吉、恒望、红坎、寨头、米漏、江平等村镇，少数散居于广西的防城、钦州、凭祥等地。京族先民从越南迁入中国北部湾畔已有近五百年的历

史，并形成了有自己特色的民族文化。男子剪短发，上身穿窄袖对襟褐布衣，长平膝，腰间束带，下身穿长而宽的裤子，跣足。女子喜留长发，于正中处平分，结辫于头后，两边留『落水』，发辫用黑布带或黑丝绸缠着绕头顶一圈，

陳氏

俗称『砧板髻』。耳挂银环。上身穿窄袖紧身无领对襟短衣，内挂一块菱形绣花遮胸布，下身穿长而宽的黑色或褐色裤子。外出做客时，则加穿一件形如旗袍的窄袖白色长外衣。平时多跣足，外出做客时穿鞋。

水族

■广西的水族大多是清末民初从贵州迁来的，主要分布在广西的南丹、宜州、融水、环江、都安、来宾、河池等地。水族男子多包青布头巾，穿青色或蓝黑色大襟衣或对襟便服，束腰带，穿满裆宽筒裤。妇女包青布或蓝黑布头帕，穿浅蓝或蓝黑色大襟宽袖衣，胸部及袖口均镶花布边，下穿靛青色长裤或百褶裙，裙沿滚花边，扎绑腿，系青布或蓝黑布绣花围裙，脚穿翘尖鞋或绣花鞋。整个打扮素雅朴实。

彝族

彝族自称『诺濮』、『诺苏濮』、『纳苏濮』、『罗罗濮』、『纳若』等，有『罗罗』、『倮族』、『撒梅』等他称；又因地位和服饰不同而有白彝、黑彝和红彝之分。广西彝族是明代之后逐渐从云南、贵州等地迁来的，主要分布在广西隆林、那坡、西林等县（自治县）。彝族服饰，白彝一般衣尚白，黑彝衣色以黑、蓝等色为主，红彝崇尚红色。隆林各族自治县部分彝族男子用红布巾将头扎成圆圈形，于头顶上扎一英雄结，上身穿白布对襟布扣衣，衣襟绣蓝色图

案纹样，披大红色披风，下身穿黑布长裤。女子盘发于头，包黑布头巾。上身穿大襟无领短袖衣，颜色或黑或蓝，或青或浅蓝，领口、衣襟、袖口均用不同的色布镶一大二小三道阑干。围黑布绣花短围裙，以银链为带将之挂于胸前，有的还在银链上挂锡做的花牌、圆铃等。下身穿黑布宽筒长裤。广西彝族一般不会种棉织布，制衣的布料多是向壮族或贵州的少数民族购买。那坡县者祥彝族，男子用方格巾或黑布巾包头，穿右开襟低领白布衣，胸正中处绣一块称为

『档花』的民族标志，束白布腰带，穿黑布长裤，扎三角黑布绑腿。女子包黑头巾，穿无扣对襟黑布衣，长至肚脐，衣内着一绣花胸围，遮住胸部与腹部，围前对交要不，穿下黎宽筒短裤，扎三角黑布绑带。

■跳弓节，彝语称『嘈契』，意为『跳弓舞』，亦称『孔够』，意为『欢庆快乐，祈祷祝福』。为那坡县彝族最隆重的传统节日。相传彝族祖先率族人与敌作战，退守竹林。敌人射向竹林的箭均被竹挡住，而彝族先民则削竹为

箭，击溃敌人。为庆胜利和感激竹神及诸神保佑，先民立下规矩：回村后，各村寨人要在村中种一金竹，来年以种竹之日为节祭神。因各村路程不同，到达村寨的时间不一样，故各地跳弓节时间不统一，一般在夏历四月初至四月中旬，时间为三天。其内容主要有祭天地，祭祖先，祭山神，讲本民族历史，唱歌，跳舞等。跳弓节主要由麻公爸主持，每年正月初三由摩公从本民族成年男子中占卜决定人选。当地彝族认为，能当麻公爸是吉兆，当年家中不会

有丧事，今后一两年将会发财。所以，被占卜中选者，其亲戚便拿酒、肉前往庆贺。麻公爸的妻子称『麻幺妃』，负责协助麻公爸筹办跳弓节活动事宜。在村寨中的平坝种一丛金竹，四周摆设肉、虾、五色糯米饭、酒、茶、金刺莓等

食品，旁边还支木架挂一对铜鼓。摩公头戴竹笠，穿蓝布长袍，袍外套白布对襟布扣无袖衣，下穿长过膝盖的黑布裤，率众人祭天地、祖先，然后麻公爸头戴白布圆筒帽，穿黑布对襟短袖衣，内穿白布衬衣，扎黑布腰带，挂白底方格围巾，穿长过膝的黑布宽筒裤，下扎白布绑带。麻公妈用绣花带缠头，穿绣花衣，挂白底方格围巾，系绣花围裙，下穿黑布裤，扎绑腿，率众人绕场走九圈。全村男女老少包黑布头帕，穿白布衣、黑布裤，扎绑腿，一个不漏地赶来参加，婴儿也由母亲背着来参加活动。游场后，众人便击鼓吹芦笙，翩翩起舞。晚上天黑后，人们又到各家各户中去跳，祝各家吉祥如意。第三天，由摩公、麻公爸率各户户主到山上祭山神，求人畜平安，五谷丰登。

仡佬族

■仡佬族历史上曾有『葛僚』、『仡僚』、『革僚』等不同的称谓。广西的仡佬族大约在明末清初从贵州迁入，主要分布在隆林各族自治县的常么、猪场、长发等三个乡，少数散居于西林县。其先民和古代南方僚人有十分密切的关

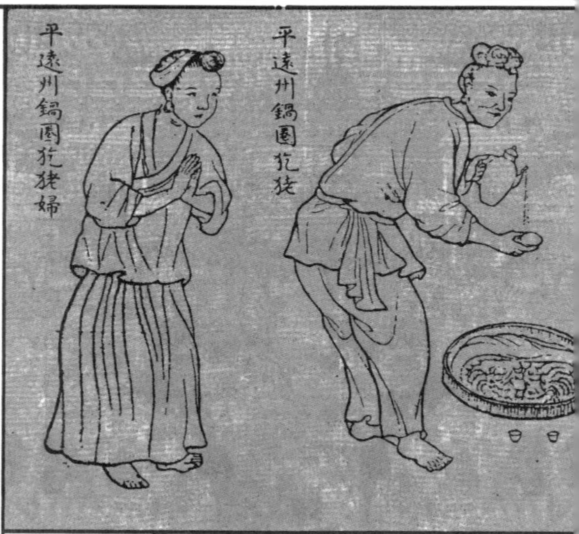

系，曾保持许多古代僚人的生活习俗。历史上，仡佬族曾因生活习俗和服饰不同而有不同的族称。清嘉庆《广西通志》卷二七九载：『仡来自黔中，棺而不瘗，置岩穴间，高者绝地千尺。父母死，则子妇各折二齿投棺中以为诀，名打牙仡。又剪头仡，男女发生，时时剪之』同书引《炎徼纪闻》说：『仡佬，一曰仡僚，其种有五。蓬头赤脚，矫而善奔，轻命而死党 以布一幅横围腰间，旁无襞积，谓之桶裙。男女同制花布者为花仡佬，红布者为红仡佬。各有族属，不通婚姻 打牙仡佬，慓悍尤甚 剪头仡佬，男女蓄发寸许』仡佬族男子，用黑布绣花巾将头包成圆圈形，上身穿白布对襟布扣衣，领沿、衣襟、衣脚、袖口用黑、蓝、黄等色丝线绣图案纹样，左右两侧衣脚各开一叉口，用黄布带束腰，下身穿蓝布绣花裤。女子蓄发，未婚姑娘梳辫，围围巾；已婚妇女盘髻于头，插银簪，包黑布或彩色围巾作头帕。

上身穿黑色或浅蓝色或深蓝色或绿色右衽短衣，长仅齐腰，围黑布绣花围裙，以银链系之挂于胸前。下身穿黑布长裤，脚穿花布鞋。节日盛装，领沿、衣襟、袖口、衣脚均用不同颜色的丝线绣图案纹样，下身穿绣花长裙、裙头缀若干条彩色丝绒和绣花布条，裙外亦有扎绣花围裙者。

结语 走进少数民族的村寨，倘能住上几天，我每每会感觉恍若远离凡俗，步入桃花源中。山里的食宿虽不及城里那般讲究卫生，却有一种精神上的干净；山里的年轻男女也追求时尚，却仍不抛弃传统中那些永恒的民族本色。当本篇中这些生动的身影在眼前款款而过，本色的魅力又一次把我引进梦幻的仙境。他们穿着的五彩衣裳，适合着仙境的山水，波动着仙境的风情，流露着自己的舒心，述说着民族的个性。衣服，是天体与人工合一的艺术，平铺舒展是一张张人格的蓝图，披挂在身是一尊尊精神的雕像。天人合一，铸就了中华民族共同的宇宙观、世界观，也绘制出多元文化争奇斗艳的壮阔风景；天人合一，一部中国人创造世界的大法，一句各民族塑造自己的真诀。

广西少数民族服饰概述

文 玉时阶（壮族）

一、着衣的样式和种类

广西是个多民族聚居的地方，境内主要居住着壮、汉、瑶、苗、侗、仫佬、毛南、回、京、彝、水、仡佬等十二个民族。由于各民族生存环境、历史传统、风俗习惯不一样，审美观念各不相同，服饰的样式也就大不一样。各民族的服饰都具有自己的民族特点。同时，由于地理环境差别而形成的地域文化的影响，使得各民族内部各支系的服饰样式和风格也各具特色。

金秀坳瑶

日常衣着

壮族　桂北龙胜一带，山清水秀，四季分明。夏天，壮族妇女多包印花或提花毛巾，上身穿深蓝色或花布短衫，外套不绣花、不镶边的对襟无领白布上衣，胸前只钉两组布纽扣，敞开不扣，露出带花的内衣，内外衬托，显得淡雅秀丽。下穿青黑色宽脚长裤，离裤脚数寸处或膝盖处镶有一宽一窄、颜色或红或蓝的两道彩色阑干，十分艳丽。冬天男女均包黑头巾，老年妇女穿黑色无领开胸对襟衣；女青年穿绣有红、绿、蓝、白、黑五种色彩镶边的上衣，下穿宽筒裤，裤筒膝盖处镶有蓝、红、绿等色的丝质或棉质花边。

桂西天等县一带的壮族，男子身穿对襟圆领阔袖宽身衣，用布带系结，下穿宽筒叠裆裤。女子上身穿右偏襟圆领窄袖紧身短衣，长至裤头，矮领露颈，颈口到右腋下的衣襟和两袖口均饰丝绒大花边，下穿宽筒裤。天等县境内天南、爱乐一带的妇女则穿裙，其式样极为别致，解开时是一块方布，围起来成为裙，裙子正面两腿心处各绣一条垂直对称的大花边，在臀部处打几个皱折，臀部下的裙角卷起一寸，两边缝数针，使后裙角弓形翘起，从前面看是筒裙，从后面看是折褶裙，很有特点。

桂西凌云县的壮族，男子穿无领长襟衣，裤与汉族同。妇女穿长衣长裤，上衣长过膝盖，袖宽七八寸，胸部有三条红布和一大块黑布从前面绕到后面，十分醒目。她们平时穿裤，裤筒宽尺余；结婚、走亲戚、赶圩及赶歌圩时穿裙，用大块白布作裙头，裙身宽大，镶红、白、黄三色布，滚星格边，穿时由左往右围。

桂西北都安、大化、巴马、东兰一带的壮族姑娘，头包西华、提花毛巾，秋、冬季节所穿几件颜色不同的衣服，总是最里面的那件最长，从里到外依次缩短，仿佛楼梯式，历历可数。

瑶族　瑶族是一个支系繁多的民族，分布广而零散。主要散居在五岭南北的高山密林中，海拔多在一千米左右，故有『五岭无山不有瑶』和『高山瑶，矮山苗，汉族住平地，壮侗住山槽』等民谚。在广西的八十一个县市中，有六十多个县市有瑶族居住，从而形成『大分散，小聚居』的分布特点。一般说来，瑶族男子包头巾，上穿对襟右衽铜扣衣或交领无扣衣，下穿宽筒长裤，腰和小腿绑扎布带。妇女包头帕，穿圆领花边对襟或右衽长衣，下穿挑花长裤或绣花百褶裙，扎绣花腰带、围裙、绑腿。但细分起来，各地风格款式又各有不同。

田林县木柄瑶，男子以巾包头，头巾中间镶绣白色图案纹样。包头时，巾中两端于额前两侧斜上伸出，形如一对玲珑的小角。上身穿左衽短衣，用白布带束腰，两端绣花缀缨，垂于两侧腰下。下身穿长裤，裤外围下摆镶白边的百褶短裙，小腿扎绑带。女子服饰大致与男子同，但衣袖略短，且镶边，下穿平膝或过膝百褶裙。

该县的蓝靛瑶男子则用黑布巾包头，穿开襟短衣，左襟用红布镶边，钉铜扣，两腋下和后脊梁对直下的衣沿均开两寸长的叉，下穿长裤。女子头上盖一块头巾，中间绣黑色图案纹样，两端为六寸长的白细纱。用一个圆形银簇将头巾套在发上，银簇由三十多片形如鱼鳞的银饰组成。上身穿长过膝盖的对襟衣，穿时前后衣襟都翻上，然后用彩色织锦带系在腰间。两侧从腰部处一直开叉到衣脚，开叉处及衣襟均用红布镶边。由袖口往上分别镶四寸宽的红布、四寸宽的浅黑色布及半寸宽的红布，下身穿宽筒长裤。

十万大山山子瑶妇女喜用银质梅花发罩罩发髻，发罩顶部是一个八角星的圆形银片，四周上下两行排列插上三十二块小圆银片。先用红丝线缠头部七八圈，再将发罩箍紧于头上，最后用一块绣有纹饰的方形头巾盖住头部。位于左右两耳上的头巾角，用彩珠和红绒线连结成穗，垂于两耳旁。因头部装饰花色，故当地汉、壮等族称之为『花头瑶』。其上身穿后襟长过膝关节、前襟在膝上的无扣交领衣，领口绣花纹，前襟镶两寸宽的红布边，挂一块绣有花纹的胸围，胸前两边各坠彩穗，袖口各镶三寸宽的红、蓝布花边。束红、黄、白、蓝色丝线织成的腰带，两端缀红绒线彩穗。下身穿长仅尺半的短裤，裤脚用红或蓝丝线镶边。小腿着脚套，用彩色丝线系紧。行走时，将上衣后面的一幅衣角撩起扎在腰带上，既方便行走与劳动，又能显得清爽健美。

融水苗族自治县瑶族男子用红头巾包头，巾上覆盖瑶锦，锦上缀彩色珠串。上衣以红为底，四周镶蓝布边，腰以上的衣襟边沿均饰瑶锦。对襟、无领、无扣、无袖，内衬黑布长袖衣，穿时以白布腰带束之。下穿黑布长裤。妇女以黑布包头，上顶人字塔形彩色挂冠，彩线交织，色珠串串。身穿黑布衣，肩、背、胸披倒鹅蛋形的彩色披带，颈挂两圈银项链，胸前缀满大中小型方、圆银饰，一身装饰富丽堂皇。姑娘用蓝黑色头巾包头，头巾外加以装饰，整个头饰像个绒帽，戴耳环，挂项圈，穿无扣交领衣，坎肩、胸襟镶上瑶锦，衣袖镶红、绿彩色布条和瑶锦，系蓝黑色腰带，腹前系菱形围裙，下穿平膝或过膝百褶裙，裙上嵌有深红色长布帕，打绑腿，穿绣花布鞋。

龙胜各族自治县的盘瑶喜穿青蓝色布做的服饰，男子上衣为低领对襟，系布扣，长至肚脐略下。下穿长到膝盖下的窄口裤，扎青色三角绑腿。妇女头戴瑶锦帽，四周挂满珠串彩穗。身穿开胸对襟衣，披一个精致厚实的垫肩，衣襟绣花边，扎一条图案古朴的围裙。窄筒裤至膝，裤脚滚花边，小腿缠绑带。该县红瑶女子头包黑布巾，上身穿红色绣花服，或全用红绒线织成，或是在黑布衣上挑绣各种图案纹样，将衣服全部盖满。下身穿百褶绣裙，扎绑腿。

三江侗族自治县瑶族男子服饰较简单，头包黑布长巾，身穿紫黑色素服，上衣无领对襟，下穿窄筒裤。节日、走亲戚和赶圩时穿几重衣，里长外短，以示富有。妇女蓄发盘髻，穿无领花短衣，围花肚兜，束花腰带，下穿紫青色长裙，缠素色绑腿。行走时裙幅飞舞，犹如张网之状。

苗族　苗族服饰在各地都有其特点，其中又以女子服饰式样最多。桂北一带的苗族，一般住在山麓、河边或田坝旁，三五十户到上百户为一寨。桂中融水一带的苗族，多住在河边、田坝或山腰的梯田一侧，一般几十户到百余户为一村；桂西一带的苗族，多居住在高山上，每寨十余户到数十户人家。各地苗族服饰在保持共同民族特征的基础上，又形成了地域差别，这种差别主要表现为衣、裙的长短，色彩的淡浓，图案纹样的风格和装饰部位的不同，银饰的多少和发型的多样等方面。

融水苗族自治县，男子头缠青布头巾，上穿直领对襟短衣，下着长裤。女子头包青布花边头巾，耳戴玉石或银质耳环，戴手镯。上穿无领无扣对襟短衣，衣襟、领边、袖口镶苗锦或刺绣花边，束腰带。衣内挂一块上宽下尖的菱形胸围。下穿平膝短裤，外套百褶裙，小腿套青布脚套，以绿绸带系紧。县境内杆洞、滚贝、白云、拱洞、四荣、安陲等地男子穿闪闪发亮的紫红色对襟短衣，下穿蓝黑色大裆宽筒长裤，裤头交叉插入绑带内。女子用自己制作的亮布缝制服饰，短衣长裙，衣的各部位都配饰花边和飘带。上衣对襟无扣，衣襟可交叉系紧，也可放开不系。挂一块菱形胸围，腹部围一块肚兜，用一条两寸宽的绸带系紧，剩余的绸带垂于裙子底部，俗称『燕子嘴』。下穿深蓝色百褶裙，后幅略比前幅长两寸，小腿套两端镶有花边的脚套，用绸带绑紧上端，绸带的两端垂于脚内侧，分外美丽。

隆林各族自治县境内居住着白苗、偏苗、红苗、花苗、清水苗、栽姜苗等不同支系的苗族，服饰差异主要表现在妇女身上。白苗妇女的头巾是白底，绣红、蓝、黑纹饰；穿蓝布短上衣，长巾束腰；下穿长到膝盖的白麻布裙，腰系长围裙，打绑腿。偏苗妇女包花头巾或黑头巾，上衣齐腰、无领，右侧开襟，长裙到脚跟，裙外系长围裙。红苗妇女过去多包红头巾，现在多包白色头巾，为纯素色或绣花两种；上衣与白苗衣略同，颜色或白或蓝，但衣领稍大，后幅绣花纹，圆领侧开襟；裙与白苗之裙同样长，分三节缝成，上层为粗布，中层涂蜡染花，下层刺绣花纹；腰系长过膝下的围裙，小腿缠白布绑带。花苗妇女将头发扎如蘑菇形，穿对襟长袖衣，胸前、背后、领口和两袖均刺绣，下穿浅蓝色麻布蜡染百褶裙，外系长围裙，扎绣花绑腿，从上到下，花团锦簇。清水苗妇女包黑头巾，上衣为天蓝色，侧开襟，前胸侧开扣处绣有三条彩色纹带，衣袖绣有八条不同颜色的纹带，直绕到胳膊上；裙子分为上、下两部分，上部长约五寸，下部长约一尺，绣横格子花边，腰间用黑围巾扎好。栽姜苗妇女上衣衣领翻向两肩，两边滚约两寸的白布，从头套下，内外两层，外层背后绣小方块图案，扎腰带。她们节日和结婚多穿这类服饰，平时穿黑衣和蜡染素裙，系黑围腰。

侗族　侗族多居住在山水秀丽的山区，村寨依山傍水而建，人们聚族而居。大多处于北纬25°到30°之间，山岭连绵，河流众多，有的处于盆地与河谷地区，有的处于山地和丘陵地带，不同的自然环境，形成了不同的地域文化，于是在服饰上便形成了不同的风格。大多数侗族地区的男子一般穿对襟短衣，但侗族地区南部山区的男子则穿右衽无领短衣。三江侗族自治县境内，男子一般包青布长头帕，穿近似唐装的对襟短衣，下着宽筒便裤。老年男女多穿右衽衣，扎青布腰带，脚穿圆头布鞋。良口和里一带的妇女，春冬季节多包对角白头巾，上穿无领无扣右衽青布衣，腹前系两寸宽的布带，下穿便裤；夏秋季节将发挽为扁髻或盘髻，髻上插一把木梳和数支银簪，额头扎白布带，上穿无领无扣对襟青布衣，衬肚兜，下穿百褶裙，扎绑腿，穿绣花船形踏跟勾鞋。苗江、榕江一带的妇女，春冬包三角蜂窝白布头巾，戴耳环，颈挂数个项圈，圈上缀银链，穿长到膝盖的右衽衣，下穿长裤或裙；夏秋穿花边对襟衣，围花肚兜，下穿百褶裙，扎花边绑腿，穿绣花船形踏跟勾鞋。

彝族　广西彝族主要分布在隆林各族自治县和那坡县境内。隆林德峨的彝族男子用一条丈余长、两尺宽的黑头巾将头包成圆圈形，身穿黑色对襟衣，较短，下穿宽大的黑色唐装裤。妇女在头上围一块黑头巾，有的于头巾一端绣细花边，另一端缀丝线为穗，平时穿宽大而长的唐装衣裤，多为黑色，也有蓝色、淡蓝色、绿色。节日盛装为黑底滚蓝边或黑底滚绿边，并于袖口处滚三道边，中间一道长约两寸，其余两道长约五分。老年人的衣服只滚前领和右手衣边，背后的领圈不滚；青年妇女和小孩则将衣领前后滚成圆形边。

那坡县者祥等地的彝族着白上衣、黑裤子。男子用方格或黑色头巾将头扎成圆圈形，穿右开襟低领上衣，袖较长，左下角缝一个袋子，胸正中缀有一块称之为『档花』的民族标志，图案为光芒四射的太阳。腰系白布带，穿黑色唐装裤，打三角黑布绑腿。妇女包裹黑布头巾，或在黑布巾内包一条浅色方格巾。双耳挂银钏，颈挂数个银项圈和一条银链。上衣仅至肚脐，平领无扣对襟，内有一张绣花胸裙，遮住胸部与腹部。胸襟正上方佩戴一块锡制的『普马』，图案为两条鱼跃出水面，围住光芒四射的太阳，鱼的上方各有一只飞鸟。衣襟两侧有用锡铸制的小花粒装饰的红底方格布，方格中绣有纹饰。袖长，近袖口处也缀有用小颗粒锡花装饰的图案。袖沿、领口滚黑边，胸襟上方靠近脖子处有四条用红、白、黑、蓝等色绣成的长彩带。双手分别戴数个银手镯。腰围一条三四寸宽的榆树皮做的椭圆形腰环，腰环表面用两条一寸宽的彩带装饰。未满十八岁的少女和六十岁以上的老年妇女的腰环略窄。除了夜间睡觉，平时腰环都不离身。逢年过节，妇女们还将精心织绣的锦带包扎在腰环外，显得英武多姿。下身穿平膝宽筒短裤，扎三角形黑布绑腿。

仫佬族　服饰多为深青色或深蓝色。男子一般穿对襟上衣，着长裤，老年人穿琵琶襟上衣。老年妇女多用青布头巾包头，腰系青布围裙，中年青年妇女多用毛巾包头，或戴绣花箍巾帽，穿大襟上衣，着长裤。

男子上衣钉五颗铜扣，衣服口袋缝在右衣襟里，不外露。下身穿宽筒长裤，劳动时扎三角绑腿。妇女用青布包头，露出发顶。穿镶有三道黑色花边的右开襟上衣，滚边裤子，外出劳动或走亲串寨时，喜戴花竹帽。

回族 视白色为洁净之物，喜穿白色衣服。男子头戴白帽，穿双襟白衬衣，衣上套一青布坎肩，下穿白裤子。妇女头戴白圆撮口帽，戴盖头，穿大襟衣。

京族 男子多穿窄袖袒胸过膝上衣，腰际束带，下穿长而宽的裤子。妇女穿窄袖紧身无领对襟短上衣，胸围菱形遮胸布，下穿长而宽的黑色或褐色裤子。外出做客时，加穿白色长外衣。

水族 多穿黑色或蓝色衣服。老年男子多穿无领布扣长衫，中青年男子多穿对襟便服，束腰带，下穿大襟脚的满裆裤。妇女上穿满襟宽袖滚边衣，下穿裙或裤，裙多褶纹，膝下滚花边，扎绑腿。

仡佬族 男子穿唐装，妇女则穿短衣长裙，上衣右衽齐腰，袖背上绣有鳞状花纹，多为浅蓝色或青色面料制作。青壮年妇女的上衣多在颈部和右腋处用纽扣系结，衽上无花纹，衽下有襟。新婚女子襟边饰有二至三道浅色布条纹，外边套以斗篷。斗篷用整块青布制成，中间挖一个洞为领口，无袖，前短后长。斗篷上多绣花纹，穿时从头上套下。斗篷的项带和腰中的系带用金属花链构成。下穿直筒裙，无褶，分上、中、下三节，上、下两节多用麻织，饰青、白色条纹，中间用羊毛织成，染为红色。新中国成立前夕，男子逐渐改穿唐装。女子穿无领右衽衣，袖上嵌两道黑边，从颈口至右腋下镶一条三寸宽的与衣色不同的襟边，边沿绣花纹。下身穿长裙，裙头垂数根五寸长的彩色丝绒，鲜艳夺目。喜扎围裙，穿绣花鞋。现在，男子除部分老人还穿长衫外，青壮年人服饰与当地汉族服饰相同。妇女的服饰与当地壮族妇女服饰相似，包黑色头帕，穿青色或浅蓝色右衽衣，衣领处每边各有四颗银扣，颈下、胸前、袖口及两肩均用黑布镶边，一般是大边一条，小边三条。衣长仅齐腰。下穿长裤或绣花长裙，脚穿绣花鞋。

岁时节日

服饰和节日的关系是十分密切的，一些民族甚至连节日的穿着都有一定之规。在隆林各族自治县农村，壮族妇女的头巾有蓝、白、黑三种，黑头巾长六尺，一端织有网状的格子，末端有三寸长的垂线，缠头时从左向右绕二三层后转回左耳之上；蓝头巾长两尺，两端均用黄、红色花线滚边，无垂线；白头巾长两尺，两端织有三分宽的黑色纹饰或方格图案，末端有垂线。白头巾和蓝头巾的缠法相同，将头巾盖在头上，把左边的一端往上翻，再把右边的一端翻上去盖住就行了，极为简便。男子的头巾只有黑、白两种式样，长短和妇女的头巾相同，其缠头方法也大致一样，但缠头后留一端的尾线垂于左耳处，走路时垂线前后摆动，分外美观。男子上衣过去为右衽无领大襟衣，民国后改穿唐装，下穿宽筒便裤。妇女穿短衣短裙，上衣短而窄，长齐腰，仅能盖住裙头或裤头，右衽无扣，在右腋下襟边缝上黑、蓝、白三色布带，代替纽扣系结。上衣分为白、蓝、黑三色，白衣和蓝衣的后颈处绣有一道三分宽的花边，一直绕到胸前，外襟也镶一道三分宽的白布或蓝布，如镶白布，还要在布旁绣一道长三寸、宽三分的花边。白衣和蓝衣的区别在于蓝衣的袖口、里襟、襟底都有一道一寸宽的红色或深蓝色或黄色的镶边布，而白衣没有这部分装饰。黑衣的制作更为讲究，镶边用黄绸缎为底，再用各色丝线在黄绸缎上绣出精美的图案纹样。袖口、衣襟底、衣沿、领口等处均镶黄、红、黑边。下穿长至脚踝的宽筒长裤，长裤外套一条长至膝盖的百褶裙。其裙铺开如扇，穿上为裙，裙头用三寸宽的白布皱褶，白布边上镶一道三寸宽的红布或蓝布，离裙脚一寸处织蓝色或黑色方形图案。裙头两侧各缝有两根长短不一的绣带系裙，带的末端有彩穗。系裙时，两根短带垂于身后，两根长带从腹前绕过身后，再回到前面系紧，垂于两腿前，颇为美观。其裙亦分黑、蓝、白三种，黑裙的裙头用红、黄色布镶边，裙脚无方格图案纹样；蓝裙、白裙的裙头没有红、黄两道皱褶镶边布，裙角则绣方格图案纹样。习俗以黑为贵，视黑衣、黑裙、黑头巾为节日礼服，只有参加婚礼、做客、串亲戚、过节及冬天才穿，所以做工比较精致。白衣、白裙、白头巾为平时劳动穿着。蓝衣、蓝裙、蓝头巾则为在家和赶圩时穿。

贺州土瑶男子平时以七八条毛巾裹头，参加婚礼时，多以十条毛巾裹头。毛巾外面用丝线和珠串扎住。上身穿浅蓝色对襟短衣，左、右胸前各安一个衣袋。平时穿单衣，隆冬季节和参加婚宴或过节时，穿近十件上衣，一件一种颜色，相互衬托地显露于外，色彩鲜明，层次极为清楚。女子多戴用油桐树树皮制作的圆筒帽，帽顶上盖数条毛巾，毛巾上撒披红、黄、绿相间的彩色丝线珠串，珠串越多，就说明其人越勤劳、富裕，也越显得美。节日或参加婚礼，上

融水安陲乡苗女盛

面盖的毛巾多达二十余条，丝线重三四斤，垂一二十串珠串，整个帽子重约六七斤。上身穿青色或浅蓝色长袍，一直盖到脚面，其款式类似旗袍，两侧开叉较高，两腿全露于外，无扣，以花布带束身。便装时里面多不穿内衣与长裤，只穿短裤，天冷时就多穿几件长袍，脚胫缠绑带。节日着盛装，在长袍外套短衣，袍内穿长裤。在长袍后幅的腰部处饰一寬约数寸的瑶锦，锦下缀八至十串红色丝穗，将身后从腰部以下的长袍全遮住，远看分外艳丽。

三江侗族自治县苗族妇女的节日盛装，上衣开胸对襟，左、右襟的衣角及两侧、领口等处绣满花、鸟、鱼、虫等纹样，围兜上部中间绣一朵葵花，周围密绣各种山花纹样，再加上苗锦及绸缎作配制而成的方块形图案，整个构图异常美丽。下身穿蜡染百褶裙，扎苗锦绑腿。头插银花、银簪，颈挂银项圈，身佩银链、银铃、银牙签，手戴戒指、手镯，脚穿绣花鞋，周身银光闪闪，配上绣花裙，衣饰相映，上下争辉。每逢喜庆节日，成群结队的姑娘穿上节日盛装，相互媲美争艳。专为参加芦笙节而制作的芦笙衣，式样更为别致。芦笙衣，又叫百鸟衣，是苗族姑娘参加芦笙节穿着的节日盛装。百鸟衣分为上衣和裙子，均用亮布制作，再用五彩丝线在衣、裙上绣各种图案纹样。衣肩、衣角、裙角都得挂上饰有五彩羽毛的珠串。每年芦笙节，姑娘们身穿百鸟衣，在芦笙的伴奏下翩翩起舞，绣衣斑斓，羽毛飞舞，显得分外妖娆。

三江侗族自治县的侗族男子的节日盛装十分奇异，男子参加芦笙踩歌堂舞时穿的歌舞装，头围银片，上插鸡尾毛，身穿侗锦鸡毛吊珠花裙。该县程阳桥花炮会上的侗族男子的武士装，身穿青衣白裤，裹绑腿，头围白头巾，捆腰带，颈佩银项圈，手戴银镯、戒指，腰悬火葫芦，肩扛鸟铳，格外英武。

毛南族喜欢用蓝靛染的面料制作服饰，只有孝服才用白色，故民间有忌穿白色服装串门的习俗。节日喜庆时穿盛装，包八尺长的黑头巾，头巾一端有布须，包时露出头顶，形如小羊角，故称羊角巾。束八尺长的黑布腰带，两端用红、绿、黄、蓝、白绒线镶成锯齿形的布须，束腰时让两端的布须外露。脚穿白底黑面布鞋。赴宴做客的长者要穿长衫，外面套黑布铜扣的『马蹬衣』，衣背下面开四寸长的曰，衣袖如马蹄形。妇女穿镶有三道黑色花边的右开襟上衣、滚边裤子。黑色花边有大、小之分，大条花边费工少，缝制容易，是平时在家和劳动时穿的便装。小条花边小如筷条，有的甚至只有火柴梗一样大，缝制手工精细，是赶圩、走亲戚和节日时穿的盛装。盛装时的妇女还要缠头巾，发髻插银簪或玉簪，胸前挂银牌，手戴银镯或玉镯，脚穿绣花布鞋，肩背精致的『花竹帽』，显得分外俊美。

京族现在平时所穿服饰已与当地汉族大致相同，但在节庆期间，仍有不少人穿本民族的传统服饰。男子上衣窄袖袒胸平膝，束腰带，下穿长而宽的裤子。女子穿窄袖紧身无领对襟短上衣，内挂一块菱形遮胸布，下穿长而宽的黑色或褐色裤子。外出做客时，还加穿窄袖白色长外衣，形如旗袍。

人生历程

服饰也是人生不同阶段的一个重要标志。龙州一带的壮族姑娘，不同的年龄阶段梳不同的发式。情窦未开的小姑娘，头上梳刘海，让短发垂下；已经有了对象，或是结婚但未曾生育的，把前额的刘海梳向右边，用发夹夹起，而头的左边和后脑边仍留短发；成家有孩子的少妇把头发往后边梳起，结成发髻。柳城县古砦一带的壮族少女剪发平肩，用绸缎或布将发扎于头上，形如两只角；未婚姑娘留长发，梳两根长辫，辫尾用红绸缎扎两个蝴蝶结，形如两朵鲜花，前额有刘海；已婚女子剪发平肩，在左耳边用红绸扎个结，梳妆简便；已生育的少妇剪发平肩，头发不编不结，打扮随便；中年妇女剪发平耳边，再戴帽或包头巾；老年妇女留长发，结髻于脑后，用银针扎住，再戴帽或包头巾。梳妆打扮，老少分明。都安、大化等地的姑娘多剪短发，前额留刘海；已生育的少妇则挽发髻，并用棉纱线将面部汗毛绞净。在宜州木寨一带，壮族姑娘都留一条又粗又长的辫子，辫尾扎根红头绳，俗称『长辫妹』。结婚前一天，则把辫子剪掉，以示结束姑娘生活。天峨县白定乡一带的女子普遍留长发，披于身后，或将长发于头上由右向左盘绕，再用印花毛巾包扎；已婚者结髻，或梳发后于头上由左向右盘绕，再用头巾包扎。龙胜一带，女孩子从小剃光头，戴外婆家送的银饰帽；姑娘只留头顶的长发，四周剪成披社，再把顶上的长发翻到前额，用布包好，插上银梳；老年妇女不结髻，把长发翻过头顶打旋，再包以黑布。年龄大小，各有发型，梳妆不得随心所欲。

白裤瑶男女小时都剪短发，十三四岁便开始留发，标志已为成人，从此便可参加成年人的社交活动。已婚男子将长发盘头，外缠布带；已婚妇女则将长发束于头顶，结成从脑后向脑前伸的长形发髻，再包以蓝黑布头巾，巾外用布带扎紧。龙胜红瑶女子普遍留长发，梳头时加以假发编辫，未婚姑娘挽髻于脑后；已婚妇女梳发盘头，将发于前额结髻。生活在融水、三江一带的花瑶少女……妇女梳发编辫，盘发于头上，讨辫尾扎起成拱形发圈；婚后盘发于头，不再扎拱形发圈。三江侗族自治县苗族妇女一般留长发盘髻，插一把木梳于发髻上。小姑娘从六七岁起便开始蓄发，挽髻于头顶，发上插一把柚木梳；未婚女子挽髻于头顶，插银梳、木梳，修发际，留细弯眉毛；已婚妇女挽髻于脑后，不再修眉和发际。

融水安泰一带的苗族妇女，未婚时把头发全梳到左边，然后缠头一圈，用木梳在左边别住；结婚生育后，挽发于左边结为螺髻，别木梳于髻上。

侗族姑娘未嫁时一般挽双髻，或留长辫；出嫁后则绾一个平髻，髻上别银梳。在三江林溪河一带，已婚者绾髻于脑后，插银梳；未婚者必留一小束发尾绕髻插入银梳内。苗江河一带，未婚者扎髻于额前，髻外用白布折叠围头；已婚者则不再用白布巾围头。溶江河一带，已婚者把长发卷成一束，从左到右绕头，绾髻于左边，髻根插银梳；未婚者除留发绾髻、插银梳外，还须将额前短发刮干净。

过去，仫佬族男孩十二岁以前除在头顶处留一块如小碗大的头发外，其余的全剃光。十二岁以后开始留发，结三股辫，并在辫尾扎一根红头绳。随着年龄的增长，辫子越留越长，劳动时必须把长辫盘结在颈上或头上。富者以发多为荣，花钱买假发编入发辫中，作为装饰，以夸耀阔绰。女孩十一岁以前的发型与男孩同。十一岁后，留额发盖住额眉，其余的头发梳到脑后，编一条长辫。出嫁时，除盖额眉的头发保留原状外，其余的让其自然散开在面部两侧，象征性地遮住脸目。头顶和脑后的长发仍梳往后边结长辫，或于脑后结髻。生育后的少妇把所有的头发都梳到脑后，绞成一团，用发簪插住。

彝族女孩十二三岁后便开始蓄长发编辫子，缠绕于脑后，然后包上头巾，不让头发外露；已婚妇女将前额上的头发剃去一寸余，并在脑后的发簪上戴簪子和链形银发饰。

都安、大化、巴马一带的壮族妇女，赶圩、走亲戚和赶歌圩时，每人头上都包一条崭新的白底花边毛巾。已婚妇女用毛巾包头打结；未婚姑娘将毛巾折叠三四层，使之像手帕般大小，盖在头上，以示区别。凤山县长洲、砦牙一带的壮族妇女，头上喜包绚丽多彩的头巾。青年姑娘包纯白色头巾，两端各有三条一指宽的彩色花纹，末端缀白色丝穗；已婚少妇包白底蓝线花格巾，两端缀有黑白混杂的丝穗；老年人包两端无丝穗的纯蓝和纯黑头巾。年龄不同，不仅头巾不同，就连头巾的包法也不一样。姑娘包成羊角形，少妇包成盘碟形，老太婆包成桶箍形。因此，从妇女头巾的色彩、图案纹样及其包法便可识别老少、婚否，在歌圩上找对象或对歌时，就不会错点『鸳鸯谱』了。

龙胜各族自治县的红瑶妇女均以黑布帕包头，头帕的中心及四角各有一颗菱形绣花图案，姑娘和已婚但未生育的女子包头时把发髻包在头巾里，让一菱形绣花图案露出在正额上，但不能让发髻露出；当妈妈后就不再包发髻了。居住在大瑶山一带的花蓝瑶，未成年的少女留发编辫，长大成人要婚后则必须用布帕缠裹头如帽状，不让发髻外露。

贺州土瑶少女多留发，戴绣花绒帽，长到十四五岁时，父母亲便为她举行戴木帽仪式。在正屋的门外搭一个小木房，房内放一桌一床，俗称『情人房』。由母亲把女儿头上的绣花绒帽脱下，将四周的头发剪掉，仅在头顶处留一小束，然后再将覆盖数条毛巾的木帽戴在女儿头上。姑娘从此便可搬入『情人房』居住，取得成人社交的自由。

二、民族传统服饰的演变发展

《韩非子·五蠹》云：『古者　妇人不织，禽兽之皮足衣矣。』《礼记·礼运篇》曰：『昔者，先王未有宫室，冬则居营窟　未有火化，食草木之实、鸟兽之肉，饮其血茹其毛。未有丝麻，衣其羽皮。』《五经要义》亦云：『太古之时，未有布帛，食兽而衣其皮，先知蔽前，而未知蔽后。』史籍中关于衣禽兽之皮、羽的记载，正是原始先民们的服饰雏形。从当代原始民族和一些少数民族的调查资料看，人类用树叶、花草、兽皮等物来制作服饰的事是确实存在的。广西贺州土瑶妇女至今也还戴着油桐树皮制作的圆筒帽，正是人类以树皮为衣时代的遗风。在广西融水一带，每年春节过后，当地的苗族都要举行祭祀始祖『芒槁』的活动。人们从山上采回芒草，用野藤或草将芒草连成风衣式的长草袍，由数名男子穿在身上，戴上面具，边歌边舞，为苗民驱瘟赶疫，祈福禳灾。显然，这是古人以草为衣习俗的残迹。

学术界认为，壮、侗、仫佬、毛南、水等民族源于古代的瓯、骆人，他们是古代岭南的土著民族。广西『柳江人』、『麒麟山人』、『都乐人』、『灵山人』化石的发现，都充分反映了这一时期广西远古人类的生活情况。当时，人们还不会缝制衣服，或赤身裸体，或以树叶、草、葛等物遮身，后来才逐渐知道用兽皮裹身。正所谓：『古者　妇人不织，禽兽之皮足衣矣。』《韩非子·五蠹》随着磨制和钻孔技术的出现，人类在石器制造技术提高的基础上，发明了制造骨器的技术，特别是骨针的发明和使用，对人类服饰的发展具有非常重大的意义。在广西柳州市白莲洞和桂林市甑皮岩洞穴等文化遗址的发掘中，都发现了骨针、骨锥等物。蒋廷瑜《广西原始社会考古综述》载《广西民族研究参考资料》第四辑　它说明当时居住在广西的人类已经知道用兽皮或其他可穿用的东西缝制衣服御寒取暖了。在原始农业出现之后，人类又创造发明了原始纺专（纺轮），用石制或陶制的纺专将葛、麻、蕉等纤维搓捻成线，然后再织成布，缝制衣服。《战国策·赵策》说：『被发文身，错臂左衽，瓯越之民

清末壮族女装

也。』《史记·赵世家》也说：『夫剪发文身，错臂左衽，瓯越之民也。』由此看来，战国时期，广西壮、侗、仫佬、毛南、水诸族先民的服饰主要表现为披发或剪发、文身、穿左衽衣。

公元前二百一十四年，秦始皇兼并六国，又征服了岭南的瓯、骆之民，统一了岭南地区。汉王朝建立后，中国社会出现了繁荣昌盛的景象。生活在岭南地区的壮、侗、仫佬、毛南、水诸族先民常穿的服饰也由原来的左衽衣演变为短绻、短袂和贯头衣等。西汉刘安《淮南子·原道训》说：『九疑之南，短绻不绔，以便涉游，短袂攘卷，以便刺舟。』先民们为了便于水上生产，常穿一种短袖衣和无裤裆的短套裤。《后汉书·南蛮传》载：『凡交阯所统，虽置郡县，而言语各异，重译乃通。人如禽兽，长幼无别。项髻徒跣，以布贯头而著之。』《汉书·地理志》曾对『贯头衣』的穿法有所记载：『自合浦、徐闻南入海 东西南北万千里，武帝元封元年略以为儋耳、珠厓郡。民皆服布如单被，穿中央为贯头。』颜师古注曰：『著时从头而贯之。』这种贯头衣在今天的瑶族中仍有保留，南丹县白裤瑶妇女的夏衣由前后两幅布组成，两肩处有三寸的地方相连，两腋以下全不相连，无袖，穿时仅以布带系之。衣的上端剪裁为一大圆口，穿时则将头从此圆口中穿过而出。这种衣服似与古代瓯、骆人的『贯头衣』相似。

秦始皇统一岭南后，为了更好地控制岭南，曾将几十万攻取岭南的将士(除阵亡和病死的外)，全部留下，『適戍以备之』。(《汉书》卷六四上《严助传》)后来又强迫大批汉人迁往岭南，与瓯、骆人相互杂居。汉武帝征服岭南时，又『徙中国罪人，使杂居其间』。(《后汉书》卷八六《南蛮西南夷列传》)但进入岭南的汉族人数毕竟有限，土著民族仍是岭南民族的主要民族成员。所以，秦汉两代对岭南地区的统治多是『以其故俗治』(《史记》卷三〇《平准书》)之，不做大的政治变革。特别是赵佗建立南越国统治岭南时期，为了消除汉族和岭南越人的敌对情绪，以取得越人的支持和拥护，采取了『和集百越』的民族政策，带头尊重和依从越人的风俗习惯，并宣称自己是『蛮夷大长老』，脱下汉族正统官服，穿越人服饰。在他的影响下，一部分进入岭南的汉族开始放弃汉族服饰，改穿当地瓯、骆人服饰。

隋唐时代，中国封建社会处于鼎盛时期，特别是唐代，是中国封建社会的发达时代。社会的安定，经济、文化的发展，促进了各民族之间的经济文化交流，很多民族的服饰都在不同程度上有所改变。受汉族的影响，广西少数民族的服饰开始发生变化，主要表现为男女服饰逐渐有所区别。《旧唐书》记载当时广西一带的僚人，男子穿左衽衣，『妇人横布两幅，穿中而贯其首，名为通裙』。瑶族先民『莫徭』，『其男子但著白布裈衫，更无巾袴；其女子青布衫，班布帬通，无鞋』。『服章多以斑布为饰』。(《隋书》卷三一)

宋代是今日广西少数民族形成的一个重要时期，是时，壮、瑶、苗、侗、仫佬、毛南、水等族纷纷由部族向民族过渡，登上历史政治舞台。同时，由于宋代经济重心的南移，促进了岭南地区的经济发展，服饰在讲求实用的基础上逐渐转向追求美观。宋代壮族，多蓄发椎髻，穿青花斑布衣，跣足或穿木屐；部分壮族还凿齿，穿短褐衣。瑶族男子蓄发椎髻，包以白布巾，其首领则用青布巾包头。一般人穿斑布袍袴，或袒胸，或将衣于胸前系结，随身携带刀械，跣足，其首领则多穿紫袍。妇女上衫下裙，衫、裙上刺绣或蜡染各种斑斓绚丽的图案纹样。

明清时期，随着农业和家庭手工业的发展，广西各民族传统服饰逐渐丰富多彩，不仅款式多，且富有时代特点和地方风格。明人顾炎武《天下郡国利病书》说，壮人穿『花衣短裙』，男子上身穿名叫『黎桶』的短衫，下身用两幅布围过，『长不掩膝』；妇女上身也穿『黎桶』短衫，下身则围『花幔』。或男女都穿青色蜡染服饰，上衣领、袖等处均用五色绒线刺绣花纹图案。明代瑶族，『长髻插梳，两耳穿孔，富者贯以金银大环，贫者以鸡、鹅毛杂棉絮绳贯之。衣仅齐腰，袖极短。年十八已上谓之裸汉，用猪粪烧灰，洗其发尾令红，垂于髻端，插雉尾以示勇 女则用五彩缯帛缀于两袖，前襟至腰，后幅垂至膝下，名狗尾衫，示不忘祖也。 亦造金银首饰如火筋，横于髻，谓火筴钗。有裙有裤，裙最短，露膝』。(明·王仕性《桂海志续》，引自清·嘉庆《广西通志》卷二七八)侗族大多『椎髻插雉尾』，穿绣花衣服。仫佬族，『先时蓬头跣足』，明成化年间(公元一四六五年—一四八七年)，知县袁容『禁之』，『冶巾犊草履』。

(《淮南子》卷一八《人间训》)

清王朝建立后，强迫各族人民按照满族习俗剃发易服，但女、释、隶、伶、婚、丧等不在此限，故又有『十从十不从』之说。广西地处边疆，远离清王朝统治中心，少数民族多隶属于土官统治之下，故除汉族剃发易服外，少数民族群众服饰多从旧俗。清代，广西少数民族传统服饰的款式、色彩等都比过去丰富。同时，随着广西少数民族『大分散、小聚居』分布特点的形成，不仅各民族之间的服饰文化各有特点，就是在同一民族内部，由于所处的地理环境不同，社会经济文化发展的水平不一样，于是在服饰文化上开始出现了地区差别。

清代，壮族服饰多为『魋结贯耳，富者男女皆以银作大圈加颈。男衣短窄，裂布束胫，出入常佩刀。女衣不掩膝，长裙细褶，或蓝或红或花，更有穿夹裙者，厚三、四层，重五、六斤，缀五色绒于襟袂裙幅间。善涉水，手摄裙幅，视水浅深以次收展』。（清·谢启昆《广西通志》卷二七八）这是壮族服饰的一般情况，事实上，各地壮族服饰的差别越来越大。如怀远（今三江侗族自治县境内）壮族，男女都穿长仅至肚脐的斑布衣，下穿长不过膝之裙。融县（今融水苗族自治县）壮族，男子用花布缠头，女子颈饰银圈，衣饰壮锦、刺绣。兴安县壮族，『男蓝布裹头，妇椎髻银簪，悬以花胜抹额，悉缀以珠，衣裳俱缘，以锦绣』。（清·傅恒《皇清职贡图》卷四）临桂县壮族已婚男子用布缠头，妇女椎髻缩以木梳，衣短裙长，跣足。永福县壮族，妇女椎髻，头上缀珠为饰，『裙拖十幅，刺花成彩』。庆远府（今河池市境内）壮族，穿青布绣花短衣，衣长至腰，内衬络花肚兜，敞襟露胸。部分人还以鹅毛缀衣以为饰，束花腰带，下身穿青色短裤、长裙，裙上绣花，装饰华丽。约有半数人只穿裙，不着裤，行走时将左右裙摆掖于腰间带上。境内部分壮族服饰又有不同，男子穿短窄布衫，老人下穿细褐裙，中少年穿青布长裤。妇女穿青布绣花短衣，下穿绣饰红色图案纹样的绣花曳地长裙，上青下红，分外妖娆。宜山县（今宜州市）壮族，男子穿短窄青布衣，老年人穿细褐衣。妇女穿短衣曳地绣花长裙。天河县（今罗城仫佬族自治县境内）壮族，妇女服饰不分老少，色均尚红。下穿细褐裙，厚五六层，重数斤。永定长官土司（今宜州市和都安瑶族自治县境内），『村尚壮人，男以花巾青布缠头，赤足，遇喜庆事及出门做客，亦有戴红帽穿鞋袜者，罕着衣袍。妇女头戴花簪，耳戴大银环，穿青蓝花布大袖短衣，袖口用红布镶四五寸，省亲会客始穿。多穿青蓝布短裙，间有穿青布及月蓝布细褶长裙者。虽极寒冷，俱赤足』。（清·李文琰《庆远府志》卷十）白山土司（今马山县境内）壮族，男子服饰多数尚青，少部分人尚蓝，妇女则纯青。外出时，妇女将一幅青布卷于发上，短衫长裙，裙极宽而褶极细，亦有部分妇女穿长衫，但不着裙。未出嫁的姑娘以银簪横贯发髻，耳悬灯笼坠，颈挂银项圈，拇指束一银箍。平日男女均赤脚，遇年节和喜庆宴会，男穿布袜、布鞋，女穿布袜、绣花鞋。宣化（今邕宁境内）壮族，男子留发盘大髻，戴竹笠于头。服色尚青或红。盛服则锦兜花裙，缀以古铜钱，叮当自喜。富家女子以银做大圈戴颈上。『长裙细折，缀五色绒于襟袂间』。太平府（今大新县境内）壮族，平常用布裹头，短衣不留胡须，穿草鞋，出门必随身携带伞。妇女手戴银钏，多者至三四只。短衣长裙，行走时将裙摆掖于腰带间。下雷土州（今大新县境内）壮族，妇女所穿的衣服分为两节，『上节衣长九寸，领、袖俱堆五色线；下节用布幅围巾白质黑章，髻如田螺。又以银钗数枝斜簪其髻。多赤脚，后发剪齐』。（光绪《归顺直隶州志》卷三）养利州（今大新县境内）壮族，妇女短衣长裙，『衣缝两截』。男子多戴帽，贫者则用布巾裹头，脚穿草鞋。其境内部分壮族则是男子用绣花巾缠头，戴银项圈，穿绣花青布衣，妇女环髻遍插银簪，穿短衫、纯棉锦裙，衣缘亦绣饰壮锦。永淳（今横县境内）壮族，妇女盘高髻，头戴竹笠，胸前系织锦肚兜，下穿绣花裙，裙边缀唐宋时期的铜钱，行走起来，铜钱叮当有声。西林县壮族，男子用壮锦巾裹头，穿『红绿衣』；女子挽双髻，再覆以绣花头帕，穿绣花衣，『系绿裙』。或是男子『花布裹头，喜着半背携自织锦帕。妇以采（彩）帛约发髻，插凤钗，项饰银圈，下垂小珠璎珞。红衣广袖，外系绿裙』。（清·傅恒《皇清职贡图》卷四）还有部分人则无论冬夏皆以布帕裹头，穿『狭衣短裙』，或是男子黑衣、黑裤、黑腰带，妇女『衣不掩膝，长裙细折』。西隆州（今西林、隆林县境内）壮族，男子用蓝布帕缠头，穿蓝衣、蓝裤，束绣花腰带，手戴银镯，脚穿鹞鞋。随身携带丝织网袋，用以装物。妇女

清 『皇清职贡图』中的壮人

头裹布帻，发髻插花簪，穿绿衣红领花袖衫，着细褶长裙，裙腰以飘带束之。贺州壮族，男子『花巾缠头，项饰银圈，青衣绣缘。女环髻遍插银簪，衣锦边短衫，系纯锦裙，华饰自喜。能织獞锦及巾帕』。清·傅恒《皇清职贡图》卷四 融县壮族，男子用『花布缠头，女项饰银圈，衣缘以锦花褶绣。履时携所织獞锦出售，必带竹笠而行』。清·傅恒《皇清职贡图》卷四 桂平县壮族，妇女用银丝围绕发髻，耳戴大环，『衣不掩膝，长裙细褶，缀五色绒于襟袂间』。由于各地壮族服饰的差别越来越大，最后，在地域环境和小农经济的作用下，壮族服饰文化的地域风格终于形成，各地壮族服饰都有自己鲜明的地方特点。

清代瑶族，『男子编白雉插首，银环穿耳，银箍匝额，银环饰项，腕带(戴)银钏，多至二三双。女子簪发以竹，覆以花布，如鸟张翼状。衣腹、背俱系唐宋铜钱为饰。裙用五色绒彩织为文绣，短仅至膝，系钱于边幅，行则有声』。清·黄钧宰《金壶七墨》卷五 这是瑶族服饰的大致概貌，事实上，随着明清时期瑶族『大分散、小聚居』分布特点的形成，各地瑶族服饰差别很大，服饰文化的地域特点已逐渐形成。如临桂县大良瑶族，男子椎髻，穿绣花短衣、裤，裤筒膝盖处缀饰瑶锦，赤脚，出门必携带雨具。妇女发髻遍插银簪，耳戴大银环，『以蛮锦刺绣为衣』。兴安县瑶族，男女均穿青衣、短裤，『女无裙』。『男花帛裹头，带(戴)银手钏，衣、裤俱锦缘，时以布囊负物。女锦缠头，缀以珠玉，项饰银圈，花布巾束腰。偶诣亲串家，晴雨必以油盖自随』。清·傅恒《皇清职贡图》卷四 灌阳县竹箭瑶，男女均蓄发挽髻，簪三支形如竹箭的竹枝于发髻上。男女均穿镶边短衣，男穿裤，女穿绣花裙。在永福县，瑶族由于居住地的地理环境不同，服饰也不一样。境内顶板瑶，以黄蜡胶发盘髻，再以蓝布覆盖，将一尺长的木板置于头顶，以布系紧。『服青蓝布，长不掩膝』。境内白瑶，居毛峒、里定，『衣缟素，以锡饰笠顶，望之皆白，故名』。境内梳瑶，男子不留胡须，蓄发椎髻，包以绣花巾，上衣领、袖俱绣饰花纹。妇女椎髻绾以木梳，衣、裙刺绣花纹。灵川县六都多瑶族，亦称盘古瑶，穿青布短褐衣，衣领绣花，衣缘镶红、绿布条，裤不掩膝。陆川县山子瑶，『男椎髻缠头，著(着)短袖衣，女则以绣缘领。每出行，男女皆携葫芦为饮器』。清·傅恒《皇清职贡图》卷四 罗城通道镇板瑶，男子穿黑衣、黑裤，妇女穿左衽衣，五色裙，裙上系若干古铜钱，行走叮当自响。天河(今罗城仫佬族自治县境内)瑶族，男子蓄发挽髻，以绣花巾缠头，再戴大圈。妇女则用长布带缠头，男女都穿青布短衣、裤，镶红、白布为缘。思恩(今环江毛南族自治县境内)瑶族，男子穿短狭青衣，老人穿细褐衣，妇女则穿小衣长裙，其裙长曳地，刺绣花纹。南丹县瑶族，男女都蓄发挽髻，男穿青衣白裤，女子穿绣花衣、裙。武缘(今武鸣县)瑶族，男子编发为辫，再盘头为髻，穿青布短衫，胸前束花布带，下穿长裤，妇女下穿绣花褶裙。西林县瑶族，男女衣、裤均用青布制作，领、袖部位绣织瑶锦。男子『结发摇扇，女裹花帕，露胸跣足』。桂平县瑶族，『蓬头跣足』，穿青蓝布短衣，男子穿裤，女子则用红、绿布做两截裙。平南县有平地瑶、盘古瑶和外瑶三个支系的瑶族，盘古瑶头插匙簪，衣领绣花。平地瑶『不簪不绣』，男女皆穿青布衣、裤，束绣花腰带，颈挂银圈，脚穿草鞋。外瑶服饰与当地汉族相同。修仁县(今荔浦县、金秀瑶族自治县境内)顶板瑶，『男女短衣花领，皆以黄蜡胶红板于首。女则缀以琉璃珠，累累若璎珞然』。清·傅恒《皇清职贡图》卷四 新中国成立后，广西瑶族服饰仍有数十种之多，究其渊源，与清代广西各地瑶族服饰文化所形成的差别有极大关系。

清代广西苗族服饰，融水一带，用青布缠头，耳坠银环，颈挂银圈，穿青布短衣、窄筒裤。怀远(今三江侗族自治县境内)苗族，以青布制作服装，衣上刺绣各种图案纹样，因其衣服精巧华丽，当地汉族称之为『花衣苗』。龙胜苗族，男子蓄长发挽髻，包以青布或花布头帕，上穿长到膝盖的青布衣，下穿『非裙非裤』的『青围布』。妇女将发髻挽于前额，髻上插银簪，耳戴大银圈，颈戴银项圈，上穿长花领青布短衣，胸前挂银牌，下穿青布短裙，小腿缠绣花绑带。男女均赤脚。境内部分苗族服饰又有不同，男子『缠头插雉尾，耳环项圈，青衣紫袖。女挽髻遍插银簪，复以长簪，缀红绒，短衣缘锦，花兜锦裙，常手携槟榔盒。男女皆跣足而行』。清·傅恒《皇清职贡图》卷四 罗城县苗族，『男子髻插三雉尾，耳环手镯，短衣绣缘。苗妇椎髻长簪，着镶锦敞衣，胸露花兜，裳则纯锦，以示靓丽』。都康(今天等县境内)苗族，男子以布包头，上穿大领衣，下穿短裙，常披被毡于身。女子戴『箬笠』，穿短衫、长裙。

清代侗族，男女都穿耳坠环。男子头插白雉尾，上穿衣，下着裤。女子额、颈、手分别佩戴银箍、银圈、银镯为饰。其裙极有特色，『以六幅青布为之而不缝，其长过足即用为脚缠』。清·谢启昆《广西通志》卷二七九

仫佬族，『服色尚青』，男子穿短狭衣，老人穿细褐衣，妇女则穿短长裙。

水族，男女均蓄发挽髻向前，颈挂银项圈。男子穿对衽衣，俗称『四块瓦』。女穿长窄袖衣，下穿绣花裙。

仡佬族，男子蓄发，包青布巾，将烟杆插于头巾之中，行走时，垂于烟杆上的烟袋左右晃动。妇女穿蓝布衣、裙，衣袖、领及裙角均用红、黑色丝线绣织花纹。这是清代仡佬族服饰的一般情况。细分起来，各地仡佬族服饰还是互有区别的。据嘉庆《炎徼纪闻》卷四记载说：『仡佬，一曰仡僚，种有五。蓬头赤足。 以布一幅横围腰间，旁无襞积，谓之桶裙。男女同制花布者为花仡佬，红布者为红仡佬。各有族属，不通婚姻。又打牙仡佬，慓悍尤甚 剪头仡佬，男女蓄发寸许 』。

综观古代广西少数民族服饰的发展演变，我们可以看到：随着生产力发展水平的提高，经济文化的发展，古代广西各民族传统服饰的发展经历了从无衣

……多种的演变过程。

辛亥革命以后，广西各族人民衣冠服饰也跟着发生重大的变化，它主要表现在千百年来以服饰『昭名分，辨等威』的传统习俗和规章制度的废弃，传统服饰文化中的等级制度和等级观念随着封建王朝的崩溃而逐渐消失，人们可以按照自己的意愿来选择自己称心如意的服饰，可以根据自己的经济条件和审美观念来打扮自己。二十世纪二十年代，民国政府颁布《服制条例》，主要是针对男女的礼服和公务人员的制服而言，对于平时的便服和各民族的传统服饰未做具体规定，所以，在广西农村，广大农民群众仍穿民族传统服饰。汉族男子多穿对襟布扣唐装衣，下穿宽筒大裆裤，妇女穿右衽衣、宽筒裤。少数民族服饰与清末大致相同。当时，广西当局虽也大力推行『风俗改良运动』，强迫各民族群众放弃传统服饰，剪发易服，甚至派军警下乡，持刀剪发、剪裙，但收效甚微。

新中国成立后，政府实行了一条民族平等和民族团结的正确路线，尊重各民族的风俗习惯和传统文化，各民族人民都可以按照自己的民族习惯和爱好穿着。『文化大革命』的『极左』思潮将民族传统服饰视为『奇装异服』，列为『横扫』之列，部分少数民族青年也因此而改穿黄军装，或剪发、弃裙穿裤。『文化大革命』结束后，随着民族政策的落实，各民族的风俗习惯和传统文化又重新得到尊重，不少群众又重新穿上传统的五彩衣裳。随着经济改革的进行，广西少数民族地区长期以来形成的封闭状态逐渐被打破，生活水平不断提高，人们的观念、心理都发生了很大的变化，人们对物质文明和精神文明的需求也不断深化，少数民族群众深深认识到：机织衣料要远远比自织土布美观、简便，买成衣和胶鞋、皮鞋等，要比自缝衣、裤和自纳布鞋更为省事、方便、美观。于是，款式大方新颖、质地高档、做工精细考究的时装开始在广西各民族中流行，特别是在中青年中流行得更快。文化的发展和创新并不意味着民族风格的泯灭，因为任何文化的创新和发展都离不开对传统文化的继承，任何创新和发展，都是在学习、总结前人经验基础上的创新和发展，特别是在广西少数民族地区，民族传统风俗习惯仍在影响人们的心理，民族传统道德观念仍在制约人们的思想，人们在参加各种民族传统文化活动时，仍乐于穿着民族传统服饰来表现自己的民族意识和文化，沟通民族感情。

三、服装的民俗功能与象征

广西民族传统服饰从一开始就与各民族文化的发展息息相关，并将各族人民在历史上所形成的政治文化、宗教信仰、民情风俗、审美观念等浓缩、汇集于一身，从而形成特有的服饰象征。

财富象征

贺县盘瑶

服饰往往成为个人财富的重要组成部分。人们制作和添置服饰，既能遮风御寒，又可增加物质积累，表示勤劳富有。服饰越多、制作越精美，就表示更加勤劳富有。所以，无论是在歌圩、庙会、赶坡、踩芦笙堂等民间传统节日或圩集上，男女青年都要穿戴一新；每年春节，即使家境不好，父母亲省衣节食，也要为儿女制作一套新衣服。在大化、巴马、东兰等地，壮族姑娘的盛装冬衣，往往是里面一件最长，越往外越短，层次栉露。贺州瑶族小伙子的盛装，上衣为数件衣服，一件一种颜色，衣领敞开翻出，相互衬托地显露出来，以炫耀服饰之多和家中富有。

马克思说：『金银不只是消极意义上的剩余的，即没有也可以过得去的东西，而且它们的美学属性使它们成为奢侈、装饰、华丽、炫耀等需要的天然材料。总之，成为剩余和财富的积极形式。』（《马克思恩格斯全集》第十三卷第一百四十五页）所以，首饰成为不是货币的货币，是『贮藏货币的美学形式』。在古代中国，首饰既可装饰人体，又可以代替货币应急，佩戴首饰，特别是佩戴金、银、玉等饰物也就成为一种储存财富的形式。在少数民族地区，一些苗、瑶族妇女喜欢在耳上佩戴十分沉重的耳环，每边耳上坠三四两重的银饰，有的甚至在耳孔坠崩后，又用小绳系环挂于耳褶之上。红水河一带的壮族男女，有的还将两颗门牙拔掉，镶上金牙，逢人张口一笑，露出黄灿灿的黄金，以示富有。侗族也视银饰为家中的重要财富和装饰品，家有未嫁之女，生活再困难，父母亲省吃俭用也要买几件银饰来打扮女儿。金秀茶山瑶妇女喜佩戴银饰，以重和大为贵，头顶扎三块两头上翘的银板，每块银板重约半斤。三江、融水等地，苗族妇女常佩戴的银饰有手镯、项圈、戒指、银扇、银簪、银帽等十余种，少则几斤，多达二十余斤，以佩戴银饰的多少来表示美和富有。过去，毛南族姑娘出嫁时，娘家除了给『粽粑田』做嫁妆，还要置办银饰陪嫁，陪嫁银饰的多少，标志女方家庭富裕程度。一些居住在山区的瑶、苗族，甚至将一些市面上还用于流通交换的硬币钉于衣上作纽扣，或装饰于婴儿的帽、背带上，以炫耀家中财富。

宗都信仰

田林瑶师公服绣着天、地、人的图案

人类童年时期由于对宇宙、生命现象的神秘不解，于是就认为有一种无形的巨大力量在主宰自然界和自己，并将这种超自然的神灵人格化，形成最初的宗教观念。这种多神崇拜的观念，对服饰的形成和发展产生了深刻的影响，特别是在服饰形成的阶段，人们的信仰崇拜与服饰有着千丝万缕的联系。

在瑶族的原始宗教信仰中，盘瓠图腾崇拜的影响最为深远。据瑶族民间传说和瑶族民间重要历史文献『过山榜』记载，瑶族的始祖盘瓠是评王的一只龙犬，它在评王与高王的战争中协助评王咬死高王而立功，评王赐三公主与其成亲，生下六男六女，自相婚配，传下十二姓瑶族人。所以，他们相信龙犬盘瓠是氏族的保护神，并作为氏族的图腾。因传说中的盘瓠『五彩斑斓』，瑶族服饰无论男女都要在领边、袖口、襟沿、裤脚、胸襟两侧等处绣上图案纹样；有的还特意把上衣裁得前短后长；有的将头发梳成角状，再盖上花头帕；有的故意把一节腰带垂于臀部之下，或于裤筒两侧绣上红色条纹，以示盘瓠之形。明人王仕性『桂海志续』说：『（瑶）女则用五彩缯帛缀于两袖，前襟至腰，后幅垂至膝下，名狗尾衫，示不忘祖也。』转引自清·嘉庆《广西通志》卷二七八 庞新民《两广瑶山调查》说：『瑶人装饰，女人帽之尖角，像狗之两耳，其腰间所束之白布巾，必将两端作三角形，悬于两股上侧，系狗尾之形。又男人之裹头巾男人腰带结纽于腹下，如上述之垂以若干铜钱者，像狗之生殖器。瑶人相传，彼之祖先乃一狗头王，故男女之装饰，均取像狗之意。』刘介先生亦认为，瑶族服饰上的红线条与其图腾崇拜有关，他在《苗荒小纪》中说：『狗头瑶祀狗。据苗人所传，瑶之始祖父犬而母人。或曰：『女为高辛氏公主，生子四，及长，挈犬出猎，犬老惫，不能工作，子怒，推诸河，死焉。及归，其母问犬，子以告，母大恸，以实语子，子亟赴河，负犬尸还。犬时口流鲜血，沿子胸部而下，子哀之。自后缝衣，必纫江线两条，交叉于胸，所以为纪念也。 而瑶衣服，今犹相沿不变。』过去，瑶族无论男女都缠头巾、扎绑腿，究其原因，据瑶族民间传说，盘瓠与三公主结婚后，白天在人前仍是龙犬，晚上却是个美男子，他身上的斑毛就是彩色斑斓的龙袍。一天，三公主对龙犬说：『你晚上可以变成人，索性变成人不更好？何必白天又变成狗？』龙犬对三公主说，只要把他放在蒸笼里蒸七天七夜，便可脱净身上的毛变成人。于是三公主便照龙犬说的去办，当蒸到六天六夜时，三公主担心把龙犬蒸死，便揭开蒸笼盖看，见龙犬果然已变成人，但因蒸的时间不够，所以头上、腋下、腿上的毛仍未脱落。而再盖起来蒸已无作用了，于是只好把有毛的头、小腿缠裹起来，据说这就是瑶族包头帕、扎绑腿的来历。在百色龙川洞好村，保存着一件蓝靛瑶道公服饰，其正面分别用黄、绿色绣两条长龙和鱼，背面分别绣两条龙和犬以及数百个人物图像，过去道公给人做法事或祭神时，都要穿这衣服。广西古代民族多把龙作为神来看待，认为龙是掌管雨水的神，企图通过对龙的祭祀和崇敬来获得龙的恩赐，以保风调雨顺，所以，常在天旱和丰收之后举行对龙的祭礼。在古代壮族人眼中，雷神是主宰人间雨水之神，而青蛙是雷神的儿子，是雷神派往人间的使者，所以，他们便将雷神和青蛙作为祭祀之神，经常对其顶礼膜拜，对其举行隆重的宗教祭祀活动。广西红水河一带的壮族，每年都过『蚂蜗（青蛙）节』，时间在夏历正月，短的三五日，长的达一个月。青蛙节期间举行的祭青蛙仪式中，青年们戴上各种形象粗犷的青蛙面具，在铜鼓、皮鼓、唢呐的伴奏下，模仿青蛙的动作舞蹈。据说这样可获得青蛙和雷神的保佑，使农业生产风调雨顺。在这些宗教仪式中所使用的护身符，有的被人们认为其『魔』性可避邪禳灾，而作为服饰用品，佩戴于身。如广西武宣一带的壮族，常给一些患疳积的小孩在胸前戴一块猴掌。据说，小孩患疳积，是被猴妖捉弄的结果，猴妖若看见挂在小孩胸前的猴掌，就会被吓得魂飞魄散，从此再也不敢来缠小孩，小孩的疳积即可痊愈。在广西的汉、壮等族中，有端午节用布、香料等物制作香包或猴、虎等物让小孩佩戴于身，以防魔驱邪的习俗。在瑶族中，也有给婴儿和小孩佩戴野猪、老虎、豹、黄麂、穿山甲等兽类的爪、牙、鳞甲的习俗。

广西民间巫师在祭祀活动中都在胸前、手、脚等处系挂铜铃，当巫师祭神驱邪时，念咒喃吆，手舞足蹈，身上佩戴的铜铃也就随之而有节奏地鸣响，从而增强宗教的神秘气氛。在旧时人们的眼中，巫师能通神语，知人意，是人与神之间的中间人。所以，巫师所使用的法具也就是一种灵物，具有驱邪禳灾之作用。人们认为，将这种驱邪禳灾之物佩戴于身，是可以驱邪护身的。所以，直到现在，田林等地的瑶族妇女外出时，还将铜铃佩戴于身，既装饰了人体，又能驱邪。从巫术的产生和发展来看，最初的巫师可能来源于妇女。广西瑶族民间传云，瑶族中最早的巫师是女人，后来，女人因为生孩子坐月污秽，请不来神，才由男人来当。但神灵不认识男人，于是，男人当巫师必须穿花衣服，……这种习俗，仍延续至今。看来，今日妇女佩戴铜铃的习俗，应是古代女巫佩戴铜铃祭神的残余习俗。

在原始初民的观念中，『人使用过的物品，他穿过的衣服，他的武器，他的饰物，乃是他自身的一部分，乃是他自己（把动词『是』解释为『互渗』），正如他的唾液、指甲屑、头发、大便一样，尽管是在较小的程度上。某种东西通过他这个人转移到这些东西里面来了，而这些东西就可以说是成了他的人身的继续，从神秘的意义上说，这些东西今后就与他分不开了』。（法）列维-布留尔《原始思维》商务印书馆一九八一年版，第三百六十八页 原始初民的这种互渗律至今对人们仍有一定的影响。广西民间传统习俗认为，人的衣服由于长期穿在身上，沾了人的『灵性』，是穿衣者身体的组成部分之一。所以，过去广西民间有拿人穿过的衣服为其算命卜卦的做法。小孩落水、受惊、生病等，民间认为是魂魄失落于村外了，要由妈妈在傍晚时拿孩子的衣服到村外或三岔路口招魂。过去，部分地区还有穿『百家衣』的习俗。如家中小孩体弱多病，则由家人逐户向人索要小块布条，缝制『百家衣』给小孩穿，他们认为，要了这些人的布，托他们的福，可使小孩祛病免灾，健康成长。毛南族特别珍惜自己的内衣，把它称为『本身』，汉语即『灵魂』之意，因此，自己穿的衣服绝不能乱丢，以免被别人拿去，带来灾难。

佩戴银饰，既可装饰人体，又能祛灾祈福。过去，壮族家有新生婴儿时，由父母抱到社坛前拜神，携带百来只染了品红的熟鸡蛋分发众人。主祭人则赠以婴儿银首饰，祝愿其戴上后祛病延年。年满三岁的女孩，必须带到社坛前穿耳戴环。人们相信这样做后，孩子日后便可长得壮实聪颖。宋恩常编《中国少数民族宗教初编》云南人民出版社一九八五年版，第三百零四页 武宣、象州等地的壮族认为婴儿出世后的三朝、七朝、十二朝时，其灵魂易被阴间的牛头、马面等魔鬼拉走，所以，要给婴儿戴上银脚锁，才能平安长大。待小孩长到十二岁后，方可取下。崇左一带的壮族妇女生了第一个小孩，才落夫家，在离开娘家时，除请巫婆『补花』，立『花王圣母神位』外，还要给小孩戴上有『长生保命』、『寿星公』等银饰的帽子，脖子上挂银颈链，胸前挂银麒麟，额头抹锅底黑灰，母亲则在自身衣襟或衣袖处别上两枚绣花针，方可上路。习俗认为，这样可以驱鬼避邪。毛南族妇女背孩子出远门或翻山过岭时，都要在背带上别一把银禾剪或银针之类的器物。据说古时有位妇女背孩子上山劳动，遇虎，连随身带去的禾剪与针都被虎吞入肚中，锐利的禾剪、针刺穿了虎的肠胃，使它疼痛难忍，翻滚悬崖而死。从此，妇女背孩子出远门都将一精心打制的银禾剪与银针别于背带上。大约到了新石器时代晚期，广西古代民族发现和使用了玉石。在原始初民的心目中，玉明亮的光泽，可以让一切幽灵野鬼显现原形；玉的坚韧耐用，可以置鬼邪于死地。直到现在，广西民间仍普遍认为佩戴玉器可以招富贵、避邪气，所以，家有幼儿，胸前挂块玉玦、玉环或饰有吉祥文字、纹样的玉佩，或是让其佩戴玉麒麟、玉辟邪等吉兽、异鸟，以消灾呈祥。中老年妇女，耳缀玉环，手戴玉镯，可增寿消灾。

广西民间传统习俗认为，巫师是沟通人与神鬼的媒介，具有半人半神的特点。因此，过去民间常有人要求巫师在自己的衣帽上画符图，然后依样挑绣纹样，以扶正驱邪：女子出嫁，请巫师念经，并插一道符于头上，以避鬼邪；小孩生病，请巫师看病卜算，然后戴上黄麂脚、狗牙、铁脚瓶等物作护身符。大新县板价一带，女子生头胎和婴孩满月时，要请巫师来办一天一夜的道场，代神给婴孩命名，并在其衣上写『长生保命、八卦护身』的符咒，让婴孩穿到七八岁才脱去。龙胜一带，婴孩生下二十天后，就算命安名，如命带『关杀』，就请巫师给婴儿戴脚环，直戴到磨断为止。上林一带的壮族，婴孩满月时，要请巫师念咒驱邪，为婴孩挂颈链，佩戴绣有『长生保命』四字的布袋或帽子。德保、天等一带的壮族有七岁『培花』之俗。婴儿生下后，要立『花王圣母神位』。等小孩长到七岁时，要为小孩做一件染黄姜汁的『黄衣』，择吉日请道公在黄衣上念咒画符，或请巫师来喃呟，然后将衣给小孩穿上，俗称『培花』。『培花』之日，有的还要给小孩挂『长生保命』饰物，或戴黄铜手镯、脚圈、项圈，以防小孩夭折。部分瑶族遇婴孩久病不愈时，便请巫师前来驱邪，然后为婴孩戴『福寿帽』。帽上绣有吉祥纹样或龙、凤、麒麟，缀饰『八仙』、菩萨、锁等银饰和铜钱、硬币、穿山甲鳞片等物。福寿帽是祛邪护身、保护婴儿的镇物，一般要戴到二至三岁，平时别人不得随意将婴儿头上的帽子取下，以免受惊中邪。

民族意识

把服饰视为本民族的尊严和象征之事，古往今来不乏实例。汉武帝时，苏武流亡匈奴近二十年，自始至终不改华夏之服，不失汉朝节操，民族气节凛然，历代传为佳话。清王朝建立后，曾强迫各民族剃发易服，但地处边疆的壮族，除走仕途当官和居城镇者外，在边远山区和农村，大多数壮民仍多挽髻、高髻或椎髻。广西其他少数民族和居边远山区的汉人也大多如此。故时人云：『男从女不从，生从死不从，阳从阴不从，官从隶不从，老从少不从，儒从而释道不从，倡从而优伶不从，仕宦从而婚姻不从，国号从而官号不从，役税从而语言文字不从。』

周锡保《中国古代服饰史》，中国戏剧出版社一九八四年版，第四百五十页

在今天的白裤瑶村寨，无论男女老少都还穿着民族传统服饰。白裤瑶服饰简洁、古朴而寓有民族含义。男子蓄长发盘头，包以蓝黑色长头巾，上穿蓝黑色无扣交领衣，后脊梁对直下来的衣脚处开一燕尾形小口，束蓝黑色腰带，衣襟、袖口、衣脚等处均镶一条一寸宽的天蓝色土布，衣脚的镶边上还用红、黄色丝线绣各种图案纹样。左、右两胸襟上各用白丝线绣一个一寸长、半寸宽的长方形纹样，两相对称。下穿长到膝盖的白土布灯笼裤，大裆无裤头，裤筒窄而短，裤脚用黑布镶边，并挑绣一寸宽的纹饰。由裤脚往上，两边裤筒各绣五条长短不一的垂直红色纹样，中间一条最长，两边两条依次缩短，形如人的五指。据说其祖先为保护本民族尊严带伤而战死，在裤子膝盖处留下五指血痕，为纪念祖先及其功绩，男子们都在位于膝盖的裤脚处往上绣五条垂直红色纹样。膝盖以下，用黑色土布绑带缠裹小腿，再用绣花带将绑腿系紧。妇女服饰分夏装与冬装。妇女蓄发盘髻，包以黑土布头巾，巾外用白布带捆扎。冬衣为右衽短衣，长到裙头。夏衣最为别致独特，胸前、背后为两幅方布镶拼而成，长平裙头，两肩处有二寸的地方相连，上端开一大圆孔，以便穿着。前幅为蓝黑布，无图案纹样，后幅布则染为湖蓝或浅蓝色后，再在布上绣一正方形图案，纹样多为回形纹、正字纹、卍字纹等几何纹饰。据说这图案是模拟过去被土官夺走的瑶王印绣的，用以纪念这一被凌辱欺压的历史。下穿长到膝盖的浆染百褶绣花短裙，裙沿挑绣各种美丽的纹饰，冬天打绑腿。在南丹莫氏土官统治白裤瑶地区期间，白裤瑶人民一直以穿这一民族传统服饰来表达渴望民族独立、平等的思想。如果有人轻易地改变服饰，则被看作是对本民族的歧视和背叛，轻者遭受同族人鄙视，重者则被赶出村寨。所以，直到二十世纪五六十年代，部分外出参加工作或服兵役的白裤瑶成员，回家探亲或退伍复员时，都要在进村前换上本民族服饰，以示尊重本民族的风俗习惯。

水族在清代以前多穿蓝色和尚领无扣长衫。男子穿大襟无领阔袖青蓝色长衫，内衫为白布短褂，下穿青蓝色宽筒便裤，冬天穿棉长衫和夹裤。女子多穿无领对襟短衣，身大袖宽，钉银扣，衣角镶彩色花边，下穿百褶裙，系青布围腰，有的还打绑腿。清朝统治阶级曾强迫水族人民改穿紧身衣、马裤、旗袍，放弃民族传统服饰，水族人民为此极为不满，不断奋起反抗，拒绝改装。

大新县板价一带的壮族男子过去穿无领琵琶衣，裤子与当地汉族相同。妇女穿短衣长裙，上衣短而窄，长一尺余，仅到腰，袖长六寸，右衽，纽路从颈口往右经腋下直到襟边。颈边、袖沿、衣边均绣有彩色花边。裙子的式样虽然简单，但系裙的方法很特别。裙用黑土布缝制，裁为扇形，两边连有长带，系裙时由前面围到后面，再绕到前面用带打结，然后把左边裙底插到右腰间，右边裙底插到左腰间，在腰后形成交叉的裙幅。一九三二年，国民党当局嫌这种裙子怪异，有『伤风化』，派警兵拿剪刀到圩集上抓人剪裙子，遭到当地壮族群众的激烈反对。直到二十世纪六十年代，当地壮族妇女仍穿此种裙。

龙胜侗族鞋垫

礼仪与信物

服饰既是生活中的实用品，又是礼仪的象征和情感的信物，是沟通人际关系的桥梁。大新一带的壮族妇女生育满月时，娘家必须送衣服、抱被等物给外孙。父母亲做寿，出嫁的女儿必须送衣、帽、鞋等寿礼，以表示对父母的感恩和祝贺。龙胜一带，外家给满月的婴儿除送衣、裤外，还要送银帽、银镯、银手钏、银脚圈、『长命富贵』银牌。田林一带，外婆和亲友要给满月的婴儿

送衣、裤、帽、鞋、背带、银手环、银脚环、银项圈、银麒麟锁牌。在侗族地区，女儿出嫁时，陪嫁的嫁妆中必须有一担服饰，内有单衣一二十件，夹衣十余件，裤子一二十条，绣花鞋、侗布袜数双，棉衣数件，此外还要有银手镯、项圈等。女儿婚后生育三朝时，过去的女友要送侗布童衣，外婆家除送衣物外，还要送项圈、银锁、手圈等银饰；婴儿满周岁时，一般亲友送衣、裤、鞋等物，外婆家则必须送一顶银帽和一对银手镯，以表示对外孙的宠爱。嫁出去的女儿回娘家给父母亲祝寿时，除了送鸡、鸭、猪肉、酒、糯米饭等物，衣、裤、袜、鞋、帽等则是必不可少的寿礼，否则被视为不孝。

将服饰用品作为爱情的信物，馈赠给自己的心上人，是广西民族传统服饰礼仪最典型的表现。在三月三歌圩上，如果说悦耳动听的山歌是求爱的最佳语言，那么，美观结实的布鞋就是定情的漂亮礼物了。桂西的壮族男女青年经过若干次对唱山歌、圩日约会后，男方便可选择适当时机，要求女方为自己做一双布鞋作为定情信物。女方一般都会接受。将布鞋做好后，用新手帕包好送给男方；男方亦回赠一些毛巾、花布之类的礼物。不过，姑娘所赠布鞋是否定情，还要看布鞋上的结线头或扣子才知道。如果一双新布鞋每只鞋子留下线头用死结连在一起，就意味着『生死相连，永不分离』，小伙子便可禀告父母请媒人到女方家说亲；如果线头打活结，一拉就松，就表示已经有了对象，或不能接受对方的爱情。桂西壮族妇女做的布鞋每只都有一个扣子，如果不钉扣子或鞋里垫布的后跟头不缝完，有意留给男方去接线，意为『你愿连就连』，表示接受对方的爱意。如钉齐扣子，后跟头缝完，意为『路已尽头，到此为止』。

南丹县月里乡的壮族姑娘还用鞋垫表示自己的心意。未婚姑娘送给意中人的鞋垫，手工极为精致，鞋垫上除纳有各式图案纹样外，还纳有『同甘共苦』、『天长地久』、『幸福长留』等汉字，性格内向的姑娘还故意在一只鞋垫的前端留一到二指宽的地方不纳线，让小伙子拿回去接线纳完。仫佬族男女青年在走坡活动中，双方定情后，女方要赠男方『同年鞋』。『同年鞋』用黑布做鞋面，将十几层白布贴在一起，用长白棉线纳成鞋底，放入蒸笼里蒸十多分钟，再拿出来晾干。鞋底必须纳得横竖成行，棉线长表示日后夫妻恩情长，针口细密则表示生活美好甜蜜。广西民间有句山歌，是姑娘或妻子对情人或丈夫唱的，叫『鞋底破了鞋帮在，把妹手工带回来』。这句山歌绝不仅仅是为了规劝出远门的情人或丈夫爱惜鞋这一物质用品，而且托物寄情，希望情人或丈夫能爱护、珍惜这一爱情的信物，不要忘了情人或妻子的一片深情厚谊。男女青年定婚之日，瑶族的『定亲鞋』含义更深。瑶族男女青年定亲时，姑娘必须亲手做若干双布鞋赠送男方家庭成员。送给祖父母的鞋，鞋底纳一颗北斗星，意祝老人寿如北斗；送给父母亲的鞋，鞋底纳一棵苍劲的青松，意祝父母亲身体如青松一样健壮；送给兄嫂的鞋，鞋底纳一个麦皮玉米，意祝兄嫂勤劳致富，五谷丰登；送给弟弟的鞋，鞋底纳一根竹笋，意祝弟弟像竹笋一样快快长大，早日成材；送给妹妹的鞋，要在鞋面绣一朵红花，表示赞赏妹妹貌如花美；送给自己未婚夫的鞋，则在鞋底正中用红线绣一颗心，表示自己将心掏给对方，至死不变。

居住在融水苗族自治县大浪乡一带的壮族青年，男女双方恋爱成熟时，女青年便把身上穿的衣服脱下，庄重地赠送给男青年。女青年赠送的衣服很有讲究，没穿过的不送，打补巴的不送，专选一件自己刚穿过几次、已半新旧的衣服送给男青年。当地习俗认为，人们穿过的衣服，带着穿衣人的芳香和气息，用这种带有穿衣人的芳香和气息的衣服送给自己的意中人，表明姑娘对情郎的一份真诚。

白裤瑶男女青年恋爱时，女方常常占主动地位，当一位姑娘在圩集上看到自己中意的男子时，除了主动向对方示意和唱歌求爱，还可以邀请同行的姐妹们帮助，一起去抢男子的腰带和手镯。这男子如有情，则任其抢去，否则一定要将自己的东西抢回。男女青年恋爱中意后，就互赠信物，男赠女银手镯，女送男烟袋，或是一条自己亲手制作的裤子或一件衣服。桂北的侗族青年时兴『行歌坐月』。男女青年通过『行歌坐月』相互了解，若双方情投意合，互相交换信物，男方以赠银饰为凭，女方则以姑娘自织自绣的衣、裤等物回赠。结婚时，男方家要送女方家银饰、侗布等礼品。婚后，在残存『不落夫家』习俗的地区，新娘返娘家居住期间，逢年过节，男方家还要馈赠银饰、侗布等礼品。毛南族小伙子在赶圩、筵席、民间集会或节日中看中了一位姑娘，便千方百计地寻找机会去抢对方背在身上的花竹帽或手帕。姑娘如看不上小伙子，便立即将自己的东西抢回，倘若这次抢不回，日后也要寻找机会抢回，或托人将自己的东西索回，否则就意味着同意这门亲事。如姑娘中意，在小伙子抢走花竹帽或手帕后，便向对方索取一件贴身礼物作为信物。京族青年恋爱成熟后，男方家请媒人去女方家求亲时，要带一只木屐去。女方家人从女儿床下随意拿一只木屐，用布包好，到祖公堂前鞠躬。然后，双方各自拿出木屐，如能配对成双，方能成亲；如都是同一边脚的木屐，则说是祖先不同意这门亲事，不能成亲。所以，精灵的姑娘事先会告诉自己的心上人，该带哪一只木屐来，以免误了终身。

四、衣服的制作

历史上，广西是个以自给自足的自然经济为主的地区，『男耕女织』一直是广西社会的主要经济形态，人民群众一家人所穿着的服饰，过去大多由家庭妇女用手工制作。最初是使用蕉、葛、竹、麻等植物纤维作原料制作服装，后来又以棉质土布缝制衣服。民国时期，部分少数民族开始使用机织布制作服饰。新中国成立后，缝纫机逐步取代手工，机织布、化纤布逐步代替自织土布缝制衣服。

制衣工具

广西古代制衣工具有缝纫、纺纱工具和织布工具。一九五六年，中国科学院古脊椎动物和古人类研究室华南调查队在广西柳州市白莲洞发现了一枚粗制的骨针，并确认为旧石器时代晚期遗物，距今约三万年以上。这是广西地区目前发现最早的骨针。在桂林甑皮岩遗址又发现三枚新石器时代早期骨针。这些骨针通体磨光，锋尖锐利，长约两寸，最大直径约两分，针眼对钻而成。新石器时代中、晚期后，骨针不断增多，并逐渐向短小型发展。一般长约寸余，最大直径约两分，针眼更细。远古时代，人类主要是用藤、葛等物将树叶、花草或兽皮等系于身上。骨针的发明，人类可更方便地穿引兽筋，将兽皮或树叶、花草连缀起来。后来，人们在生产实践中逐渐认识到一些植物的皮用手搓捻后，可以编织成紧密的网穿于身上。于是，在生产实践中又创造了原始纺纱工具——纺专。

纺专，又称纺轮或纺砖，在广西那坡县感驮岩遗址、平南县石脚山遗址和贵县罗泊湾汉墓（今贵港市境内，下同）、平乐银山岭等地的墓葬中，都发现有纺专，前两者属于新石器时代中、晚期，后两者属于汉代。它说明，新石器时代中、晚期时期，广西的古人类在使用骨针的同时，已开始发明创造并使用了纺专，直到汉代，纺专仍在广西境内流行使用。这些纺专有陶制的，也有石制的，形状多为圆盘形（或算珠形），中间有孔，孔中插一专杆。纺纱时，先把要纺的纤维捻一段缠在专杆上，然后垂下，一手提杆，一手转动圆盘，就可促使纤维牵伸和加捻，待纺到一定长度时，就把已纺的纱缠到专杆上，如此反复，直到纺专上绕满纱为止。

纺专的出现，给广西原始初民的社会生产带来了巨大的变革，是广西纺织技术发展史上的一个重要里程碑。从此，人们开始使用纺织工具来搓捻植物纤维。但这种纺纱方法毕竟还是原始的手工纺织劳动，既吃力又缓慢，捻度也不均匀，产量与质量也较低。于是，人类又在生产实践中发明创造了纺车。最初的纺车是手摇式的，它采用绳轮来进行传动，可以加捻并合比较均匀一致、粗细要求不同的丝弦。据有关学者研究，汉代，广西各民族先民在使用纺专纺纱的同时，也开始使用纺车纺纱了。（余天炽等《古南越国史》，广西人民出版社一九八八年版，第一百四十九页）这种纺车应是手摇式，直到二十世纪五十年代，广西农村仍有人用这种纺车纺纱。

据有关专家的研究，我国古代织机的发展演变大致是原始腰机——斜织机——水平宽机。原始腰机又称踞织机，还没有机架，它将经线的一头依次一根根地结在同一根木棍上，另一头也依次结在另一根木棍上并系在腰间，把被两根木棍固定了的经纱绷紧，就可以像编席子一样有条不紊地进行编织了。从云南晋宁石寨山汉代遗址出土的贮贝器上所塑造的原始织机图看，这种织机有上下开启织口，左右穿引纬纱，前后打紧纬密等三个方面运动，由人腰束一带，席地而织，用足踩织机经线木棍，右手持打纬木刀打紧纬线，左手作投纬引线。这种织机，广西至今未发现。据《岭外代答》卷六记载说：『静江府古县（今永福县境内），民间织布，系轴于腰而织之，其欲他干，则轴而行，意其必疏数不均且甚慢矣。及买以日用，乃复甚佳，视他布最耐久，但其幅狭耳。原其所以然，盖以稻穰心烧灰煮布缕，而以滑石粉膏之，行梭滑而布以紧也。』这种织机，系轴于腰而织之，似为原始腰机，但它又使用了梭子，看来应是原始腰机向斜织机的过渡。从考古发掘资料看，汉代，广西已开始使用斜织机进行织布。在贵县罗泊湾汉墓内，发现了古代织机的残件，经辨认，有打纬刀、卷布轴、经轴、梭、引经杆、分经杆、马头、挑经刀、提综杆等。据有关学者考证，这是一种比较原始的斜织早在汉代广西就已开始使用斜织机，但原始腰机并没有随着斜织机的出现和使用而退出生产领域，它仍在部分地区继续被使用。

过去，广西民间织机多为斜织机，它主要由机台和机架组成。以靖西织布机为例，这类织机呈倒梯形，机台前端设有坐板，后端承接机架。经纱从机架后梁出发，垂直下降到分经轴后水平转向，通过综、筘到卷布轴。筘装置在摆杆上，借助摆杆的重力和惯性来打紧纬纱。筘的后面是两片地综，地综由综丝和综框组成长方形，上下以竹竿为综框，其间是综丝，两片地综下连踏板。这种织机既可织布，又可在加上提花片综后用于织锦。提花片综置于地综之后，由综杆和综丝组成，从前到后依次排列，悬挂在机架上。除靖西外，环江等地的民间织机也具有这种一机两用的功能。吴伟峰《广西壮族的织锦技术》，载《广西民族研究》一九九○年第三期

新中国成立后，广西少数民族地区在使用机织布的同时，民间仍用木机织锦装饰服装。其中最有代表性的是宾阳竹笼机，这类织机分布很广，南达忻城、宾阳，北至环江。在机架的中部和上部有两个杠杆结构，分别用来提拉地综和编结有花本的竹笼，故名竹笼机。悬挂竹笼的杠杆后端吊重物以保持平衡。竹笼两头用细绳垂挂一根竹棍以分隔两面通丝，竹针编排在竹笼周围，整个竹笼就是花本。织锦时，根据编好的程序顺序取下竹针，拉起一组提通丝就能牵动经线形成开口。竹针有的多达百余根，少的也有三十余根，根据织锦图案纹样繁简增删。竹笼机只用一片地综配以踏杆，就能完成平纹的纺织。竹笼机形成梭口的过程是：在卷经轴前有个分经筒，使底经和面经分开，这样便形成了第一次梭口。踩动踏杆，因杠杆作用提起地综，底经随之而起，变成面经，形成第二次梭口，但梭口很小，还要通过一个一端尖形的竹筒来加大梭口，以便于引纬。事后取出竹筒，放开踏杆，又恢复原状，形成第一次梭口，如此反复循环便可将锦织出。吴伟峰《广西壮族的织锦技术》载《广西民族研究》一九九○年第三期

从服饰的整个制作过程来看，广西各民族服饰的制作还是处于人工操作阶段，它和小农经济下的个体家庭经济发展水平是相适应的，满足了个体家庭生活的需要。同时，这些工具虽似简陋，但却富于科学性，具备了现代纺织工具的基本原理，且操作简便、灵活，易织出各类千变万化的图案纹样，能够将人们对生活的追求与理想的憧憬随心所欲地反映在织物上。正是这种适应性、简便性、灵活性，使得它能在广西民间长期流传、使用，成为服饰制作的主要工具。

面料材质

南丹月里乡集市的土布交易

一九七四年，在平南县石脚山遗址中出土了两件陶纺轮，并被确认为新石器时代中晚期的遗物。在此之前，也曾在那坡县感驮岩遗址中发掘出陶纺轮，亦属于新石器时代遗物。这说明新石器时代居住在广西的壮、侗、水诸族的先

民已知道利用植物纤维来做衣料了。从现有的资料看，广西最早利用的纺织原料是蕉、葛、竹、麻等植物纤维，这类纤维吸湿性能良好，用它们制作夏天穿的服饰，特别凉快、舒适。宋人范成大《桂海虞衡志》说：『峒人生理尤苟简，冬编鹅毛、木棉，夏缉(绩，下同)蕉、竹、麻苎为衣。』周去非的《岭外代答》也有同样记载。明人邝露《赤雅》也说：『南方草木可衣者，曰卉服。绩其皮者，有勾芒布、红蕉布、弱锡布、苎麻所为。』

蕉属多年生草本，其茎直立、柔软，由粗厚的叶鞘包叠而成柱状，叶鞘内纤维粗硬、坚韧，有光泽，耐水浸。取其茎皮加工织出的布称蕉布。葛是藤本植物，生长在气候温暖湿润的山区，其纤维比较细长，能织成较细薄的织物，其茎皮加工织出的布称葛布。早在汉代，广西越人(壮、侗、仫佬、毛南等民族先民)就已知道利用蕉、葛纤维来织布制作服饰了。《后汉书·王符传》说：『葛子升越，筒中女布。』李贤注引《南越志》说：『蕉布之品有三：有蕉布，有竹子布，又有葛焉。』杨孚《异物志》也说：『芭蕉叶，大如筵席，其茎如芋，取镬煮之为丝，可纺绩，女工以为缔绤，即交趾葛也。』贾耽、李吉甫《十道》说，容州(今容县，下同)『无蚕桑，缉(绩)蕉、葛以为布』。《岭外代答》亦说：『蕉布，水蕉不结实，南人取之为麻缕，片干灰煮，用以织绩。布之细者，一匹值钱数缗。』宋人王象之《舆地纪胜》记横州(今横县)事也说：『服用惟蕉、葛』。由此看来，在唐宋以前，广西使用蕉、葛纤维织布制作衣服是很普遍的事。历史上，广西经济发展比较缓慢，加上蕉、葛生长力很强，在广西几乎到处可生，用蕉、葛纤维织出来的布虽较粗，但经久耐用，所以，直到清代，广西仍有人在使用蕉、葛纤维织布制衣。清嘉庆《广西通志》卷九一说：『甘蕉，……其茎解散如丝，以灰练之，可纺绩为缔绤，谓之蕉葛。虽脆而好，黄白不如葛，赤色也，交广俱有之。……有蕉葛，不花不实，人家沿山溪种之，老则斫置溪中，俟烂揉其筋，织为葛布。』李调元《南越笔记》也说：『蕉类不一，其可为布者曰蕉麻，山生或田种，以蕉身熟踏之，煮以纯灰水，漂澼令干，乃绩为布。本蕉也，而曰蕉麻，以其为用麻故。』

广西大部分地区的土壤与气候都适宜于竹子的生长。在长期的生活实践中，先民学会了用竹纤维织布制作衣服。晋人嵇含《南方草木状》卷下说：『箪竹叶疏而大，一节相去六七尺，出九真。彼人取嫩者碓浸纺织为布，谓之竹疏布。』唐代李吉甫《元和郡县志》说，贺州生产的竹布因质好而曾被列为贡品。宋人乐史《太平寰宇记》说，容州出产『竹子布』，而邕州(今邕宁县一带的僚人(壮族先民称谓之一)能以竹为布制衣。直到清代，以竹制布为衣之俗仍可见到。据乾隆《梧州府志》记载，藤县出产的『麻竹』、有『花穰』、『白穰』之分，白穰可制纸，花穰则可加工制为竹练布。《嘉庆一统志》也说，平乐、恭城等地产『筋竹』，当地妇女能以之制布穿着，以补棉布不足。

民『织绩木皮，染以草实，好五色衣服』。宋人李昉《太平御览》卷八二〇引《广州记》说：『阿林县(今桂平县境内)有勾芒木，俚人斫其大树半断，新条更生，取其皮绩以为布，软滑甚好。』清嘉庆《广西通志》卷九三亦引《太平寰宇记》说：『(陆川县)白羊山有勾芒木，可以为布，俚人斫之，新条更生，取绩以为布。』清代《嘉庆一统志》还说：『勾芒木，明统志：皮可绩为布郁林州(今玉林境内)出。』

我国是大麻和苎麻的原产地，所以，国际上又把大麻叫『汉麻』，把苎麻叫『中国草』。广西盛产苎麻，其纤维细长坚韧，平滑而有丝光，易染色而不易褪色，是制作夏装的优质布料。考古工作者曾在平乐银山岭战国墓出土了一些纺织得很细的麻布，贵县罗泊湾汉墓也出土了麻布鞋、麻布袜等服饰用品。特别是贵县罗泊湾汉墓，从出土的木牍『从器志』记载看，该墓随葬的纺织品是相当多的，包括了成匹的缯、布做成的衣服和装载其他物品的囊袋。品种有丝织物和麻织物。麻织品的原料是苎麻和大麻。麻织品都是平纹组织，有粗、细两种。粗麻布用于做鞋、袜，细麻布用作衣料。经广西纺织工业研究所鉴定，一种麻织品(M1：550)支数在200S/1以上。这些考古资料说明，广西古代民族早在战国和秦汉时期就已知道使用麻质纤维织布制衣，而且纺织的水平也相当高。唐宋时期，广西所产的苎麻织物有桂州(今桂林市，下同)的桂布、都落布，富川的斑布，贵州(今贵港市)的纻布，玉林的土贡布。其中尤以桂州产的桂布质量最上乘，成为当时有名的贡布。唐代的白居易《新制布裘》诗云：『桂布白似雪，吴锦软如云，布重锦且厚，为裘有余温。』(《白氏长庆集》)当时广西所产的麻布，因厚实、耐寒，不仅深为各民族群众喜爱，而且连京都官吏也常以它为布料制衣。唐文宗时，左拾遗夏侯孜常穿桂布衫上朝，文宗见后问道：『衫何太粗涩？』夏侯孜答曰：『布厚，且可欺寒。』文宗闻之大喜，也以桂布制衣穿着，于是满朝文武官员竞相效仿。

宋代，广西的麻织技术得到了进一步提高。《岭外代答》说：『邕州左右江溪峒，地产苎麻，洁白细薄而长，土人择其尤细长者为练子。暑衣之，轻凉离汗者也。汉高祖有天下，令贾人无得衣练，则其可贵自汉而然。有花纹者为花练，一端长四丈余，而重止数十钱，卷而入之小竹筒，尚有余地，以染真红，尤易著色。厥价不廉，稍细者，一端十余缗也。』《桂海虞衡志》进一步指出，练子，『出两江州峒，大略似苎布，有花纹者谓之花练。土人亦自贵重』。宋代，广西到处都种植苎麻，处处有人善织麻布。宋人祝穆《方舆胜览》说，在当时的象州，出现了『妇女以缉(绩)麻织布为业』的景象。由此看来，当时广西的家庭手工业已有了相当的发展。广西当时所织的柳布、象布等，因质地上乘，被商贩收购贩卖，行销四方而远近闻名。正如《岭外代答》

也。』宋代广西纺贡麻织品的数量也是很大的，在宋初，广西每年约要贡麻织品上万匹。这一切都说明，宋代广西麻织品的质量和产量都是较高的。

古代广西最早使用的棉花织原料是吉贝。吉贝，木棉科植物，又称『爪哇木棉』，原产东南亚，后传入我国海南岛、云南和广西。所以，学术界大多数人都认为，我国的棉花最早发源于南部、西南和西北地区。《梁书·林邑传》记载说：『吉贝，树名也，其花成时如鹅毛，抽其绪（絮）纺之以织布，洁白与纻布不殊，亦染成五色，织为斑布也。』《岭外代答》说：『吉贝木如低小桑枝，萼类芙蓉花之心叶皆细茸，絮长半寸许，宛如柳绵，有黑子数十，南人取其茸絮，以铁筋碾去黑子，即以手握茸就纺，不烦缉（绩）。以之为布，最为坚善。』当时，广西廉州（今合浦县）一带所织的吉贝棉布，不仅质量好，而且品种多，既有匹幅长阔而洁白细密的慢吉贝布，又有狭幅粗疏而色暗的粗吉贝布。《方舆胜览》也说，当时的宾州（今宾阳县），『人工手织布，煮练如雪，慎密可爱』。这说明当时广西的棉纺织品不仅数量多，而且纺织技术已有相当高的水平。

广西是我国种植棉花较早的地区之一，但广西的气候、土壤不适宜棉花的生长，所以，直到明清时期，广西仍有不少人用蕉、葛、麻等植物纤维织布制作衣服，以弥补棉花的不足。明嘉靖《广西通志》卷一七说，柳州府，『地无桑柘，民不事蚕作，间有之为棉絮，或粗或细而已，妇人以麻织布为业』。南宁府，『俗唯种田，服用蕉、葛』。清代《古今图书集成·方舆汇编·职方典》说，清代庆远府（今河池市），『俗唯绩麻织布，罕事蚕桑』。同书记梧州府物产说：『蕉布，各乡皆有，土人植麻蕉绩之。』此外，嘉庆《广西通志》、《嘉庆一统志》也都有以蕉、葛、麻织布制衣的记载。

鸦片战争之后，清政府被迫赔款割地，开放通商口岸。随着资本主义列强政治势力和经济势力的入侵，资本主义国家的商品大量倾入广西，充斥广西的城乡市场。但广大农民生活贫困，缺乏购买力，平常所需的日用品大多靠出卖粮食或家禽买回，所以，他们除了需要食盐、铁器、煤油之外，对洋纱、洋布等需求量不大，自给自足的小农经济仍占主导地位。以大新县为例，早在清光绪二十八年（公元一九〇二年）时，洋纱便已运入县境，每股炒售价七百钱，相当于三百斤谷子的价格，所以很少有人问津。在环江毛南族自治县，清光绪期间就已有洋布输入，但除了地主、富农和部分青年人买来缝制衣服，绝大多数的农民很少买来用。在南丹县，洋纱、洋布于二十世纪初便已售销于县境市集，但直到新中国成立时，除部分富有的地主、富家外，以洋纱、洋布制作衣服穿着的人极少，广大农民都穿便宜耐用的自织土布。以该县月里村为例，全村二十八户人家共一百一十人，其中三户地主十四人，只有五人穿洋布；一户富家五人，只有两人穿洋布；在十户中农中，只有两户四人穿洋布。穿洋布者共十一人，占全村总人口数的百分之十，其余百分之九十的人全穿土布。由此可知，资本主义洋货的倾销并没有使广西少数民族『男耕女织』的传统生产、生活方式受到很大的冲击，除部分汉族和少数民族中的官员、商绅、富豪及知识分子外，绝大多数人仍以自种、自纺、自织、自染的土布为面料制作服饰。这种状况直到民国时期也无多大的变化。据《龙州县志》说，县境村民『衣服所需唯凭自力出产』。宜北县（今环江毛南族自治县境内），服饰『所需之布皆由妇女自种棉花，自纺自织自衣耳』。刘锡蕃《岭表纪蛮》记广西少数民族事说：『蛮民衣食住三者皆以自力经营，外求者少。』他还在《苗荒小记》一书中说：『苗瑶自耕而食，自织而衣，生活单简。』东兰县农民，『尚在农业的自给自足时代，土纱家机布，瓦盏茶油灯，比户皆是』。

二十世纪五十年代初，除汉族外，大部分地区的少数民族仍以自织土布缝制衣服。据广西少数民族社会历史调查组调查，二十世纪五十年代初，侗族的服饰用布，大多由家庭妇女自纺、自织、自染供给，棉花靠自己种，很少用洋纱。毛南族穿着服饰，都用自己的土布制做。仫佬族的服饰用布，都是自种棉花、自纺、自织、自染。隆林各族自治县的苗族群众还种植火麻纺纱织布。居住在农村的壮族，大多数也仍以土布制作服饰。以南丹县为例，新中国成立前该县一亩水稻的收成约四百至五百斤，但每股洋纱售价为洋银十二元，制作一套衣服所需的洋布约折合二百斤稻谷。在宜山县的洛东一带，农民要卖一百四十斤大米，才能买回一丈五尺的洋布制作一套衣服。在百色县（今百色市）两琶乡，农民卖掉一头重百余斤的猪，才买回二三尺洋布。农民生活贫困，农产品价格和洋布、洋纱价格的剪刀差相差悬殊，这是农民无力购买机织布制作服饰的主要原因。其次，在小农经济下，农村剩余劳动力没有找到出路，他们只好把剩余的劳动力使用到农务劳动和解决衣着上。第三，家织土布虽纱粗布厚，但与机织细布相比，则较经久耐用，且保暖性亦强，这对于仍处于贫困生活中的广大农民来说，机织细布对他们只是一种向往和希望，而家织土布却是实实在在不可缺少的生活必需品。所以，除了少部分官绅和家庭经济富裕的人，家织土布一直是广西各族人民制作服饰的主要面料。

随着广西社会生产力发展和生活水平的提高，二十世纪六十年代之后，机织布不仅已成为广西汉族服饰的主要面料，而且逐渐进入广西少数民族家庭，取代自种、自纺、自织、自染的土布，继而成为少数民族服饰的主要面料。

染色印花

桂林市甑皮岩新石器时代遗址中，有相当部分人的骨骼表面都有赤铁矿红

白裤瑶女子用树胶在白坯布上绘图纹

漂洗刚染过的新衣

色粉末，在横县西津、武鸣敢造、南宁豹子头等贝丘遗址中也都有类似现象。大约到了西周时期，广西古代民族就已知道使用刀或针等锐器在人体上刻画花纹符号，然后涂上颜色，使之永久保留。这种文身的文化习俗，既是图腾崇拜的表现，也反映了广西古代民族对染料的认识。

据有关专家研究，人类最早使用的染料是矿物颜料，后来，又选用了天然的植物染料。于是，原野上那些红、黄、紫、蓝的野花以及它们那绿色的叶片，都成了人类选用的对象。起初，人们只是把这些花、叶揉搓成浆状，用来描绘图案纹样。后来，人们逐渐知道用温水浸渍的办法来提取植物染料，选用的对象也扩大到植物的枝条、皮、根茎等。经过长期的反复实践和探索，人们发现蓝草可染蓝色，茜草可染红色，紫草可染紫色等等，并把一些野生植物培植成功，开辟了人工种植染料的道路，从而增强了服饰的色彩感，美化了人和生活。

广西民间染色工艺大致可分浆染、靛染、蜡染、扎染、糯米染等。

浆染 民间传统印染方法之一，主要流行于广西大苗山的苗族和南丹县一带的白裤瑶中。浆染和蜡染有许多相似之处，只是二者的涂料各不相同。蜡染主要用蜂蜡作为涂料，浆染则多用树汁作为涂料。每年入秋之后，大苗山一带的苗民便用刀将枫树皮砍破，待树汁流尽后，将树皮剥下，将树汁、树皮和杀牛时留下的牛油一同煮沸，使牛油和树汁混合成为浓液，然后将浓液中的树皮和渣滓去掉，让浓液冷却形成灰褐色的胶状。浆染时，将煮沸过的枫树牛油液胶块放入一小锅中或碗中，加热熔化为液，削竹片为针，用竹针蘸枫树牛油液在白布上绘制图案纹样，然后将布放入蓝靛液中浸染数次，直到染成苗族所喜爱的发紫红色光泽为止。除浆后，就是一件蓝、白分明的浆染制品。这种浆染织物主要用于妇女的头帕。

南丹白裤瑶的浆染也主要用树浆作为染料。当地生长一种俗称『沾膏』的树木，人们用刀将树皮砍破，让树汁流入碗中，用自制的铁质浆染刀蘸煮制过的树液在白布上绘制图案纹样，然后将布放入蓝靛缸中浸染，由于树液的保护，绘有图案纹样的地方未被蓝靛染色，成为蓝、白分明的浆染制品。

靛染 靛染亦称蓝靛染，主要染料是蓝靛膏，以蓝草发酵而成。蓝草，又称蓼蓝、蓼草，属蓼科，一年生草本，茎高二三尺，五生叶，七月开花，八月收割。《本草纲目》说：『澱，石殿也，其滓澄殿在下也，亦作淀，俗作靛。南人掘地作坑，以蓝浸水一宿，入石灰搅至千下，澄去水，则青黑色，亦可乾收，用染青碧。』居住在山区的壮、瑶、苗、侗等族，迄今仍家家都种有蓝草，每年八月，蓝草长到一定的高度时，便将枝叶割回，放入专制的蓝靛坑或木桶内加水浸泡，让其充分发酵。十余天后，枝叶全部腐烂，坑中或桶中的水变成深蓝色，发出蓝靛香味时，便将残渣捞起，将蓝靛水过滤干净。用稻草灰滤取适当的碱水，配适量的石灰粉同放入坑中或桶中，用木棍不断地搅动，直到水面浮起大量的绿色泡沫时，就用芭蕉叶等物密封坑面或桶面。数日后，待石灰、稻灰碱水与蓝靛充分化合沉淀，便可揭开坑面或桶面的覆盖物，将坑中或桶中的水全部舀出倒掉，将凝固于坑底或桶底的蓝靛膏捞起，装入竹篓或竹箕中，留待印染时做染料。

染制时，先将蓝靛膏和清水按一定的比例放入桶中，再加入数两自酿的糯米酒，制成染料。每天要用木棍在水中搅动一次，数日后，待桶中的水呈现黄色时，便将布料放入桶中染制。每日浸泡二三小时左右，然后拿出来晾至半干，又再次浸泡染制。每次浸泡前，都要用木棍在桶中搅动，不让蓝靛膏沉淀于桶底。如此反复浸染多次，直到染制出所需要的颜色为止。

苗族、侗族靛染『亮布』的过程更为复杂。将布初染色后，卷好放入饭甑中蒸一两个小时，然后取出来晾干，再将布放入一种深红色的染料中反复浸染，直到呈现紫红色时取出放到平滑的石板上，用棒槌轻轻捶打，然后用鸡毛蘸适量的鸡蛋清涂在布上，一边捶打，一边加鸡蛋清，捶打越多，亮度越大，最后成泛发紫色光泽的『亮布』。这种『亮布』耐脏，不易起皱，整个布面色泽均匀，紫光闪闪，鲜艳夺目。

蜡染 蜡染也是广西民间传统印染方法之一。蜡染，古代称『蜡缬』，即用蜡液防染的一种印染方法。其基本特点是利用蜡液用作防染原料，使织物纤维不被染液浸入，蜡去花现。

早在秦汉时期，我国人民就开始用蜂蜡、树脂做防染剂，印染纺织品。隋唐时期，蜡染盛行全国。到宋代时，广西壮族的『青斑布』、瑶族的『瑶斑布』、苗族的『点蜡幔』等蜡染纺织品在全国都已很有名气，其中又以『瑶斑布』最负盛名。周去非《岭外代答》说：『瑶人以蓝染布为斑，其纹极细。其法以木板二片，镂成细花，用以夹布，而熔蜡灌入镂中，而后乃释板取布，投诸蓝中。布既受蓝，则煮布以去其蜡，故能受成极细斑花，炳然可观。故夫染斑之法，莫瑶人若也。』这种印染工艺有它独到之处，是其他印染工艺所不能代替的，因而深受广西少数民族所喜爱。唐宋之后，曾盛行一时的蜡染工艺在全国日渐衰落，相继失传，但在广西少数民族地区，蜡染却一直在流行。

广西民间蜡染多是将白布平铺于桌上、案上或木板上，置蜂蜡于小锅，加热熔解为液体，用竹或木与铁片制作蜡刀，用蜡刀蘸蜡液，直接在布上描绘各种图纹样。整个绘制过程，虽不用直尺，也不用圆规，但所描绘的线条、方、圆等，工整对称，花鸟鱼虫，惟妙惟肖。将蓝靛和白酒配制成染料，放入缸中，再把绘好图案纹样的布料投入染缸，待布浸透蓝靛后，便将其取出，放到阳光下晾晒干；再放入清水中煮沸，待布上的蜡全部熔化并显出蓝白相间的花纹，取出晾干就行了。

如果想在同一图案纹样中获得深、浅两种不同颜色的效果，可先描绘好图案纹样，浸染成浅蓝，待干后在保留浅蓝的部位涂上蜡，然后再放入染缸染成深蓝，煮去蜡质，即得深、浅两种颜色。如果需要制作彩色蜡染，可先在布的彩色部位染杨梅叶(红色)或白蜡皮树叶汁和黄栀子(黄色)，再涂上蜡，然后放入染缸，依次浸染，便可得到色彩斑斓的蜡染制品。

扎染 扎染又称绞缬，是广西少数民族传统印染方法之一。用针线有意识地将白布折叠缝扎，然后将缝扎好的布放入蓝靛缸中，待布浸透蓝靛，拿出来用灰水清洗晾干，将缝扎的线拆掉。缝线和扎线的部位未被染，形成圆形、方形、螺旋形等纹样，其纹样四周经缝扎而自然形成由深而浅的浓淡效果。

糯米染 糯米染是广西龙州一带壮族特有的印染方法之一。把糯米舂成细粉末，煮成糊状。将白布放在木板上，用竹篾蘸糯米糊在布上描绘图案纹样，然后将绘好图案纹样的布料放入蓝靛缸中浸染，待布浸透蓝靛后取出晾干。再用稻草烧灰煮水，用灰水将布上的糯米糊洗掉，绘制的图案纹样便显露出来。在印染过程中，凡用糯米糊描绘过的地方，形成白色的图案纹样。糯米染工艺和蜡染工艺很相似，但其图案纹样的色调比蜡染显得更柔和。

挑花与刺绣

挑花属于刺绣的一种方法，又称『挑织』、『架子花』、『十字绣花』。挑花的方法很多，其中最常见的是十字针法。一般说来，挑花的图案纹样都受到十字针脚的限制，必须严格按照布的经纬线交织点施针，因此造型必须概括、简练，使形体『几何化』。其针法排列不同，可以产生不同的装饰效果。

金秀瑶族挑花

融水安陲苗女胸绣花披肩

有的在密集的十字脚中起空白针，即可显出实地空花图案；有的用近似网绣的方法，取得精致细密的效果，甚至取得正反两面都是完整而美丽的图案。总之，十字挑花施针如笔，或方或圆，或线或面，或疏或密，都可运用自如。

挑花最突出的实用特点在于结实、耐磨、经洗，所以一般都装饰在服饰最易磨损的围裙、领口、袖沿、前襟、衣角、腰带、绑腿、头巾等处。

刺绣是在布料上用彩色棉、丝线绣出各种图案纹样。广西民间刺绣大致上可分为针绣(又称平绣)、剪纸贴绣(又称凸绣)和补花绣。针绣是先在色布或绸缎上描绘好要绣的图案纹样，然后用彩色丝线或彩色棉线按图刺绣各种图案纹样。剪纸贴绣是把要绣的图案纹样用纸剪出纸样，然后贴在色布或绸缎上，用平针、齐针、扎针、滚针等针法依样绣成。

补花绣又叫布贴，是用各种不同颜色的边角碎布，剪拼成各种图案纹样，贴于服饰的底布上，再用扣针将边沿锁牢，针脚细密，扣锁做连续状，形成一道美丽的轮廓线。除了在贴布的边缘扣锁，在贴布上的纹样，如花蕊、花瓣、叶脉、枝叶、藤蔓或动物的头、眼、翅、脚等处，又常运用其他不同的针法进行细部加工，以增加布贴的装饰性与牢固性。常用于服饰的帽、胸襟、袖、口、鞋面、围裙等处。

从色彩上看，广西民间刺绣可分为暗底亮花和亮底暗花两种类型，色彩配制喜用对比强烈的颜色，然后配上黑、白、金、银等调和色，使整个图案的色彩趋于和谐。

广西民间剌绣一般多是在一块块小方形或几何形的色布或色绸上剌绣纹样，然后再镶拼成一幅图案。所以，妇女们外出劳动或串亲访友时都可以将剌绣物随身携带，抽空随时随地都可以拿出来绣。

融水瑶族织锦

织锦

据《后汉书·南蛮传》记载，汉代，瑶、苗等族先民已会织五彩斑斓的『斑布』。贵县罗泊湾汉墓出土的黑地橘红色回纹锦残片证明古代广西已有织锦。宋代是广西织锦生产发展的一个重要时期，据《桂海虞衡志》载，当时广西左、右江一带『州峒』所产的『续布』，『如中国线罗，上有遍地小方胜纹』。《岭外代答》也说：『邕州左右江峒蛮，有织白续，白质方纹，广幅大缕，似中都之线罗，而佳丽厚重，诚南方之上服也。』此外，左、右江州峒的少数民族还能用苎布织一种『有花纹』的『花练』。这些『续布』和『花练』，应是比较原始的织锦。明王朝建立后，随着明初社会经济的恢复与发展，到了明中叶，农业生产和手工业生产的水平都得到了进一步提高，织锦在广西民间越来越普遍流行，工艺也越来越精巧，并以其色彩绚丽、图案别致、结实耐用而驰名。明万历年间（公元一五三七年——一六一九年），织有龙凤纹样的壮锦成为全国有名的织锦之一，被列为贡品。清代，广西各民族生产和使用织锦已很普遍。乾隆《柳州府志》说：『壮锦，各州县出。远观颇工巧炫丽，近视则觉粗糙，壮人贵之。凡衣裙巾被之属，莫不取五色绒杂以织布为花鸟状。』乾隆《庆远府志》也记载：『土锦各处皆有，永定、忻城精致。』同治《象州志》说：『瑶妇善织瑶锦，色美而耐用。汉族嫁女之被面，小孩之褓褓，多均用之。价甚昂，一被面值二三十元。今汉人每渐能仿制，唯系用手工，成功甚迟，成本贵，故推销不广。』随着民间织锦生产的发展，织锦的质量也有了很大的提高，特别是壮锦，尤为著名。清人沈日霖《粤西琐记》说：『壮妇手艺颇工，染丝织锦，五彩斓然，与刻丝无异。』清人张祥河《粤西笔述》说：『壮人爱彩，凡衣裙巾被之属，莫不取五色绒杂以织布。』光绪《归顺直隶州志》也说：『土锦以丝杂锦织之，五彩斑斓，葳蕤陆离，真杜诗之海图波涛，天吴紫凤也。』其工艺之精致美观，由此可见一斑。

壮锦用丝绒和棉线交织而成。以棉线作经，丝绒为纬，经线为原色，纬线用五彩色线织入起花，在织物的正面和背面形成对称纹样，图案结构严谨，式样多变。构图主要有三种形式：一是几何形骨格内织自然形纹样的四方连续结构，二是地纹上织自由花的二方连续结构，三是平纹（布纹）上织地纹。几何形骨架内织自然形纹样的四方连续结构常由小卍字、回纹、水波纹等几何纹样组成四方连续骨架，在骨架的斜行、菱形空格内反复连续地织上各种梅花、菊花、蝴蝶、花篮等适合纹样。自然纹样和几何纹样紧密结合，既严谨和谐，又生动自然，呈现出丰富多彩而优美的节奏感。地纹上织自由花的二方连续结构多以卍字、回纹、水波纹等几何纹样为地纹，上面再用二方连续的排列形式织各种动、植物纹样。从整幅图案的构图来看，这种二方连续结构排列形式常由一个中心纹样和几个左右对称或均衡的纹样配合组成一个有机的整体，并形成多层次的纹带，主次分明，布局得当，在几何形纹样的衬托下，通过暗的亮花或亮的暗花的陪衬，使自由花更为鲜明突出。平纹上织地纹是壮锦图案结构和织法中最简易的一种形式，它主要是用卍字纹、回纹、水波纹等几何纹样作为基本纹样来上、下、左、右紧密地连续组合，形成连绵无边。其图案结构紧密，形象简练，给人一种雅静朴素的感觉。

瑶锦以棉作经，彩丝作纬，采用通经断纬的方法织锦。图案纹样多以方形、菱形、三角形等几何纹样做对称式、水波状、二方连续、四方连续排列，组成象征性图案，韵律感强。色彩多以大红、桃红、橙黄等暖色调为主，间以蓝、绿、白、紫等冷色调，颜色对比鲜明强烈。

苗锦用经线作底，纬线起花，采用通经断纬的方法织造。经线多用自种、自纺的白色棉线，纬线则用适合于图案纹样的各色绒线或丝线起花，故所织之锦正面有花，背面无花。图案结构主要有二方连续和四方连续。二方连续，苗族民间简称『大花锦』，用长、短直线和曲线以及点、线、面构成二方连续骨架，在骨架内织以小型几何纹样，骨架外织上人字斜纹或齿状纹，骨架内是主花，骨架外是次花或角花，主次分明，构图活泼，具有强烈的节奏感。四方连续，苗族民间简称『小花锦』，用斜着排列的菱形或六角形几何纹样构成四方连续骨架，在骨架内织自然纹样，空隙处点缀此小角花，整个构图显得丰富、严谨、大方。喜用桃红、粉绿、湖蓝、青紫等色调，色彩绚丽而独具风格。

侗锦分为黑白锦和彩锦。黑白锦以黑色或蓝色棉纱为经，白色棉纱为纬，用土制织机将深、浅二色棉纱互相垂直交织出两面互为阴阳效果的直线几何纹样，正面是以黑花或蓝花为主的深色调，背面是以白花为主的浅色调，这种两面互为阴阳效果的独特风格，是其他民族织锦所罕见的。黑白锦又有大花锦与小花锦之分。小花锦多以几何纹样组成四方连续结构，但图案纹样较为简单，变化不大，没有主次之分。大花锦是清末民初在小花锦的基础上发展起来的，它保持了小花锦的四方连续结构，但图案纹样变化多端，主次异常分明。大花锦很少留大块底花，在图案纹样交接的空隙处，常用白棉纱织一行行的小白点，填满整个空隙，远看则变成锦面的灰色部分，形成黑白灰三个色调，使锦面色彩更为丰富协调。同时，由于纬线较粗，纹样浮出底面成半浮雕式，加上锦面又有小面积的深色突出，从而使整幅锦显得清新厚重，这也是大花锦特有的工艺特色。侗族彩锦则用彩色丝线相互交织，以几何纹样构成二方连续结构，构图精细简朴。

巧手的山寨妇女

在『男耕女织』的传统生活方式下，手巧是中国女性完美的一个重要标准，关系到未婚姑娘的婚姻与前途。在广西少数民族聚居区和部分汉族地区，心灵手巧、技艺高超的姑娘不仅是全家的光荣，甚至全村人都引以为傲：小伙子们更是梦想娶这样的女子为妻，于是上门求亲者往往络绎不绝。所以，生活在山寨农村的女孩子，大都把学习女红作为人生的一件大事来对待，许多人从小就跟随家中老人学织锦、挑花、刺绣等针线活。一般说来，广西少数民族妇女制作的服饰都是自用的，不带商品性。所以，它既不受价值观念的制约，也不用去迎合别人的爱好，具有高度的自由性与创造性。她们利用工余饭后和农闲的时间，从自己的生活直接需要出发，根据自己的生活感受，依凭本民族的审美观念、生活方式、风俗习惯和经济条件，精心地纺织出结实耐用的土布，又裁剪缝纫，再在服装上刺、挑、织、绣或镶出好看的图案纹样。

衣服制作技术的传承，主要是母传女、姐教妹、邻里互授，村邻相习的方式。有的姑娘八九岁便开始跟长辈学习，从小家传身教，耳濡目染，还未成年便已能飞针走线了。同时，广西民间世代相传的歌圩、抛绣球、跳盘王、抢花炮、跳芦笙、舞狮、划龙舟、斗鸟等民俗活动，也使她们受到民族传统文化的熏陶，从而使她们的审美创造具有更为丰富深刻的内涵。随着年龄的增长、知识的积累以及理解能力和表现能力的提高，这些长期做针线活的姑娘，一个个都练就了一手精湛的活路，她们的聪明才智在集体审美意识的基础上得以继承、发挥，为本民族的千秋万代缝制出一件件美丽的新衣。

白裤瑶老阿妈巧手织花带

你长得像朵花呢，
香哩！
出门蝴蝶跟着你，
回家蜜蜂跟着你，
满山的花儿不香了，
满山的鸟儿不叫了。
我的三魂七魄呀，
也就跟你去了呢，
香哩！

『香哩情歌』音未绝
瑶家女儿该嫁了，
母亲和亲朋来送行，
瑶家的花儿该开了。
五彩嫁衣穿上身，
迎亲的人马惊呆了。
（金秀）

篇陆·醉魂迷神的风情

朴实的面容，不是腻味了频频出镜的演艺明星而更换的乡野情调；健美的身影，也不是T型台面新推出的怀旧新款。走在都市的大街上，他们会引来惊异和猎奇的目光，只有回到山寨之中，他们才会融入生活的风情。而他们的美，此时才更真切、更生动。民族的衣裳，民族的土风，是一整幅壮观的图卷；着五彩衣裳的各族男女，是图卷中最招惹人眼的阵容——那不是一两个身影，不是三五张面孔，而是十几个民族，几十个支系此起彼伏，风骚各领；千万个生命，千万个灵魂舞动天地，歌唱纵情——在自己民族的节日中，在生命的盛典中。

跟着身影，迎着面容，我们一起走进令人神魂迷醉的风情。

你们莫忙把寨进，
莫忙进寨来走亲，
苗家走亲总是抬缸酒，
侗家进场前有芦笙引；
这杯酒来亮堂堂，
情意酿成酒一缸。
莫嫌淡酒无滋味，
千杯万盏表衷肠。
如果逢着侗族节日
『多耶』的热潮，
歌儿唱得好，
便会受到姑娘的注意，
如果碰上『月也』
的串寨对歌，
侗寨的女子
会唱『拦路歌』，
数问数答，
拆除路障，
你才可以喝到
情意深长的酒。
（三江）

选出了『麻公爸』，
便有了『麻公妈』。
打扮起『麻公妈』来，
用天上的日月星辰，
用地上的奇花异草。
彝族的『跳弓节』就要开始了，
『麻公妈』将吉祥带给大家。
（那坡）

大瑶山，有三宝：
冬菇、干笋、灵香草。
大瑶山的瑶族人靠着青山的恩赐，
靠着双手的勤劳，
甜蜜了自己的生活，
熏香了山寨的声望。（贺州）

到了春天布谷鸟就叫，
到了春天格鲁花就香。
香到三十六座白崖顶，
香到七十二条大河旁。
今夜朋友踏着香味来，
蹦蹦走到菜园旁。
家里小狗乱叫了，
叫得阿妹心发慌。
『盘王节』上，
唱罢『撒旺』的盘瑶阿妹
就要离开歌场，
却留下了无尽的男女情长。
（桂平）

土瑶生活在
依山傍水的贺州，
山水造就了
瑶家女子的勤劳。
油桐树皮头箍，
金竹编织尖帽，
接住了太阳的光照，
铺开了水中的影网。
（贺州）

『三月三』赶歌圩的日子快到了，
壮家的姑娘赶制绣球，
十二个花瓣结成团，
每一片绣着月月的花。
南宋文人朱辅《溪蛮丛笑》中描述：
『土俗节数日，野外男女分两朋，
各以五彩新囊豆粟，往来抛接，
名为飞驼。』周去非在《岭外代答》中也说：
『上巳是日（三月三）男女聚会，
各为行列，以五色结为球，
歌而抛之，谓之飞驼，
男女目成，
则女受驼而男婚已定。』
可见今日的歌圩，
五彩缤纷的绣棚，
男女青年各站一方，
绣球在空中飞舞，
徐穗随风飘拂，带着壮女的心，
传递纯洁的情。
（靖西）

跳罢盘王舞，
又唱盘王歌，
十月金秋的大瑶山，
沉浸在节日的欢乐中，
花蓝瑶、盘瑶、山子瑶，
盛装的女子聚一堂，
酬谢盘王的恩德，
娱悦始祖的驾临，
把丰收的硕果呈上，
祈求盘王保佑平安，
日子兴旺。
（金秀）

侗族『花炮会』，
头炮福禄寿喜，
二炮升官发财，
三炮人丁兴旺。
接着吹芦笙、
跳踩堂。
穿上百鸟芦笙衣
的侗家男儿，
奏出凤鸟的音韵，
吹出远古的情调。（三江）

农历五月二十九，
布努瑶的达努节，
又称祖娘节，
这是母祖密洛陀的生日，
这是布努人生命的开始。
巴马、都安、马山、隆安、
平果等地的布努都来了，
带上美酒佳肴，
到这里来吃团圆饭，
摆歌台，敲铜鼓，
跳起『兴郎铁玖舞』。
密洛陀的子孙沸腾了，
密洛陀的天地更美了。
（都安）

布努的男子
敲起了铜鼓，
铜鼓的鸣声震颤
着太阳的光谱；
布努的女人
跳起了藤拐舞，
古朴的舞步和谐
着密洛陀的足迹。
击鼓而舞使
瑶家风调雨顺，
击鼓而舞与祖先
对上了合拍的话语。
（都安）

十月的金秋刚过·
苗年节来到了。
盛装的苗族小阿妹·
结识了前来贺节的花瑶女·
和我们一起赛芦笙·
看苗戏·唱笙歌·跳踩堂。（融水）

大地苍茫，
高天云淡，
天地之间站立着的，
是生命中的灵性。
花瑶女子不动声色，
平静的眼睛
却将四面八方上下左右
尽收其中——
是清楚？
是朦胧？
是惶惑？
是觉醒？
昨天的谜语还未猜破，
今天的追问又喊出喉咙。
让身上的花衣裳回答吧！
花衣裳
带来远古的证明，
花衣裳
记下现实的传承，

天地的造物
都是一样的雷同，
民族的重塑
却显出生动的个性。
不必举手投足，
不必腰肢扭动，
衣上的斑斓五彩已在狂舞，
心中的灵犀——
已将精神点通。
大地泛绿，
高天吐晴，
天地间站立着的，
是不失灵性的生命。
花瑶女子心声的放歌——
此时无声，
却引得四面八方上下左右
侧耳细听。
（融水）

花瑶的小伙子吹起芦笙，
花瑶的女子早已动情。
唱起来吧！
舞起来吧！
有盘王给我们导引，
有目母为我们作证。
（融水）

白裤瑶女子简括的夏日短衫，
曾被文化人说成『开放』；
白裤瑶女子斑斓的花褶裙，
曾被都市人说成『摩登』。
其实，她们开放了千百代，
摩登了千百秋。趁艳阳高照，
晾出箱里的衣衫，
让你看个够。
（南丹）

一条板凳亮光光，
盘瑶儿女坐正堂；
今日舅父来挂彩，
红花一朵庆吉祥。
手拿钥匙将柜开，
件件新衣叠成排；
冬春衣裤样样有，
夫妻共享永和谐。
开完柜子再开箱，
胭脂水粉阵阵香；
新娘镜前巧打扮，
犹如仙女配仙郎。
（贺州）

土瑶女子要出嫁，姐妹们盛装来送她。穿着一样的衣裳，披着五彩的线纱，都是盘王的女儿，辨不出是我是她。待到新娘出来，一花引开万花。（贺州）

『盘王节』尾声已绝，
坳瑶、花蓝瑶的姐妹意犹未尽。
盼着明年的今天，
再在这里聚会。
照一个合影吧，
我们将分手，
在这青绿的景致中，
留住我们的情。
（金秀）

正月十五是苗家的『古龙坡会』，
也叫『芦笙节』。
『听见芦笙响，
脚底板发痒』，
只听得一阵花炮响过，
几百只芦笙齐声起奏，
粗大的地筒伴着悠扬的芦笙
发出浑厚的颤音。
女子们舞动了，
男子们跳跃了，
时而激昂，
时而轻柔。
腿跳酸了，
心跳热了，
古龙坡夜幕中，
一朵朵花伞下，
有情人将又是一番甜蜜景，
一份激动情。（融水）

彝家选出的『麻公爸』，
踏着芦笙曲，
顶着阳伞行，
领着众乡亲，
走向舞坪的金竹丛。
相传金竹做弓弩，
彝家将士反败为胜，
金竹是救命的恩人，
彝家因而年年『跳弓』。
（那坡）

侗家民谚：

『三月约青，八月约黄。』

春季里的『款会』，

告诫人们不误农时，

抓紧春耕；

秋初的『款会』，

告诫人们储备粮食，

不要暴殄天物。

款会中当然有芦笙的捧场。

一位德高望重的老人，

在阳伞的遮挡下，

引着穿百鸟衣的芦笙手，

踩着春天的土地，

披着蓝天的白云，

像是一队飞翔而来的知春鸟，

在天地间播撒金色的谷种。

（三江）

喜庆的日子不愿结束，
亲爱的朋友不愿离去，
瑶家的房前点起篝火，
夜晚的歌声从此唱起。
先唱盘王的创世，
又唱祖先的迁徙，
还唱缠绵的恋歌，
再唱诫擘的劝世
一直唱到天将晓，
人将离。
把你的歌声留下，
把我的歌声带去。
（金秀）

结语 《五彩衣裳》上、下两卷已经结束，广西少数民族的衣装给了我许多美丽的图画和美好的故事。那些身影面容，成了我熟悉的朋友；那些花纹符号，成了我求知的源头；而那令人心醉神迷的民俗风情，则是我久久向往的梦。

我知道要真正看透五彩衣裳这本书，就只有离开案头，放下放大镜，走进村村寨寨，融进五彩衣裳的背景。

就此而言，这两本书只是开了个头。

终

图书在版编目（CIP）数据

五彩衣裳：全2册/吕胜中主编.—2版.—南宁：广西美术出版社，2016.7
(广西民族风俗艺术)
ISBN 978-7-5494-1609-7

Ⅰ.①五… Ⅱ.①吕… Ⅲ.①民族服装—广西—摄影集 Ⅳ.①TS941.742.8-64

中国版本图书馆CIP数据核字（2016）第154685号

出版 广西美术出版社
总策划 甘武炎 钟艺兵
编辑总顾问 吴崇基（侗族）
策划编辑 邓欣 黄玲
责任编辑 余亚万 谭宇
装帧设计 全子
责任校对 陈小英
审读 林柳源

吕胜中主编

五彩衣裳 下

广西民族风俗艺术 卷肆

制版 雅昌文化（集团）有限公司
印刷 深圳市国际彩印有限公司
发行 全国新华书店
版次 二〇一七年一月第一版第一次印刷
开本 宽889mm×1194mm 1/16 印张 12.5
印数 一五〇〇册
书号 ISBN 978-7-5494-1609-7
定价 360.00元 上下卷

广西民族风俗艺术 卷肆

五彩衣裳 下

卷末

终

广西民族风俗艺术 卷叁

五彩衣裳 上

卷首

始

广西民族风俗艺术

吕胜中主编

总序

广西壮族自治区位于中国南部，南临北部湾，西南界越南，北连贵州、湖南，东接广东，西邻云南。在这片山岭绵延、江河纵横的土地上，六七十万年前就已有人类生活了。两千多年前『百越』中的西瓯、骆越部落就活跃在这里。在历史的漫长路上，古人处处留下闪烁着智慧之光的创造——粗犷古拙的花山崖画，浑厚质朴的骆越铜鼓，『分派湘漓』的秦时灵渠，『杰构天南』的明代真武阁为广西的山山水水构架出永久的美丽，也为广西五彩斑斓的民情风习铺衬好厚重的画布。

在这块画布前站立着十二个民族——壮、汉、瑶、苗、侗、仫佬、毛南、回、京、彝、水、仡佬族的兄弟姐妹，他们承继着祖先的业绩，以纯真、善良和崇尚美好的心灵，艺术般地开创着自己人生的路途，也把自己的生活幻化为不朽的艺术。民间艺术——劳动者的艺术。与文明世界艺术家的创造不同，他们没有『艺术品』的概念，也不是为着纯粹的审美目的。他们的创造基于民族、地域文化集体意识的根系，从作用于精神与生活实用的原则入手，去施展各自的聪慧和才智。没有断裂过的民族的、历史的文化与他们一脉相承，没有清规戒律的本色创造能力又扩展着他们自在驰骋的不拘天地。因而，用现代文化人美术分类的方式去套叠民间艺术是极其愚蠢的，持着糊涂的自以为是永远不可能操持原本的本真。鉴于此，本书不以技法、工具材料或形制分类的方式，而是从生活民俗的角度出发，深入到衣食住行、岁时节日、人生仪礼、民族信仰之中，去开掘探究广西各民族劳动者的艺术。《广西民族风俗艺术》将按卷次序列，以箱匣的方式逐次向大家推出。

也许有人会问，现在正是改革开放进入纵深的阶段，包括广西各少数民族在内的中国人民，无论在思想观念还是生活方式方面都在发生着巨大的变化，我们去研究这样的属于陈旧传统的文化箱底，有什么现实的意义吗？

明天，必定已不是从前。但是，如果我们不再简单地相信历史没有纰漏，我们便会以今天的判断重新选择：如果我们不再愿意当寄生的菟丝，我们就会在脚下的泥土中扎根；如果我们不再急功近利寻求一夜的暴发，我们就会留住青山——人类文化基因库里源源不断的柴薪，传递给后世一盏永远的启明灯。

那么，今天，我们是否再回首？

当人类踉跄着在必须前行的螺旋舷梯上艰难跋涉的时候，为了轻松些，为了完成自己的行程，随时会丢掉身上沉重的包袱，而那里边，往往有些珍贵的东西

大家慢慢看吧。

吕胜中

一九九八年十月
于广西壮族自治区成立四十周年之际

卷叁

五彩衣裳（上）

本卷文字
吕胜中　姜全子

本卷主摄影
余亚万

本卷图片支持
吴崇基（侗族）　张小宁
王梦祥　鲁忠民
刘广军　李美兴
霍永添
玉时阶（壮族）

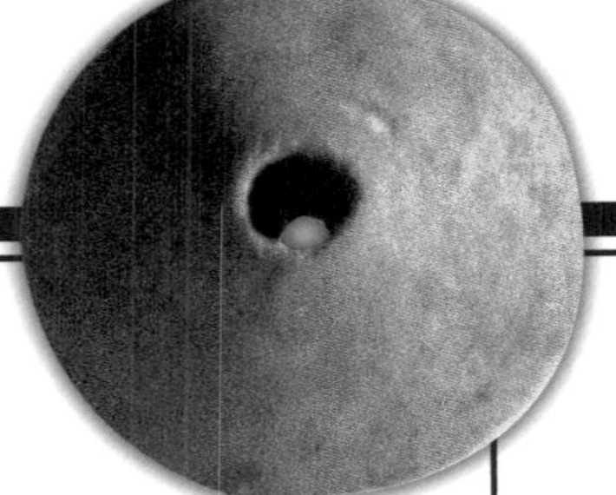

篇壹·悟领古风的传承

当人类充分意识到生命躯壳仅仅是精神和灵魂的一种千篇一律的遮蔽形式，便不再采取赤身裸体的方式。人类千方百计地寻找物品遮蔽自己的身体，开始重新塑造自己。

广西少数民族使用植物纤维制衣的历史久远。平南县石脚山遗址出土的两件新石器时代中晚期的陶纺轮，说明了『冬编鹅毛木棉，夏缉蕉竹麻织为衣』（宋·范成大《桂海虞衡志》）的文明从新石器时代就已开始。广西是我国古越人生活过的地方，越人包括很多支系，号称『百越』。在贵县罗泊湾汉墓和西林等地出土的越人铜鼓上，留下了身着羽衣的越人优美的形象。他们经历过断发文身的时代，也很会用鸟儿美丽的羽毛装扮自己。平乐银山岭战国墓出土了一些织纹细密的麻布，贵县罗泊湾也出土了汉代的麻布鞋袜，其纺织技术的水平已达到相当高的程度。古人的手工纺织方式依然留在广西少数民族今天的生活习俗之中，那飞快旋转的纺车，穿梭经纬的织机，靛蓝深沉的染缸以及那些穿着五色衣裳的各族妇女，为我们勾画出一幅与历史相连的长卷，展现出八桂山寨诗意般的纺织风情。

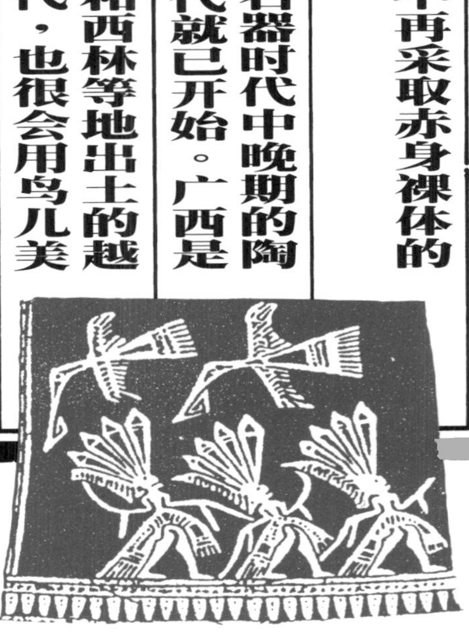

服装确实遮掩了上帝赐予的天体，却同时显露出人类的本真和个性。身体只是一种幻觉，而精神永恒。于是，藏在皮肉深处的虚渺灵魂透过层层屏障浮现出来，幻化成清晰的针脚花样，缀点在衣上。

当我们从都市来到山寨，寻访传统纺织的遗风，壮族的大婶搬出旧日的纺车，端来新搓的棉卷，将丝絮捻接纺轮轴筒竹管，把轮盘轻轻掉转——纱线徐徐从大婶的手中抽出，渐渐拉长，又缓缓缩短，缠卷于轮轴

丝絮未尽，又续新棉。

我们忽然觉得时空的概念在这一瞬间被打破，思

绪随着轮盘的回转也飞回遥远的年代。

说实话，我分辨不了过去与今天有什么本质上的区别，就像大婶手中徐出的棉絮在纺车的转动中缠紧，变出一根细匀的长线——线的每一段上都凝结了力与全身心的投入，它们同样产生着意义——从古至今，未曾扯断。现代化的纺织工具及制衣的方式，将这根线抽将过来，卷入大工业生产的轮轴，我们身上着衣丰盛了，但我们的情感却与纺织、制衣离开了很远很远。我知道，我们必定不可能有更多的时间在纺线的壮族大婶身边尽情地抒怀与感叹，却可以沿着这条线索，回首再看初旋的线端最后一眼。

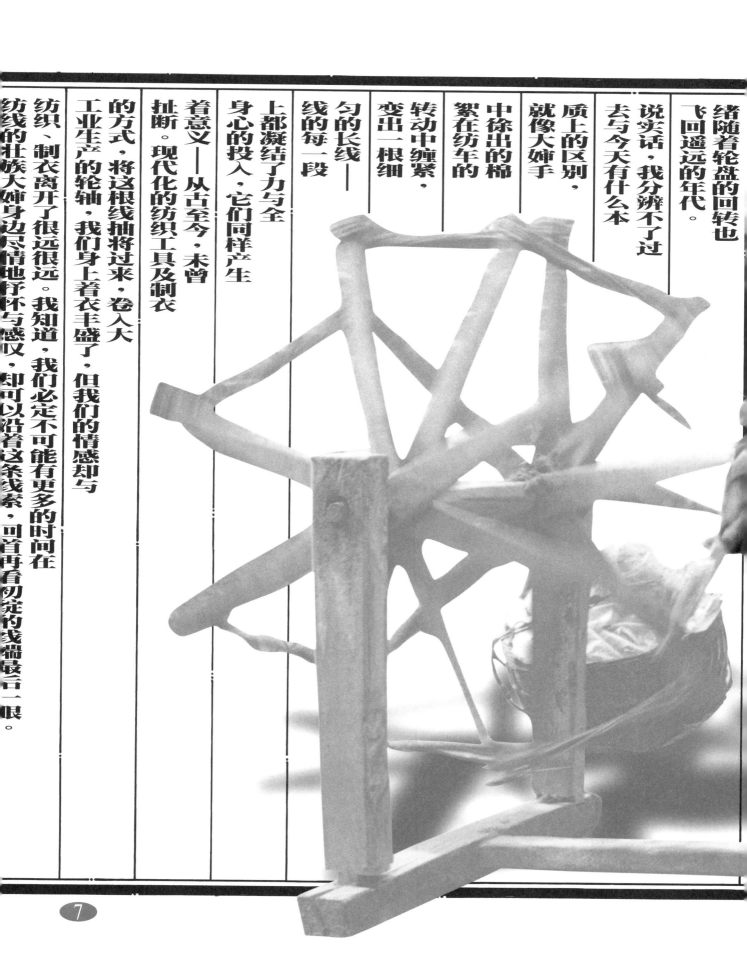

木楼上的老阿婆，你是从什么时候开始摇起纺车，把棉麻纺成细纱，合出穗捻几匀实的线？日月飞旋，时光如箭，往事如烟，你理出一根无限的长线，已回答了我们的茫然。（南丹）

阿妹巧手绕线筒，
筒是苦竹无枝丫，
线筒漂洗罢，
米浆轻轻涮，
左浆又右扯，
绕到高脚粮仓下。
左邻右舍齐帮手，
你拿『飞』，
我拿『娜』，
她捉线尾巴，
装进双层飞，
白纱布阵蛇摆尾，
爬上织机布面架。
（南丹）

织机依旧，但织女却换了一代又一代。经纬分明的大瑶山母亲穿越千年时空，把历史线脉接续起来，织成绵延不断的风土人情。（金秀）

侗家姐妹欢声笑语织头帕（三江）

纺线的白裤瑶妇女（南丹）

艳阳高照，绿树成荫，正是晾晒浆染布的好天气。（南丹）

五颜六色的彩线如同美丽的虹，吸引着苗家女儿。（融水）

买些回家吧，
绣制美丽的衣。
（隆林）

大树脚下清水苗大嫂飞针走线绣花裙。（隆林）

绿树荫里融水苗女儿巧夺天工织彩锦。（融水）

拔起新针抽新线，
缝补旧衣坐屋前，
不是穷来不是苦，
只因不舍旧姻缘。
春日靠你会亲友，
夏日靠你去下田，秋来靠你收棉粮，
冬寒靠你离火边。我们交情这么久，
情深意长有根源——民谣。
（大瑶山）

花苗寨的花大姐·衣上的花纹用了多少彩色的丝线？裙上的图案染尽了多少浓稠的靛蓝？是祖先教我们这样绣·是祖先教我们这样穿。丝线和靛蓝用去了多少·如今已无法计算。千百年穿戴好看的花苗女·就站在你跟前。（降林）

织了多少日，
绣了多少月，
织进慈母爱，
绣上骨肉情，
裁出山妹的身段，
缝起姑娘的丰满。
穿起来吧，
打扮出一个生命成熟的季节，
梳理出一个少女待春的华年。
（金秀）

学艺的讲堂，就在山寨的竹楼上；
厚重的教案，就在老阿妈的心房。
打开库存的记忆，
传授经典的花样。
（那坡）

五彩衣裳（上）

篇壹 悟领古风的传承 终

大工业的时代早已将人类的衣食住行全面覆盖，手工纺织自给自足的制衣方式也必定成为历史。人们无须自己种棉养蚕、纺线织布、染色刺绣，就可以衣来伸手坐享工业文明披在身上的五颜六色。新的布料、新的工艺技术常常闪电般爆出，令人猝不及防。穿衣，已不会产生往日『慈母手中线，游子身上衣』那般的深情。那些表面妖艳花哨的各色面料和变化多端的式样，其实推诿不掉千篇一律的本质——框定着人的眼睛，限制着人的主动——让我们无所适从。那么，趁着一幅幅画面里广西山寨宁寂的坡谷干净的风，趁着巧女子手中依稀转动的纺车和穿梭的织机还没有停歇，我们先清洗一下浑身的惰性吧。

篇贰·打开山寨的衣箱

衣服本是身外之物，但对于人来说，衣服与所有人类的文明产品相比都显得重要。『人靠衣装马靠鞍』——是说衣服成了人的一种依赖；『七分长相，三分打扮』——是说衣服可帮人取得完美。总之，人类的衣装已非『身外之物』，而担当起人赋予的特别使命——它已是炫耀生命的旗帜，跳动着血脉的节拍；它已是映照灵魂的屏幕，放射着精神的光影。在广西少数民族中，衣服是民族或集群的标志。从这个意义上讲，它甚至昭示着一个民族的存在。

马克思说：『动物只生产自身，而人则生产整个自然界 动物只是按照它所属的那个种类的尺度和需要来建造，而人却懂得按照任何一个种类的尺度来进行生产，并且懂得怎样处处都把内在的尺度运用到对象上去；因此，人也按照美的规律来建造。』衣服，正是人类以自己为对象的一种重塑的艺术。广西各民族的衣装，没有因民族集体意识的制约而失却美的标准，恰是各自不同的文化历史背景，造就了各自不同的审美方式和尺度，也造就了特异与个性。

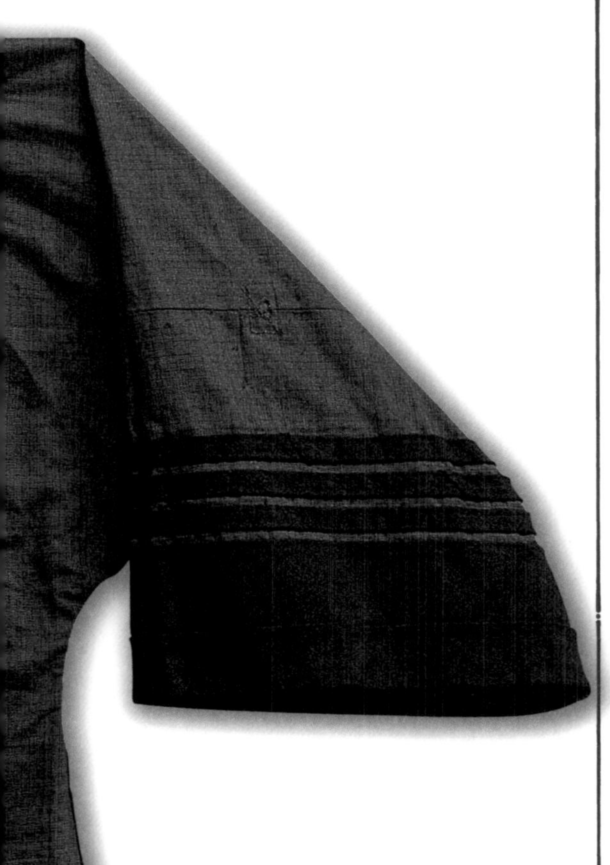

乐业壮族女右衽麻布上衣
百色右江民族博物馆藏

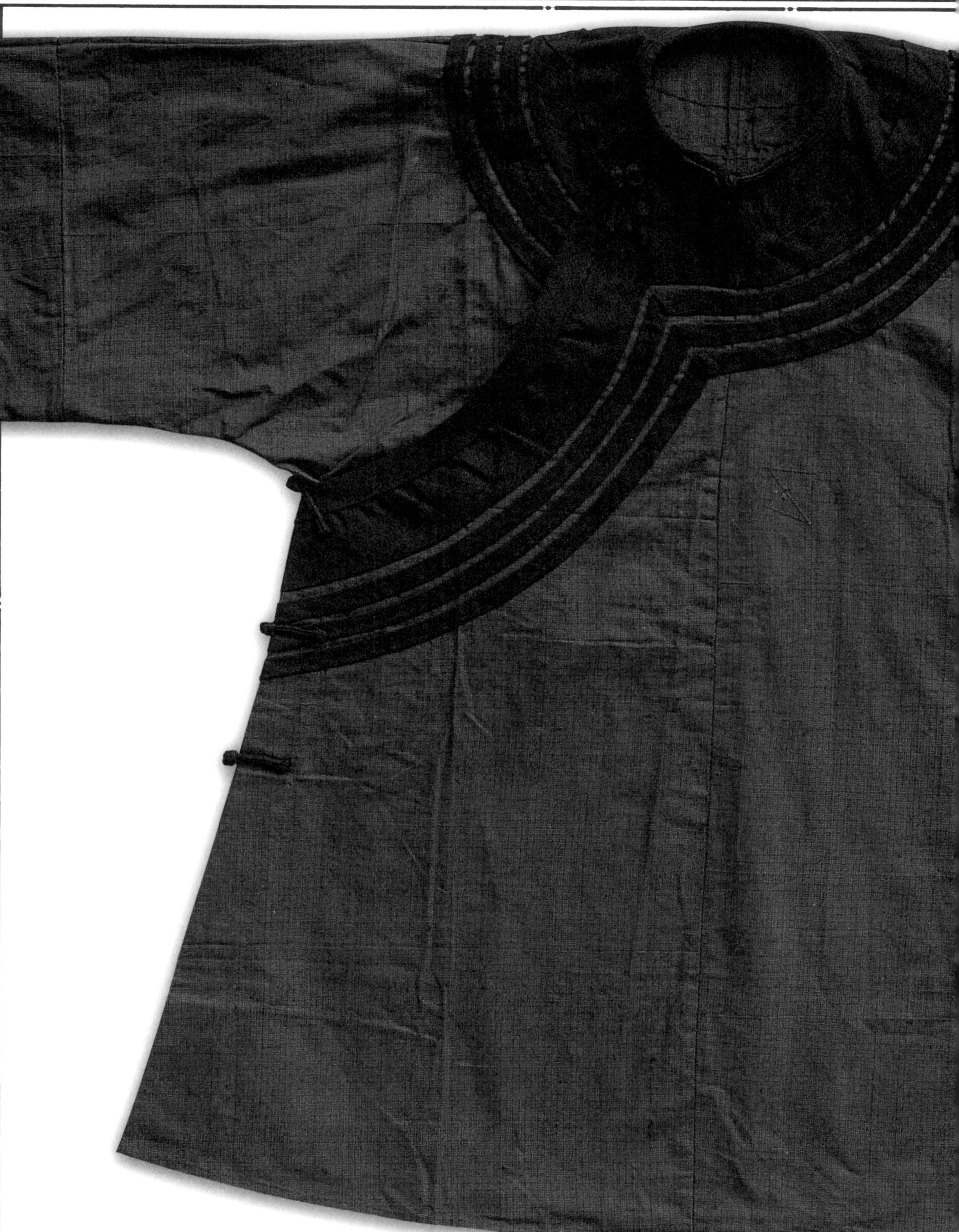

这是一件清末民初时乐业壮族中年妇女的衣服，右衽，无领，整体形制与当时汉人妇女上衣略同。青蓝色的麻布面料经砑磨后泛着光亮，配上紫黑色的镶边，显得深不可测。简洁的造型、单纯的色彩，越发显示出制衣者剪裁的严谨讲究和缝制的精到缜密。

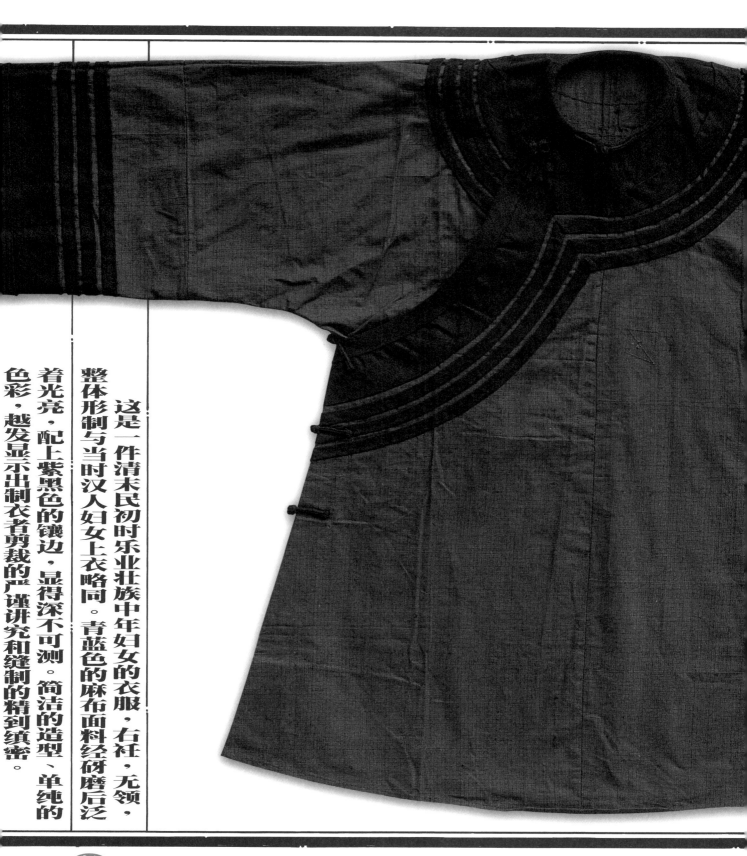

乐业壮族围裙

乐业幼平乡渡安村　韦定英绣
百色右江民族博物馆藏

围裙主体为黑色布料，出于尚青黑习俗与耐磨耐脏的需要。但其造型又很有飘动感，强调了束腰与下摆的变化节奏。当然最为精彩的是刺绣挑花束腰，白底上面五彩的丝线勾点出花香鸟语，实可谓一身青黑的壮家女儿腰身上一道靓丽的风景。

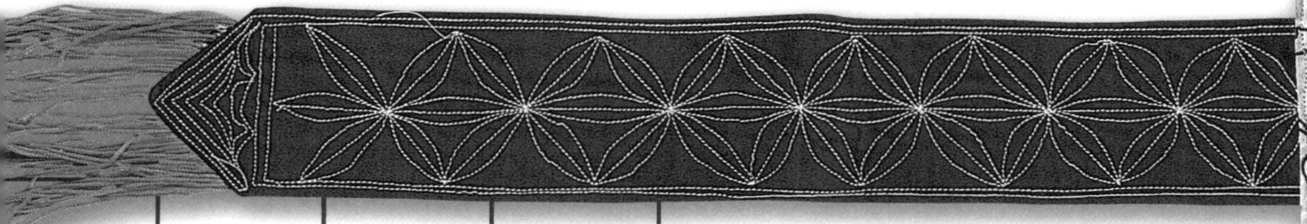

南丹壮族女绣花围裙

广西博物馆藏

南丹的壮族女子有在衣服外加罩围裙的习惯。围裙一般比衣服襟略长，上窄下宽，底部成弧形曲线，削出了灵巧俏丽的挑角。裙口处用丝带或银链挂于颈，腋部钉两根花带以系后腰，裙心部的绣花片是围裙的点睛之笔，内容多为花鸟蜂蝶。壮族以花神婆米洛甲为自己的祖神，因而花儿成为崇敬的对象，也是女性成熟的象征。绣片嵌在黑色的底布上，更显得热情奔放，艳丽灼人。

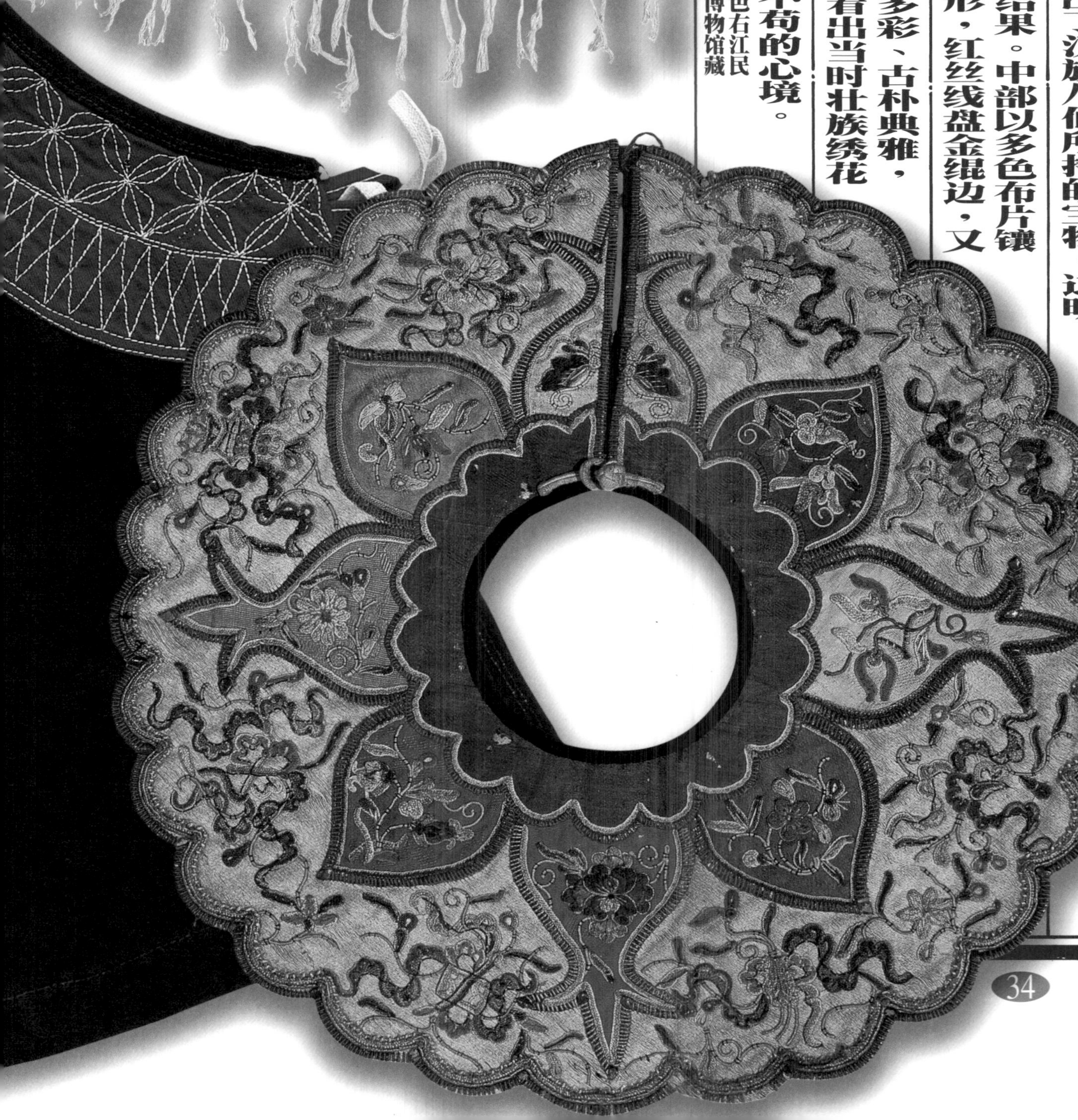

清代南丹壮族娃崽绣花口水围 广西博物馆藏 口水围采用了辫绣、结子绣、盘筋绣多种技法，绣出了汉族八仙所持的宝物，这明显是民族之间文化互渗的结果。中部以多色布片镶嵌出一圈石榴、桃子的花形，红丝线盘金绲边，又缀以各样花色，显得丰富多彩、古朴典雅，这是一件清末的作品，可看出当时壮族绣花技法的精深及绣花人一丝不苟的心境。

隆林壮族手织挑花头帕 百色右江民族博物馆藏

南丹巴定壮族女绣花围裙

南丹文管所藏

这件围裙自有素朴的意趣，裙心的花片以白布做底，绣出栖于花枝的凤鸟，花儿在此省略了，写意式的手法点到为止，花自在其中。裙心的镶边颇费了些功夫，如意云头蓝黑相间，以红线绲边，构成强烈的色彩碰撞，使云头中心的黄色叶瓣跃然跳出一份豁亮。壮族的巧手太善于利用工具材料了，撇向腋部的两道蓝色宽边上，白线绣出贯钱和网状的线纹，是缝纫机的功劳。但巧饰色彩、点石成金的招数，却是人的聪慧了。

南丹巴良壮族女麻布绣花衣裤 南丹文管所藏

壮族喜欢素朴的色彩，如若一种不苟言笑的性格。这套衣服略施刺绣镶边，使深沉冷静的手织布面露出了些许微笑。裤脚的彩色挑花尤为精彩，仿佛一阵朗朗笑声，让周身活泛起来。

这种套式的衣服当地俗称为『三层楼』。上衣短至脐，襟下摆如折扇倒弧形，与两侧开气交为尖俏的衣角，滚暗红色细边。斜襟自颈口往右腋下顺开，嵌一道黑底绣花边，接黑色细带，系结于腋下，不缀扣纽。两袖略长，裤宽脚，外套长至膝部的百褶裙，裙脚印有一道黑青色万字花边。整套衣服统用一种细密的格纹布料，蓝白交织，本就清澈素雅，加上衣上不多着绣饰，平整的上衣与褶裙流动般的肌理相互映衬，叫人觉得吹来一股清晨爽心的小风。

隆林委乐壮族『三层楼』式女衣裙
百色右江民族博物馆藏

清代龙胜壮族女土布衣裙·胸兜 广西博物馆藏

道地的民族传统服装的确叫人能够多多品出一份本色的纯正。尚黑尚青的壮族人本来就以色彩标示了人格的清明正直，直线条的浅色布压缝、镶边，更显出大刀阔斧般的豪爽。但精致是深藏不露的，有幸看到的是衣服里面藏掩着的胸兜，上面挑绣出细密的花纹，越是看不清楚，就使人越发想看个究竟。衣背上也许更精彩，各色土布拼缀出古色古香的腰身，而挑花刺绣使理性的横平竖直中，多了些感性的脉脉含情。

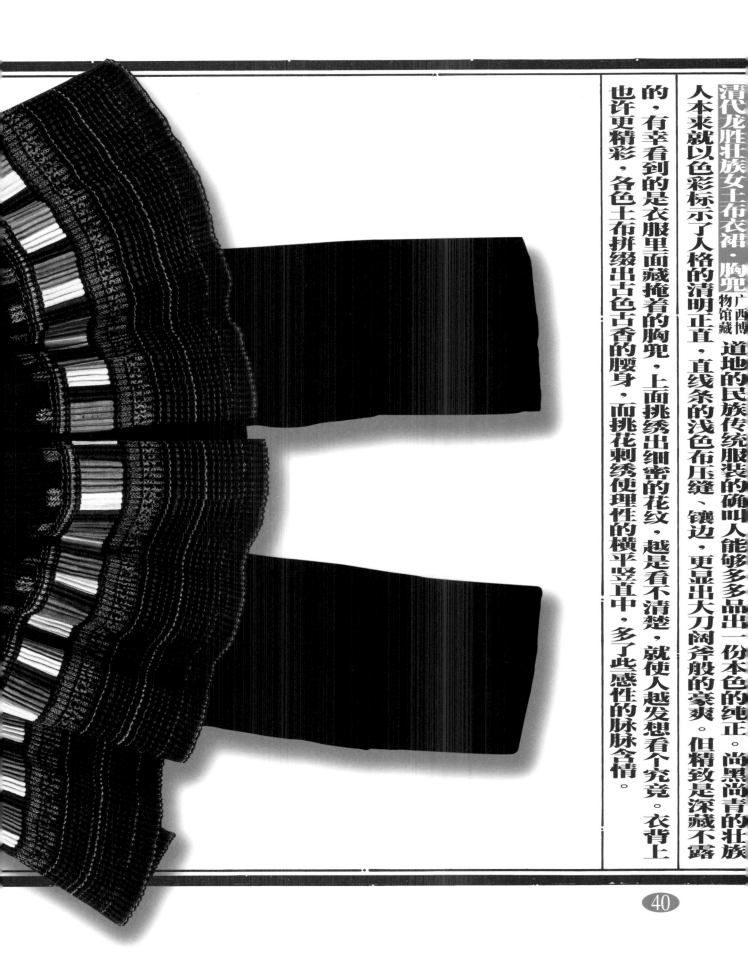

传说中的瑶族始祖盘瓠是一只五彩斑斓的龙犬，所以瑶族男女总要在衣裳处挑绣五彩图纹，以示不忘祖。盘古瑶女衫最耀眼的是自无领颈口延至对襟襟口的挑花饰带和红色绒球。传说瑶之母祖『生子四，挈犬出猎，犬老惫不能工作，子怒，推诸河，死焉。及归，其母问犬，子以告，母大恸，以实语之，子亟赴河，负犬尸还，犬时口流鲜血，沿子胸部而下，子哀之。自后缝衣，必纫红线两条交叉于胸，所以为念也。瑶之衣裳，今犹相沿不变』◎。

◎引自刘介《苗荒小记》

田林盘瑶女土布长衫

百色右江民族博物馆藏

贺州盘瑶男子盛装

百色右江民族博物馆藏

金秀茶山瑶女衣·绑腿

广西博物馆藏

亮布是广西少数民族喜用的面料，挺括易成型，隔潮气又不沾身。黑里泛着紫色光泽，在金黄、朱红的花带镶边映衬中，越发显得厚重浓烈。这件衣服没有绚烂的花饰，也没有刻意的线条变化，纵横的直线给人一种爽朗的感觉，仿佛可见剪裁的单刀直入。简洁是一种美，但让简洁真正变成一种美却并非不负责任地一挥而就。这件衣服的美在哪里，又实在叫人难以点中。也许是腋下略微的弧角，也许是无领项口俏巧的沿边，也

许是红黑黄三色协调起的神秘韵味，也许是『不修边幅』般的错位长短美，其实是没法具体指出位置来的，真正的美应当是飘忽着的，正像这件瑶女的衣衫，把它穿上身，生命便有了异样的精气神。

金秀大樟乡沙梨平村
黄秀花制

全州东山瑶绣花围裙

金秀瑶族博物馆藏

传说布努瑶创世女神密洛陀造天地『造得天空比地窄，密洛陀拿线来缝，造得大地比天宽，缝天边，缝地边，密洛陀拉紧线头，天空穹隆像锅盖，天边地边连得紧，大地皱起像褶裙』这样的描写，多像平常的瑶家女子做衣服。那瑶家男女包头的锦帕，就如同女神密洛陀造的天，

裹盖起头上的毛发。关于瑶族男女缠头巾、扎绑腿的来历，民间传说龙犬原白天为犬，晚上为人，身上的斑毛就成了五彩的龙袍，三公主希望他永远显示人形。龙犬说，只要将自己放在笼里蒸七天七夜，便可脱净身上的毛变成人。三公主按此法行事，已经六天六夜，公主担心把丈夫蒸死，便揭开蒸笼看，见龙犬果已变化为人，但因时辰未足，所以头上、腋下、脚胫等处仍存有毛发，于是只好以锦绣布帕将其缠裹起来。其实五彩斑斓的头帕、围腰、绑腿是对传说中祖先开天辟地创世精神的一种炫耀和模仿。

天上的太阳、地上的山川草木及其二者之间化生的整个世界，都穿在代代瑶族人的身上。

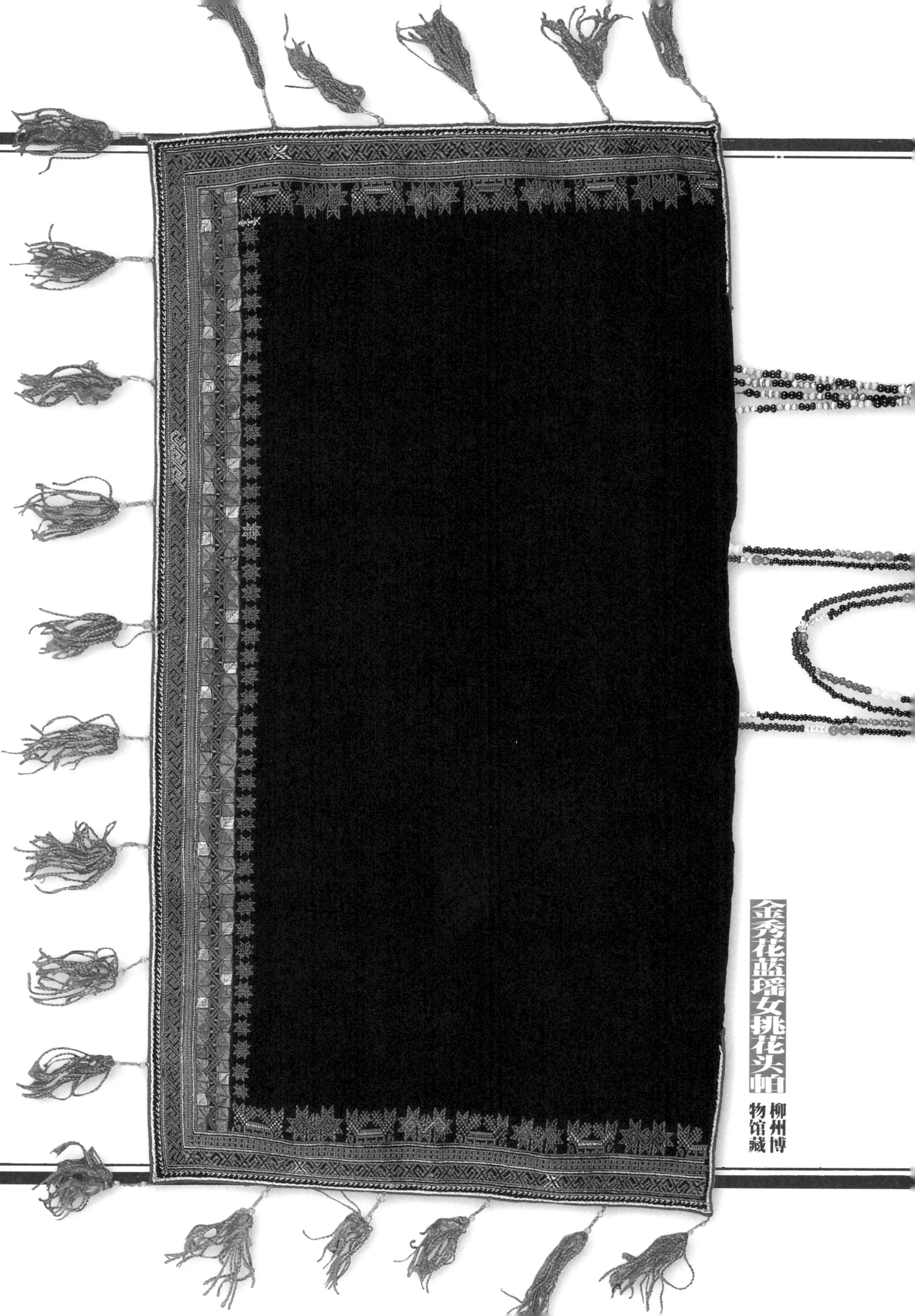

金秀花蓝瑶女挑花头帕

柳州博物馆藏

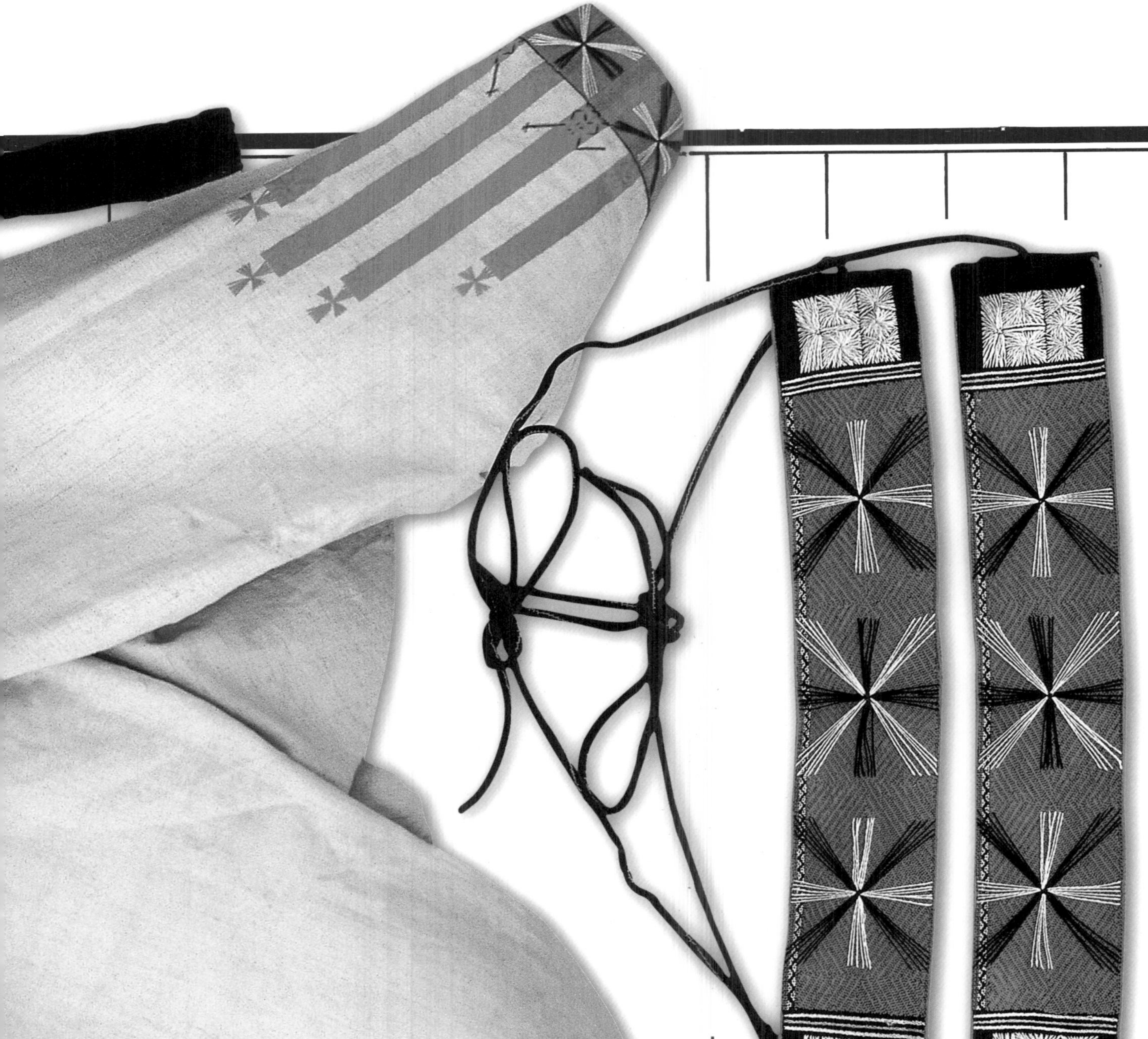

南丹里湖白裤瑶男土布衣裤（正面）·绑腿

南丹文管所藏

白裤瑶的衣服都是用自己纺织的棉纱土布，染以黑青或保留原布本色而制作的。男子的衣裳一般有五大件：白布包头巾、丫字形上衣、白色紧腿短裤、腰带和绑腿带。白色紧腿短裤的裆宽大，无裤脚，筒短而窄，既节省布

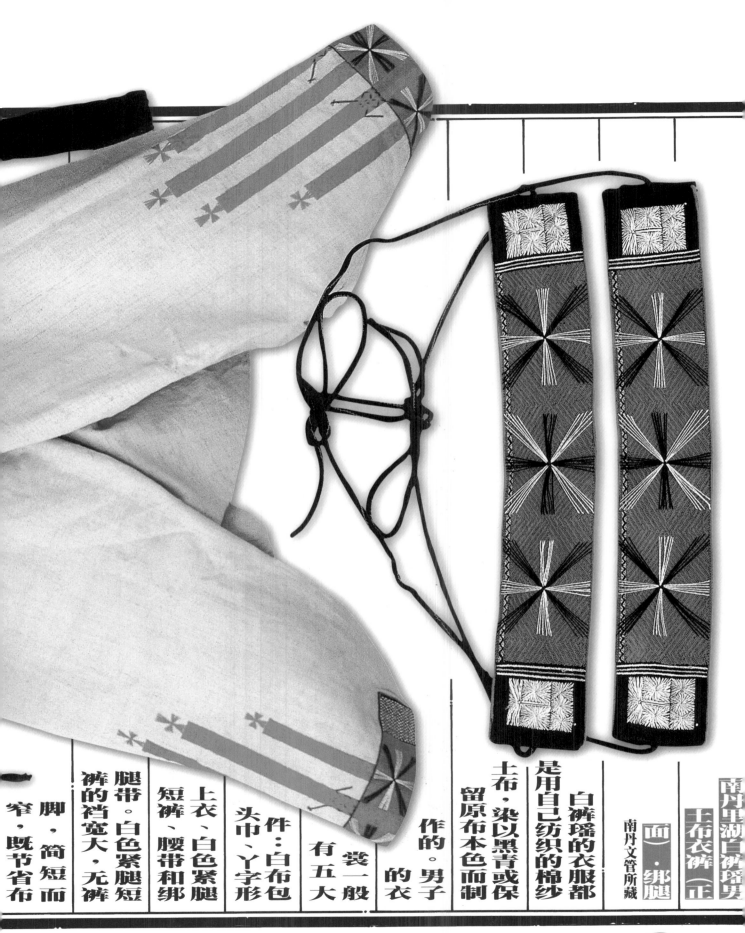

料，
又适
应劳
动、
狩猎。

在膝盖部位绣着五条长短不一的红色竖条纹，竖条顶端是十字形图案。相传百余年前，白裤瑶人为反抗土司

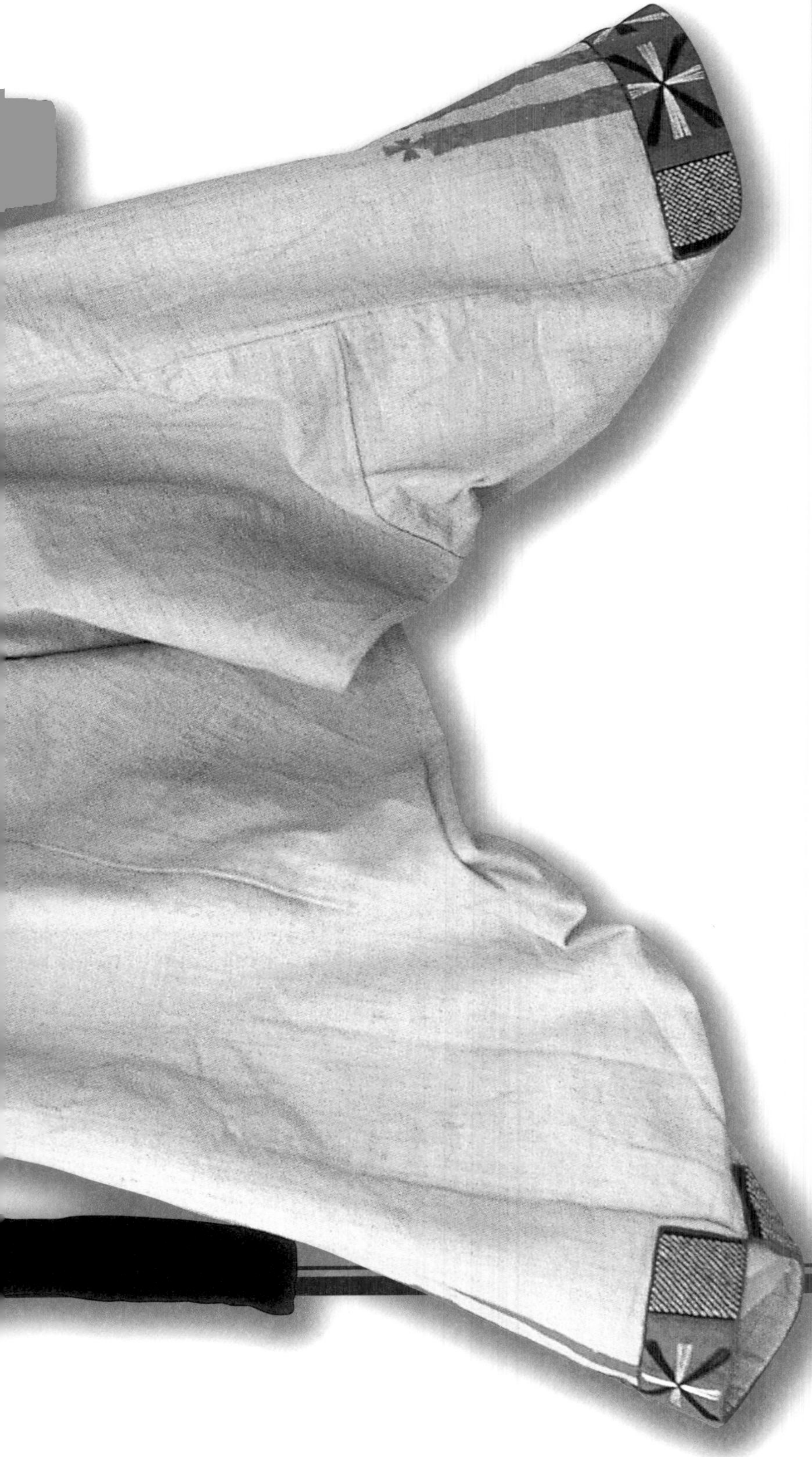

的压迫，起来抗粮抗税，同土司斗争。他们的首领为保护民族尊严，带伤而战，但终惨遭镇压。从此，他们只好转移深山。为永远不忘民族未竟之志，告诫族人团结不涣，首领将自己带血的双手印在同胞的白裤上 在古代民族中，将手印印于岩壁或砖瓦、纸帛之上以示为信的做法于历史遗物中多有显现，但绣在衣上的方式却是白裤瑶人的独出心裁。当然它最初的来历未必是百年前与土司的血战，也许记载着祖先更为久远的业绩。令人不解的是红色竖条顶部的十字图纹，十字符号在学术界一般解释为方位或太阳之象征，这使我联想到瑶族创世神话中的『射十二日月』片断。瑶族是善射猎的民族，男子都有极高的箭法。唐代杜甫诗《岁晏行》中『莫徭射雁鸣桑弓』句，写的就是瑶族人善射的英姿。至于白裤上的图纹是否为神箭射日月，有待大家再作考究。绑腿带上面挑绣着红、黑、白三色的米字形图案，与裤相配，简洁大方又细致耐看，显得古朴清爽。

南丹里湖白裤瑶男土布衣裤（背面） 南丹文管所藏

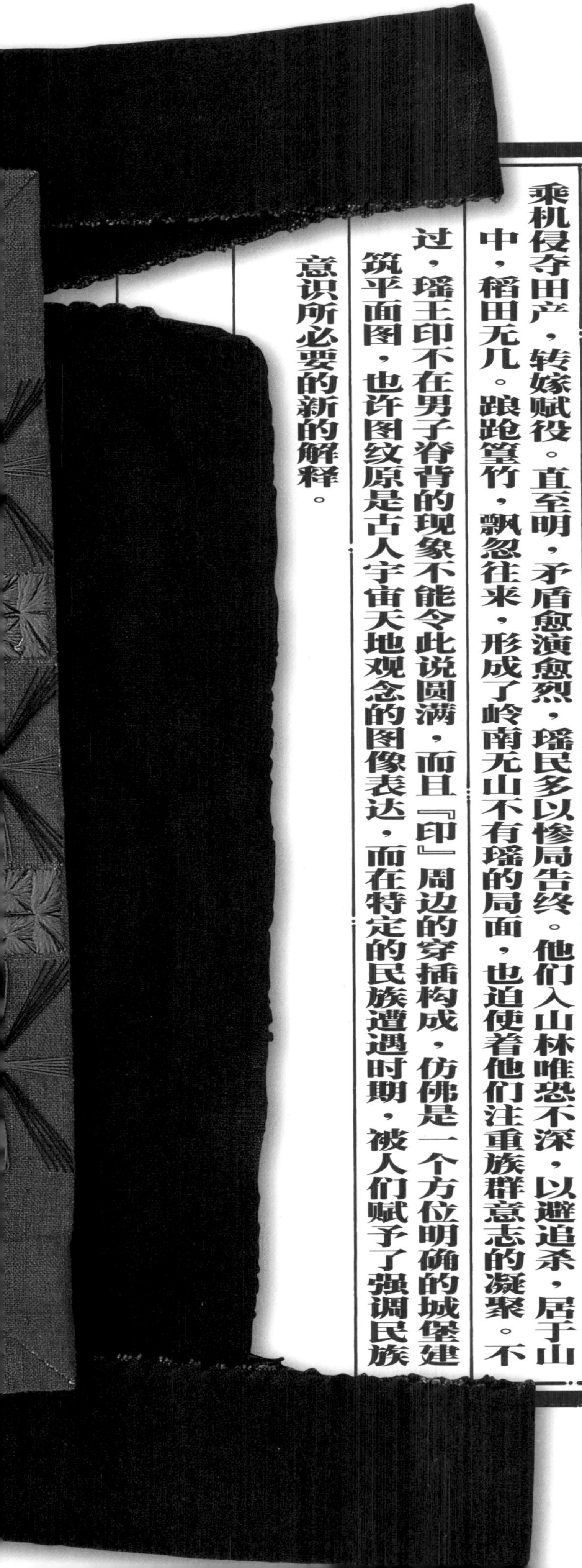

○旧时对南方少数民族之蔑称，下同。

南丹白裤瑶女士布染色刺绣无袖衣 管所藏

这是一款独特别致的衣服式样，却是白裤瑶女子夏日平常穿着的便装。胸前背后是两块方布，只在肩部有四五寸宽的连结，留出上端套头。两侧各连缀约两寸宽双层黑布的边条，挂在肩部环绕臂膀前后直垂裙侧。腋下无系带纽扣，任其敞露，以便于夏季的透风，被许多城里人视之为『开放式的传统，深山里的摩登』。其实，没曾有过『封闭』的经历就不必要『开放』的意识，而『摩登』也只是现代人对历史的大惊小怪。白裤瑶女子的夏衣纯粹是习以为常我行我素的常态，显露给人的是一份天然无邪的内心世界。

无袖短衣前幅为黑或蓝色，无华饰，后幅为蓝色印染，图形多为直线交叉组成的回字或井字形结构，如绣朱红色亚形图案，底部边缘为同样的色布宽边，加绣朱色米字花纹。关于脊背上鲜亮的方形图符，当地人说为模拟当年被土司夺走的瑶王印而绣。据说，在莫氏土官统治南丹期间，白裤瑶一直以穿这样的衣服来表达渴望民族平等、争取自由的愿望。如果有人胆敢改变服装，就是对民族的背叛，甚至还会被赶出村寨。瑶族在历史上的确屡遭不公，宋时，王朝官吏守臣为贪功邀赏，居然侵夺『蛮夷』○，引起反抗，王朝调集兵力镇压，进入蛮夷地区的『民人』乘机侵夺田产，转嫁赋役。直至明，矛盾愈演愈烈，瑶民多以惨局告终。他们入山林唯恐不深，以避追杀，居于山中，稻田无几。踉跄篁竹，飘忽往来，形成了岭南无山不有瑶的局面，也迫使着他们注重族群意志的凝聚。不过，瑶王印不在男子脊背的现象不能令此说圆满，而且『印』周边的穿插构成，仿佛是一个方位明确的城堡建筑平面图，也许图纹原是古人宇宙天地观念的图像表达，而在特定的民族遭遇时期，被人们赋予了强调民族意识所必要的新的解释。

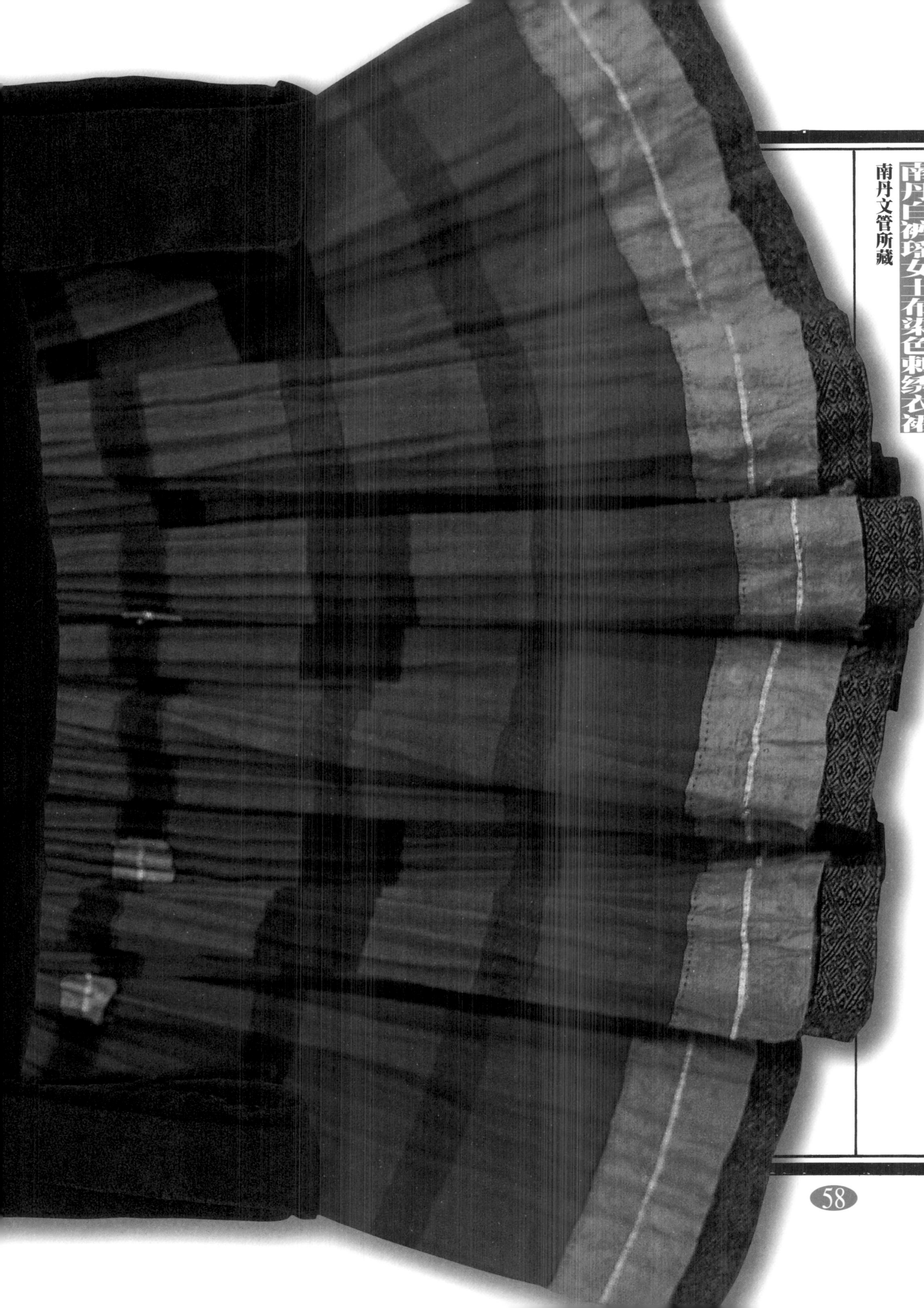

南丹白裤瑶女土布染色刺绣衣裙

南丹文管所藏

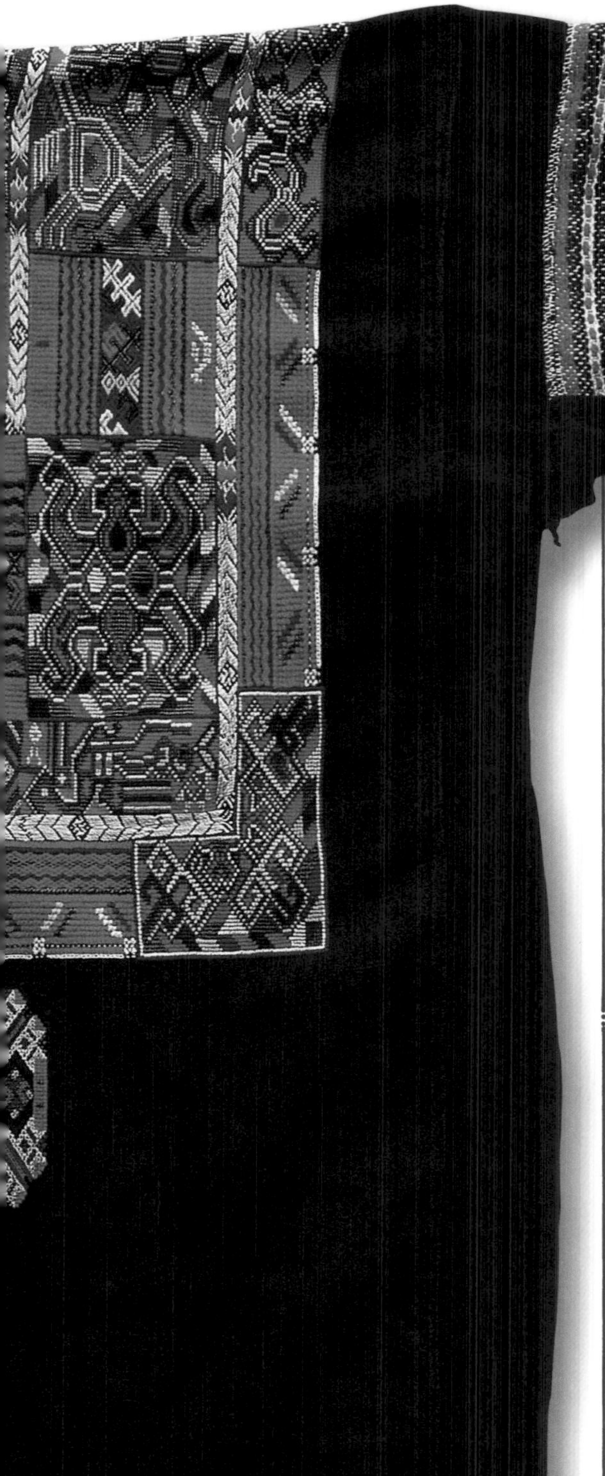
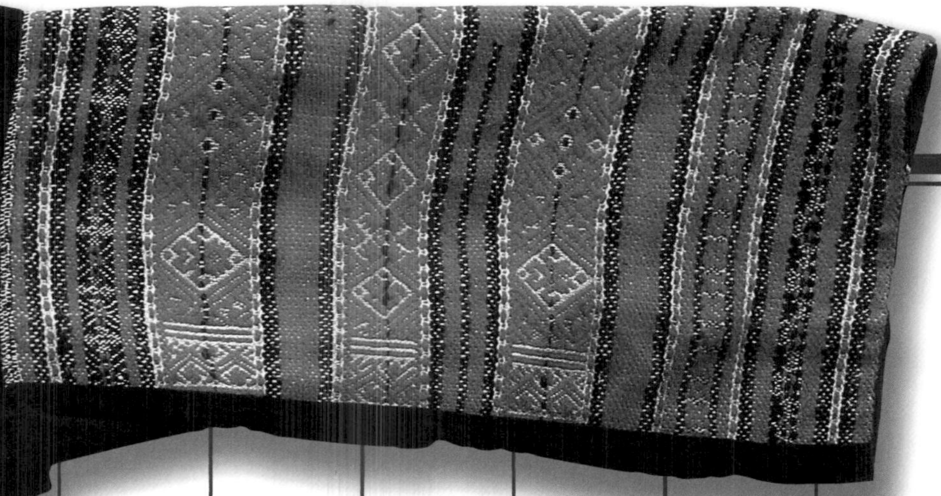

龙胜红瑶女挑花衣

龙胜泗水乡潘内村

龙胜泗水乡潘内村红瑶以女子身着的红色挑花衣而得名。衣为黑色土棉麻布料，对襟无领扣，红色挑花边条沿颈口直至前襟下角，两侧开气，穿时前襟左右叠压，细带系结于后襟以下，前襟以裙带遮扎。两袖外侧各钉结一片纹挑花绣片。贯通颈口前后胸背的一块大型挑花绣像是一块附着衣体的长方形披肩，前面略短，随襟口而开，后背略长，齐至腰间，下有两个与之呼应的独立方形挑花图案。后襟底部边沿不遮于裙内，因而有挑花带饰收边，并有龙纹浮游其上。

瑶族没有本民族的文字，过去一直使用刻木或刻竹记事的方式，称为『楔』或『打木格』。然而瑶族人追念先祖回顾历史的习俗却风行于各个支系。除却留存在师公记忆中的『创世古歌』，女子织绣衣上的图案，恐怕是民间流传最广的『文本』。这件衣服的主题图纹是水纹托着的船只，船上有人形若干，这正是师公所唱的先祖迁徙——漂洋过海又过江，开船走了三月久，行船还在海中央，思量飞天无翅膀，人心慌乱无主张，又怕大风翻落海，万般无奈想盘王 最终盘王显灵，保佑人们平安靠岸。

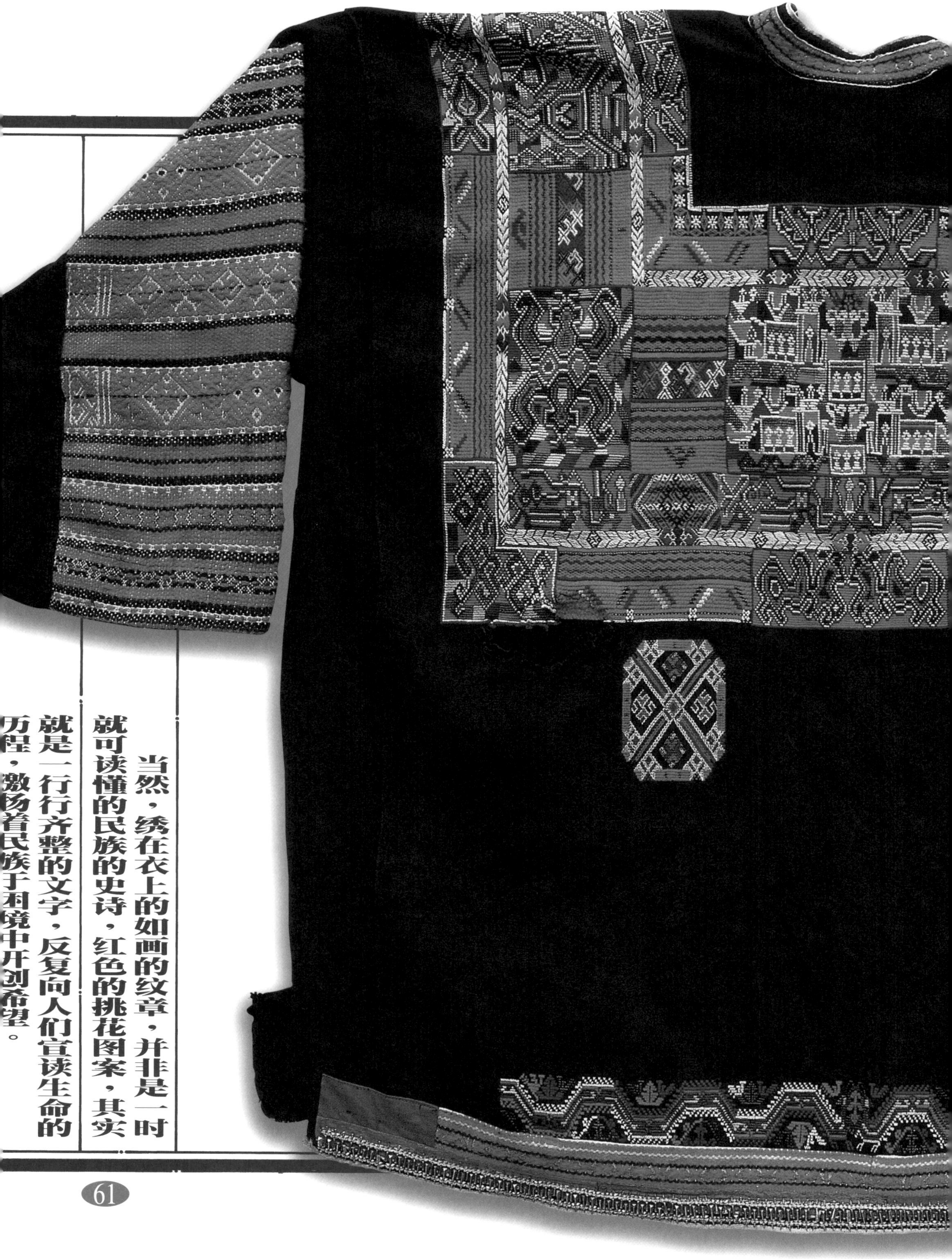

当然，绣在衣上的如画的纹章，并非是一时就可读懂的民族的史诗，红色的挑花图案，其实就是一行行齐整的文字，反复向人们宣读生命的历程，激扬着民族于困境中开创希望。

龙胜红瑶女土布挑花上衣·织锦头帕
龙胜泗水乡潘内村
周珍芬制

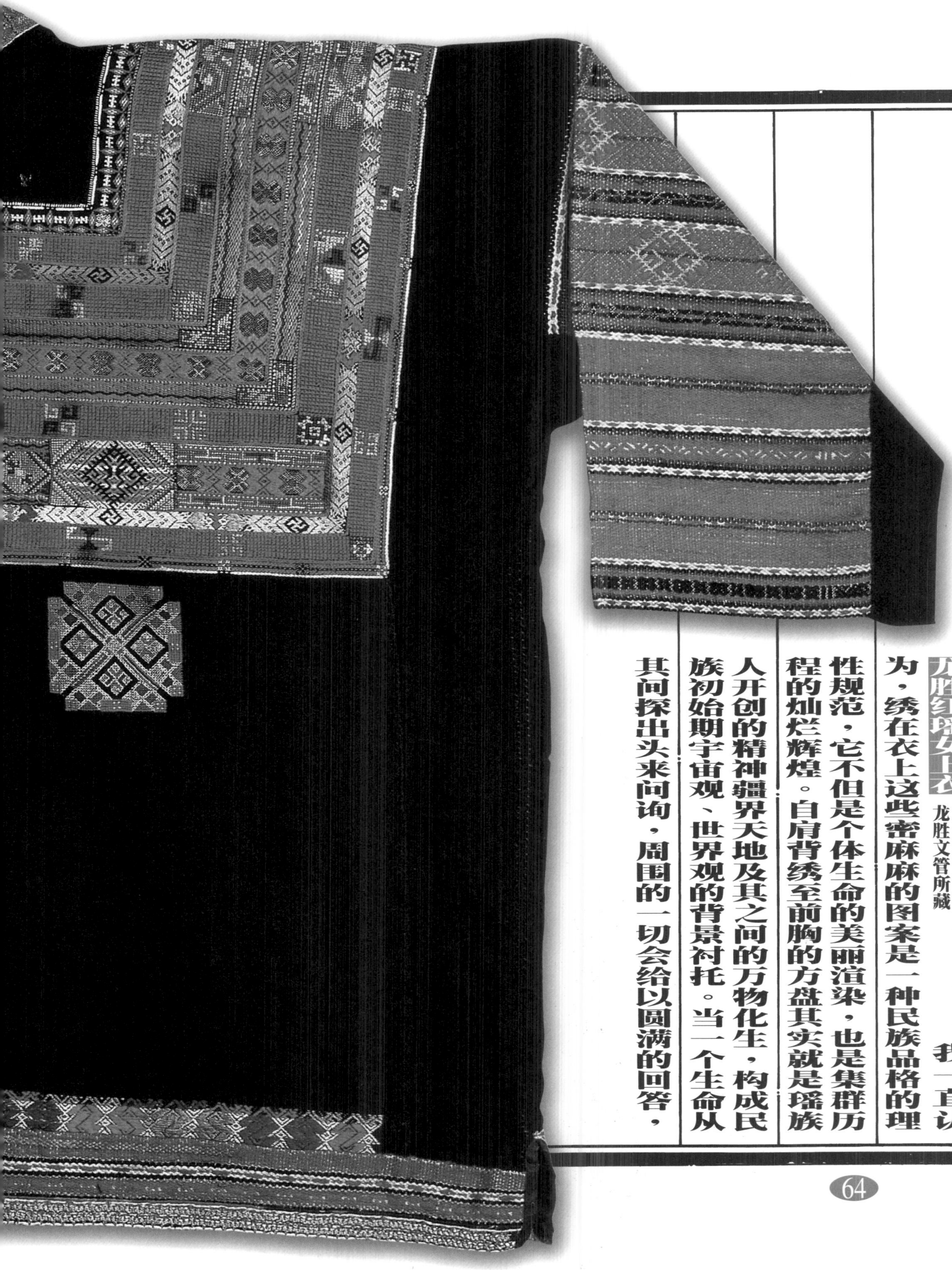

龙胜红瑶女上衣

龙胜泗水乡潘内村　粟满妹制
龙胜文管所藏

我一直认为，绣在衣上这些密麻麻的图案是一种民族品格的理性规范，它不但是个体生命的美丽渲染，也是集群历程的灿烂辉煌。自肩背绣至前胸的方盘其实就是瑶族人开创的精神疆界天地及其之间的万物化生，构成民族初始期宇宙观、世界观的背景衬托。当一个生命从其间探出头来问询，周围的一切会给以圆满的回答。

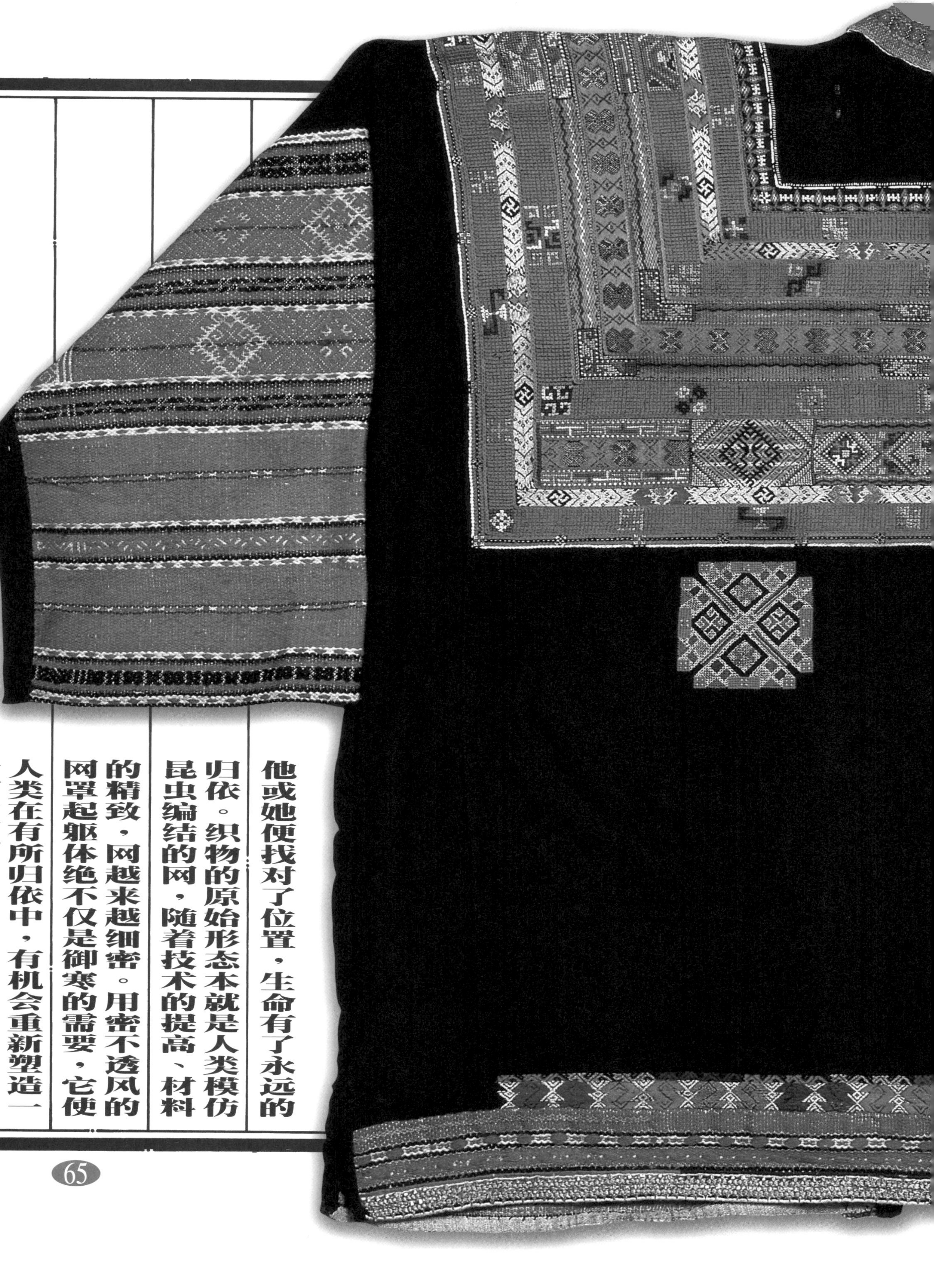

他或她便找对了位置，生命有了永远的归依。织物的原始形态本就是人类模仿昆虫编结的网，随着技术的提高、材料的精致，网越来越细密。用密不透风的网罩起躯体绝不仅是御寒的需要，它使人类在有所归依中，有机会重新塑造一个有精神的自己。

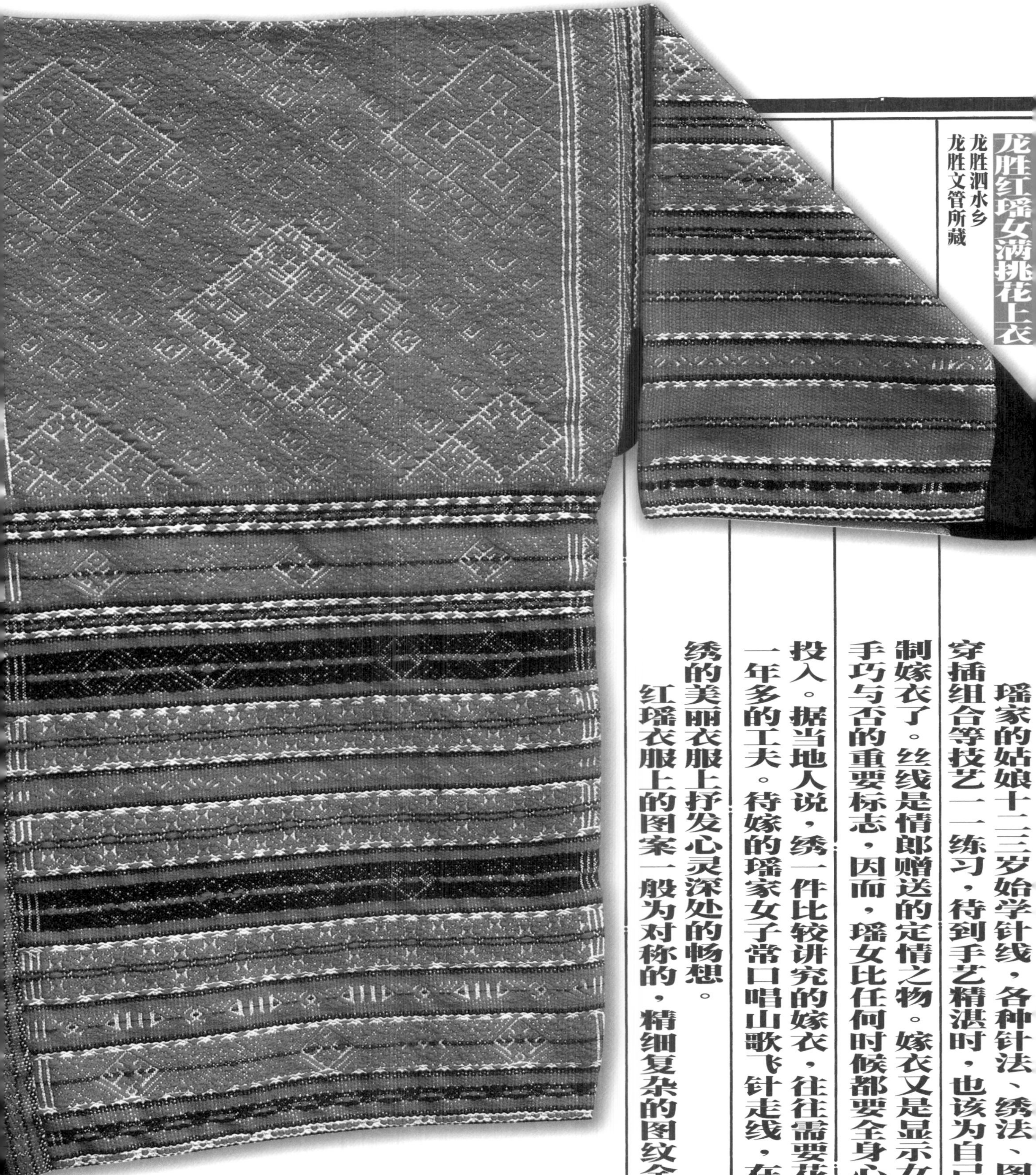

龙胜红瑶女满挑花上衣

龙胜泗水乡

龙胜文管所藏

瑶家的姑娘十二三岁始学针线，各种针法、绣法、图样穿插组合等技艺一一练习，待到手艺精湛时，也该为自己绣制嫁衣了。丝线是情郎赠送的定情之物。嫁衣又是显示女子手巧与否的重要标志，因而，瑶女比任何时候都要全身心地投入。据当地人说，绣一件比较讲究的嫁衣，往往需要花费一年多的工夫。待嫁的瑶家女子常口唱山歌飞针走线，在自绣的美丽衣服上抒发心灵深处的畅想。

红瑶衣服上的图案一般为对称的，精细复杂的图纹全凭

绣者的敏锐机智，才能准确计针数纱挑绣。如此浩大的工程，可谓为一种磨炼和考验，磨炼了经纬分明的理性思维，考验了创造完美业绩的心性。怪不得瑶乡人从女子的嫁衣上，就可猜度出是不是个聪明伶俐的当家好手。

透红的嫁衣上，已现出龙犬盘瓠的形象及其开辟的天地，天地之间万物化生，与绵延不断的代代瑶族人灵犀相通。

《后汉书·南蛮传》记载苗瑶族先民『织绩木皮，染以草实，好五色衣服，制裁皆有尾形 衣裳斑斓。』《桂海虞衡志》载宋代瑶族『妇人上衫下裙，斑斓勃窣，惟其上衣斑文极细，俗所尚也。』往事越千年，昔日斑斓五彩的瑶族衣裳，在我们不断地追逐下渐渐与我们近了——这套融水花瑶的衣裙，仿佛把历史推到眼前。

先祖龙犬盘瓠在一代一代人传颂中的美丽形象始终是后辈仿效的楷模，衣袖绑腿上五彩布条的镶嵌，衣身后背拖出披挂白条的黑红长尾，及其背脊上细微极致的挑绣花纹，使得楷模在自己身上得以具体地实现。这里的龙犬已不再是动物意义上的龙或狗的形象，他携带着野性之躯不断建立完善人性的全部过程，时常提醒着我们。

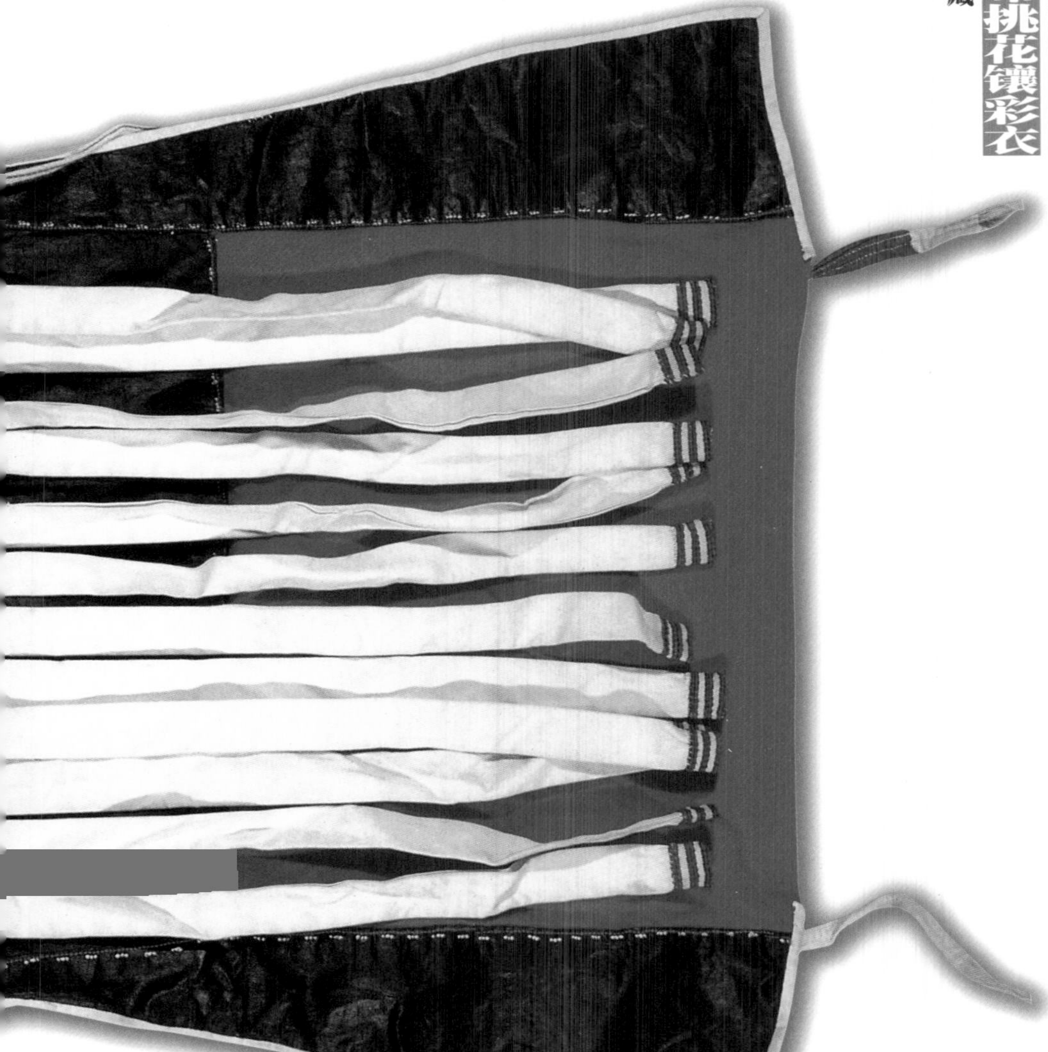

融水花瑶女漆布挑花镶彩衣

融水苗族博物馆藏

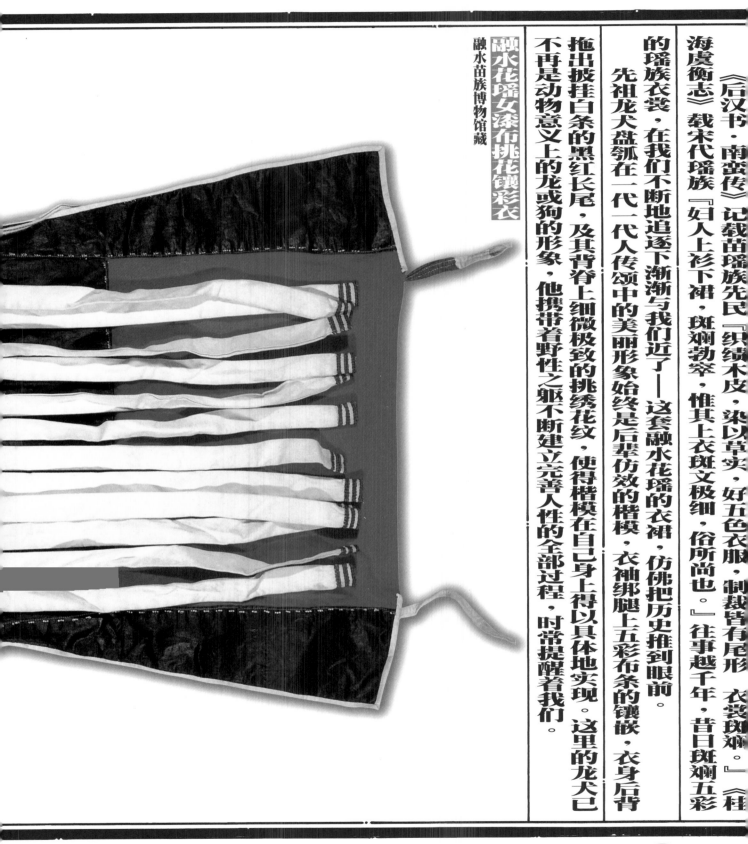

苗族喜用的『亮布』制作工序极复杂，先将靛染后的布料卷好放瓦锅中蒸一时许，取出晾干，再配好茜草制成的红色染料，将布投入复染，到呈现紫红色时取出，放在石板上用木棒锤敲打，然后一边用鸡毛蘸蛋清涂抹于布，一边继续捶打，直到布面泛发紫色光泽。这套衣服是用『亮布』制作，衣袖、领口及围腰略镶几道彩条，褶裙与裤脚间或拼接鸟羽纹蜡染。整体上保持了布料质地厚重挺括的美感，又衬托出装饰的明快活跃，短至膝上的百褶裙似是展翅欲飞的鸟雀，正如山歌所唱：『学那锦雉样，穿短裙好看。』

融水苗女亮布镶彩衣裤 蜡染褶裙 融水苗族博物馆藏

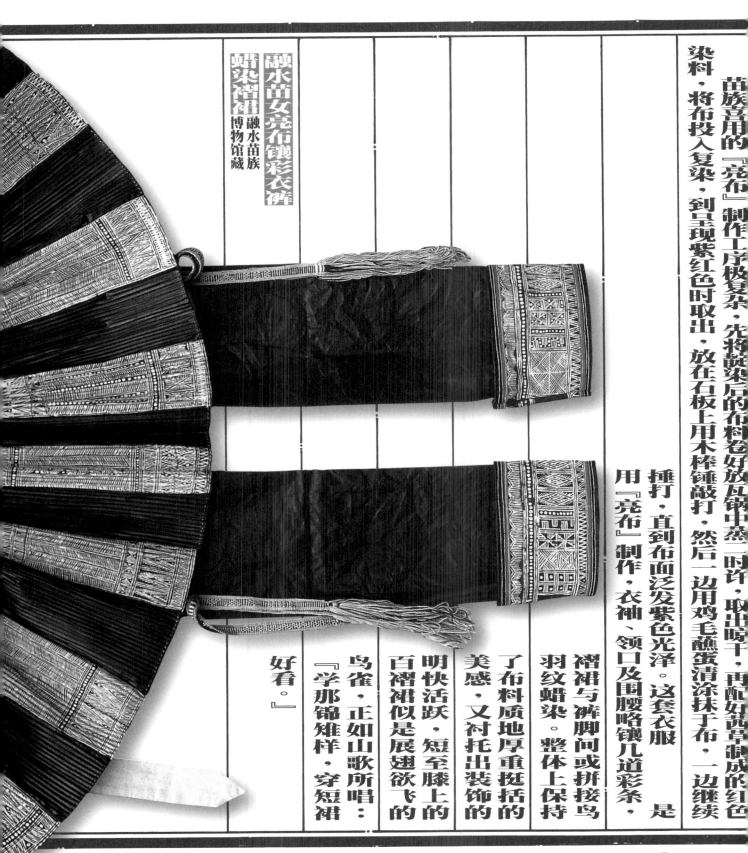

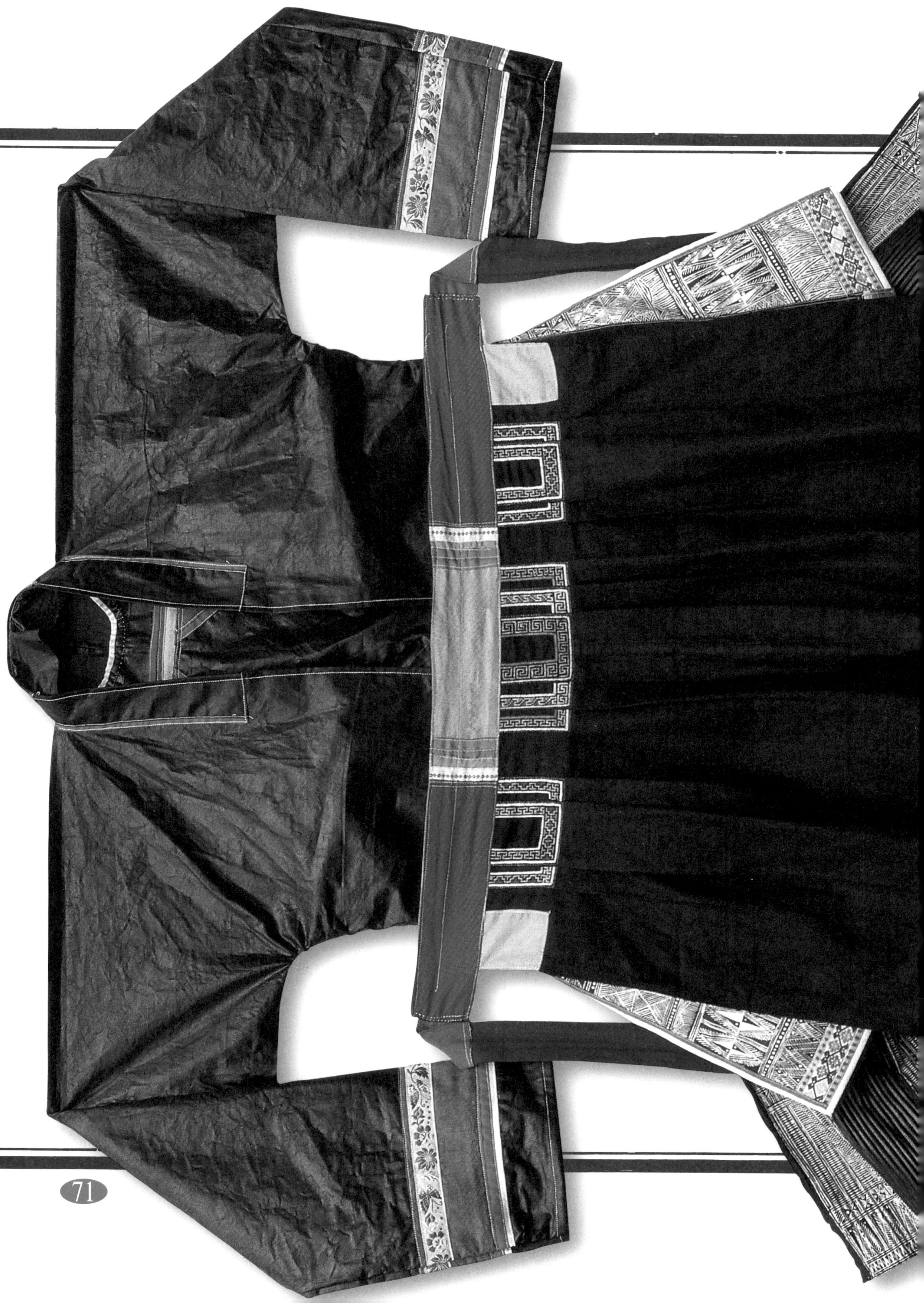

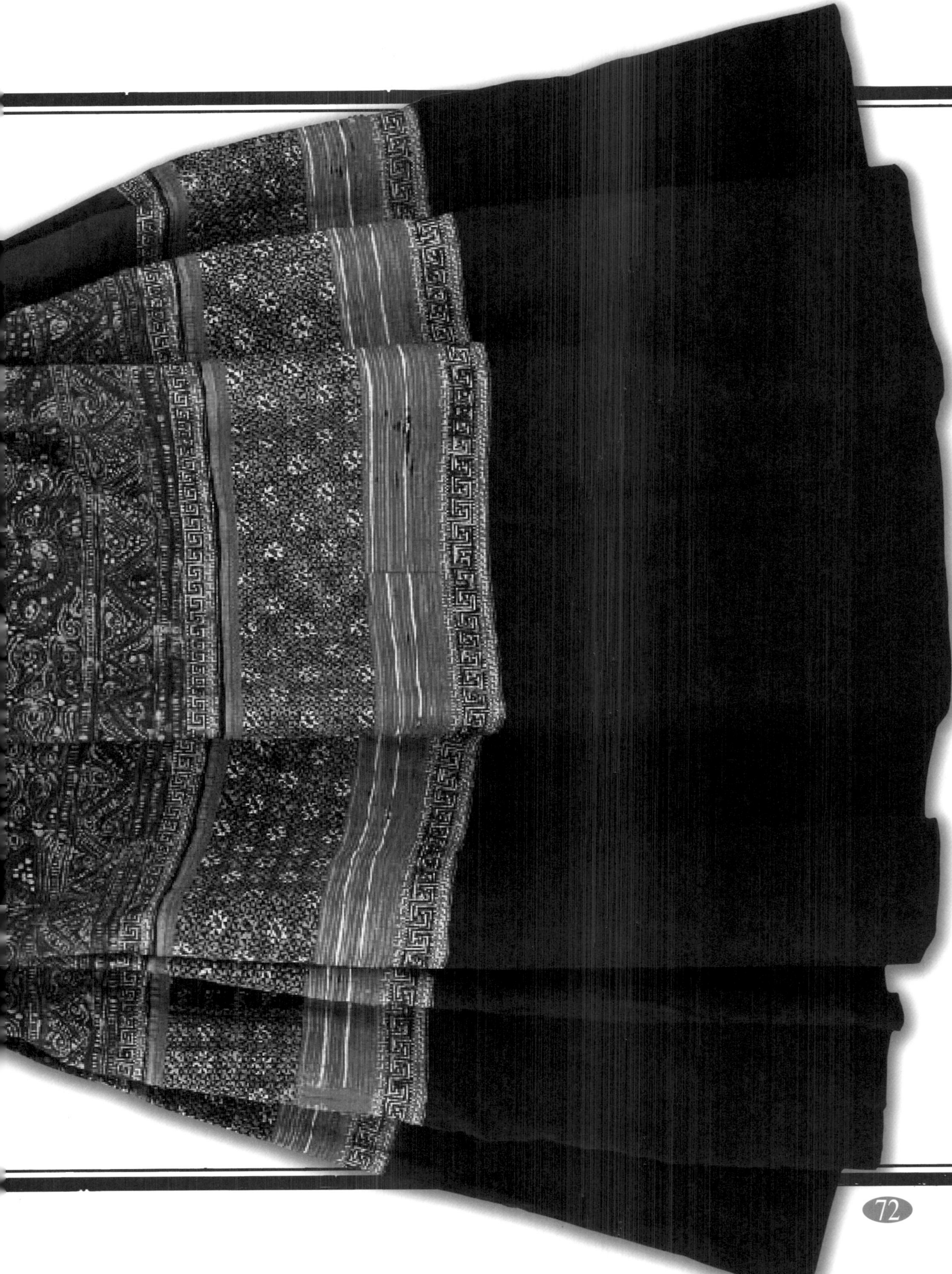

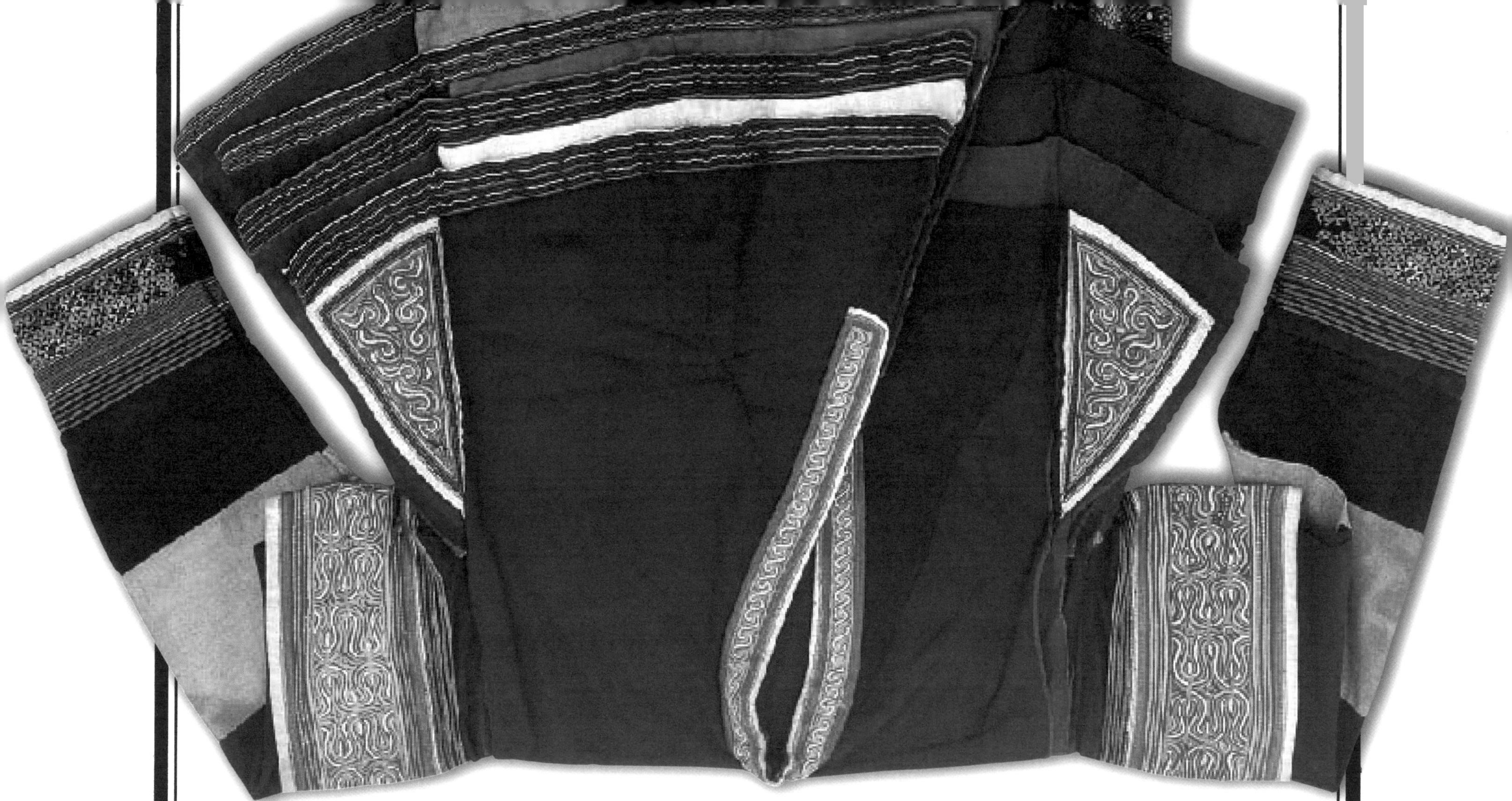

隆林德峨偏苗女绣花镶彩衣·蜡染挑花褶裙 相传苗族原初住在黄河中下游，后先祖格蚩爷老被逐出中原，他们才迁徙南下。古歌里唱道：『他们可惜这块大平原，因为这是个好地方。他们只有把这里的景致做成長衫，把这些衣衫拿给年轻的妇女穿。她们笼笼统统地穿起来给老人看。穿起来给男女老少看。衣衫上的花纹就是罗浪周底，围裙上的线条就是奔流的江河。他们又想起曾经住过的楼房，他们又把景致做成披肩，把这些披肩拿给年轻男子穿。他们一

左一右地披起来给老人看，披起来给男女老少看。他们看看那些开垦出来的田地，他们只有把那些景致绣在围裙上，他们把这些裙拿给婆娘穿，她们团团转地围起来给老人看，围起来给男女老少看。让人们看到那些开垦出来的田地，让人们看到那些盖起来的楼房，他们把这些当做永远的纪念，说明苗族曾有过这样经历』

苗族许多支系的衣装上，飞鸟舞蝶、花草树木、水波浪花都是必不可少的。这不只是留恋失去的故乡乐园，重要的是对先祖创建业绩的数念。衣服上图纹，是图像的民族历史，也许苗族的祖先知道，在正统修史者笔下，他们的辉煌将被扭曲或忽略。为了不使民族的生命之光黯然失色，用自己的方式载记人类创世史诗中不可缺少的一页。

隆林清水苗女土布蜡染花衣裙·花带围腰

百色右江民族博物馆藏

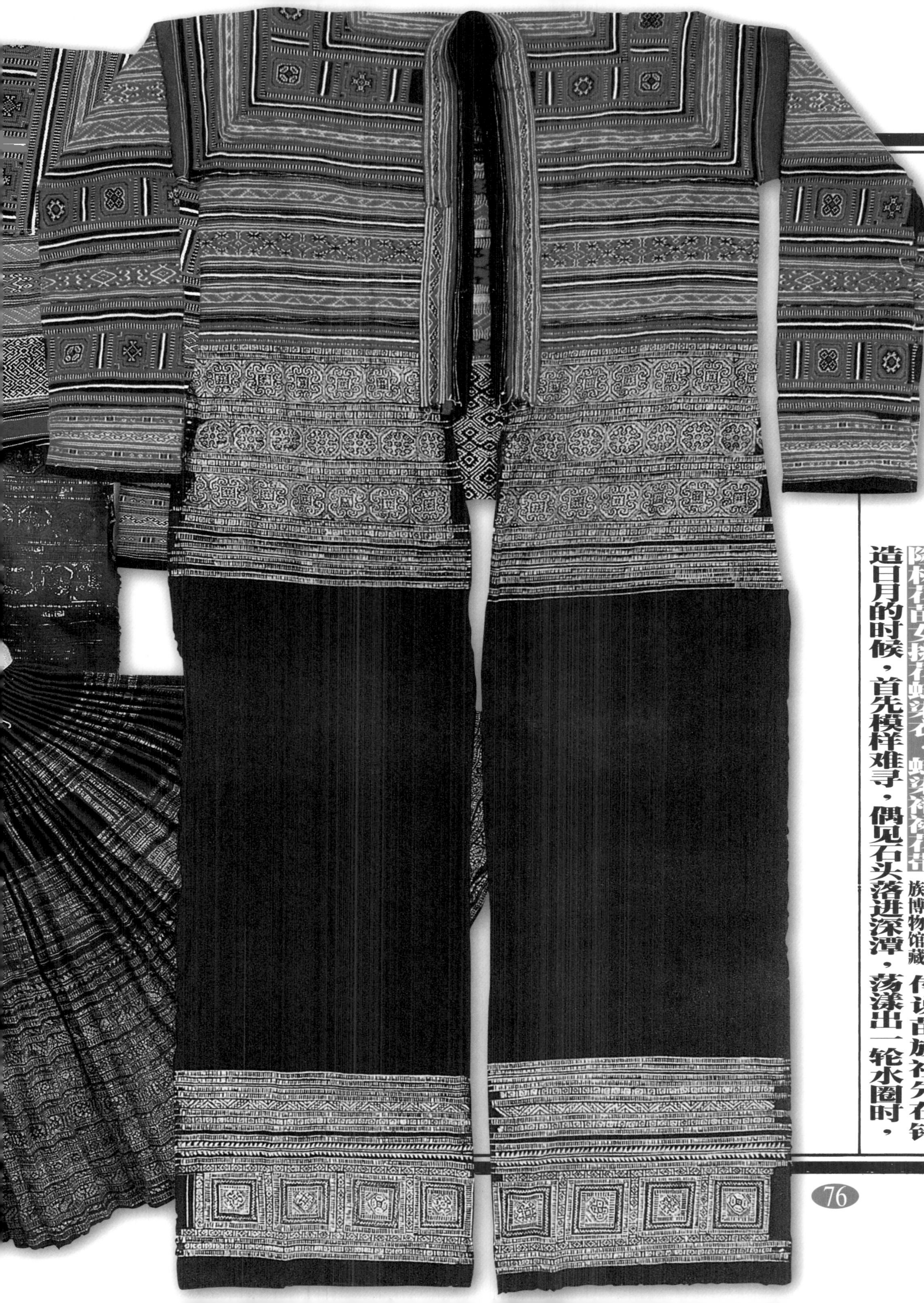

隆林花苗女挑花蜡染衣・蜡染褶裙花带 百色右江民族博物馆藏

传说苗族祖先在铸造日月的时候，首先模样难寻，偶见石头落进深潭，荡漾出一轮水圈时，认为又圆又好看，便照水圈造日月。这个故事充分反映了苗族人的聪明灵敏，也可从此看出民间艺术造型中通过联想使物象转移原有概念的方式。苗女衣肩上满绣的横竖条纹，构成城郭殿堂般的阵式，难道真如苗

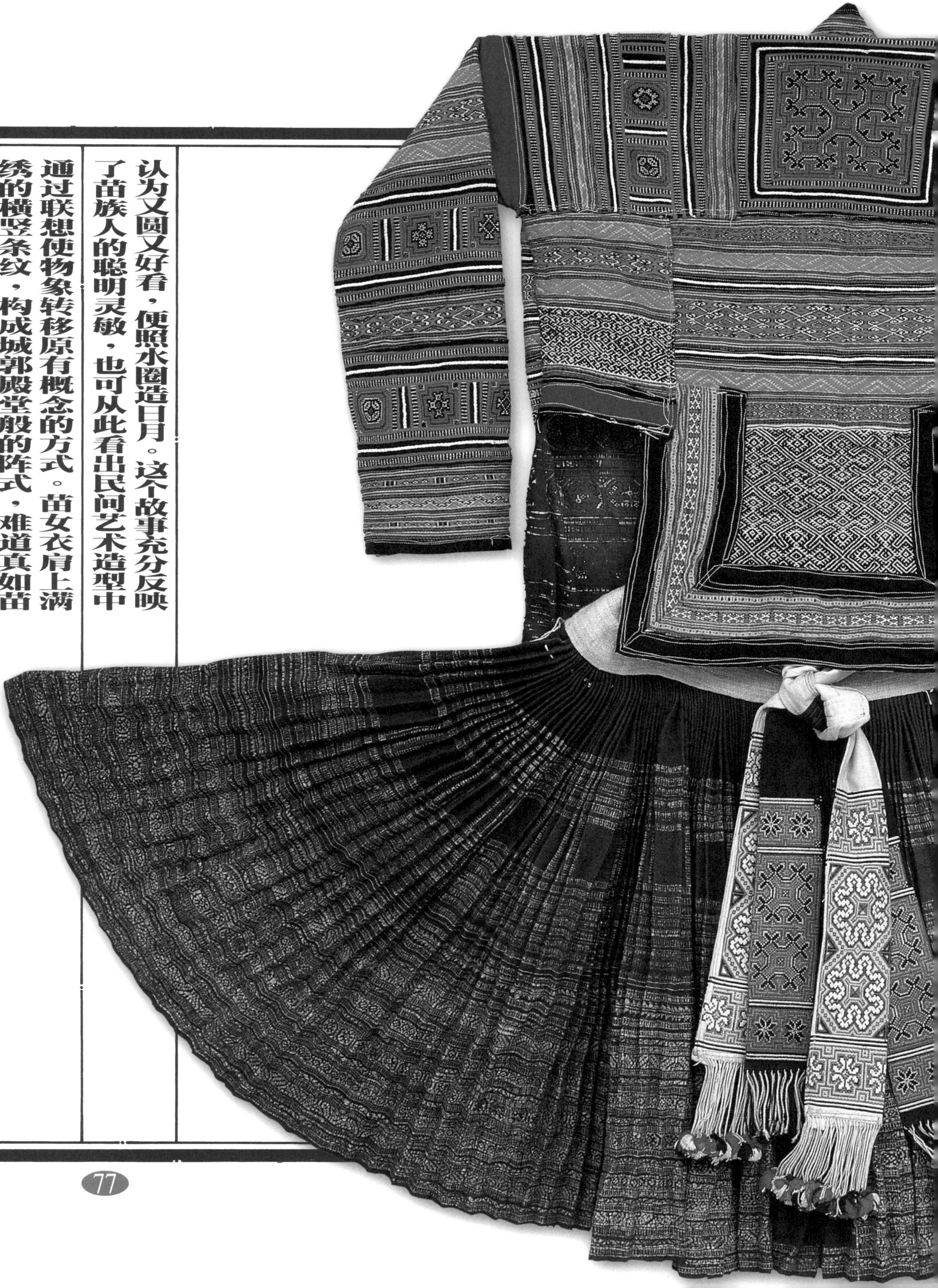

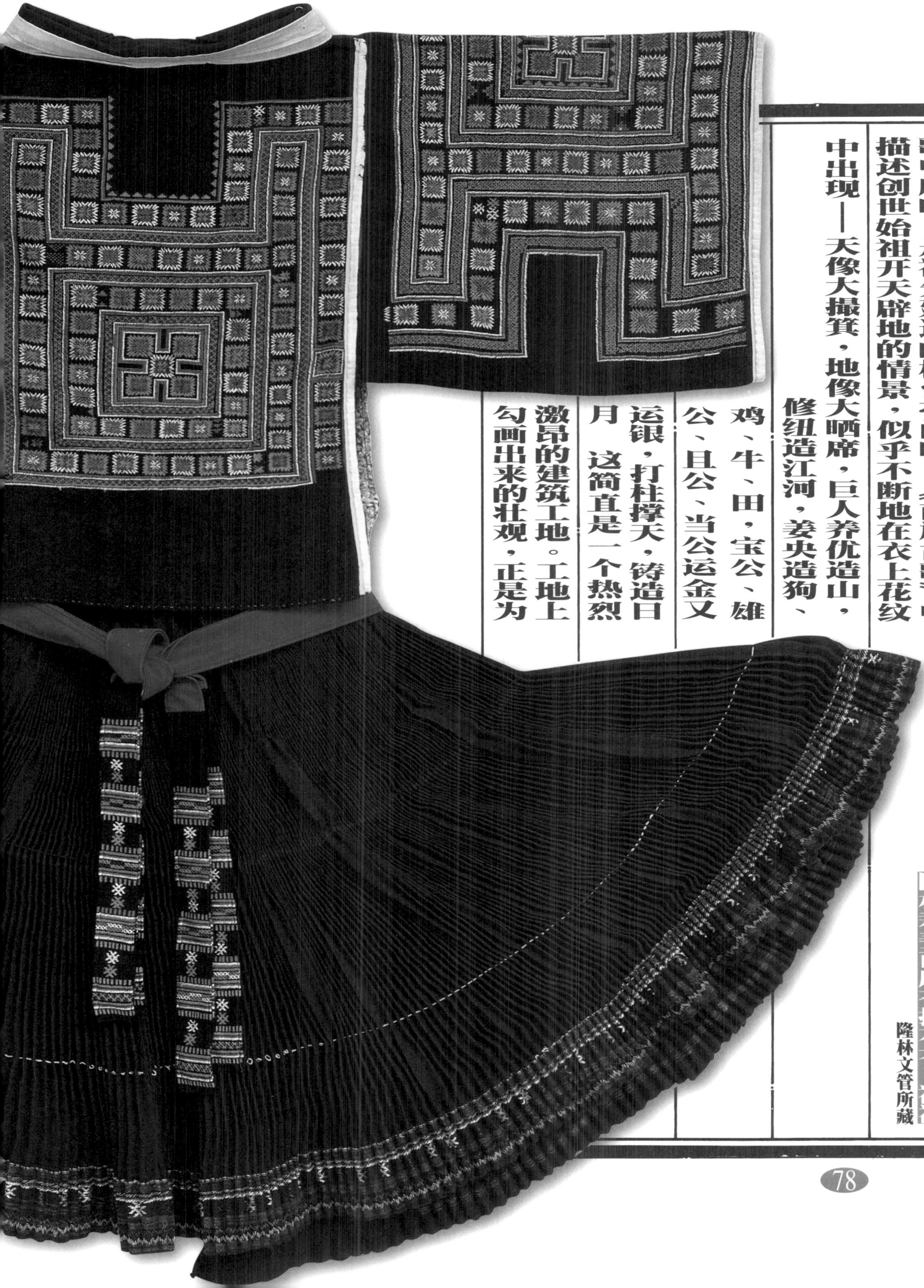

歌中所唱，是祖先建造的楼台亭阁吗？《苗族古歌》中描述创世始祖开天辟地的情景，似乎不断地在衣上花纹中出现——天像大撮箕，地像大晒席，巨人养优造山，修纽造江河，姜央造狗、鸡、牛、田，宝公、雄公、且公、当公运金又运银，打柱撑天，铸造日月 这简直是一个热烈激昂的建筑工地。工地上勾画出来的壮观，正是为

隆林栽姜苗麻布挑花衣·褶裙

隆林文管所藏

融水苗女织锦头帕

融水苗族博物馆藏

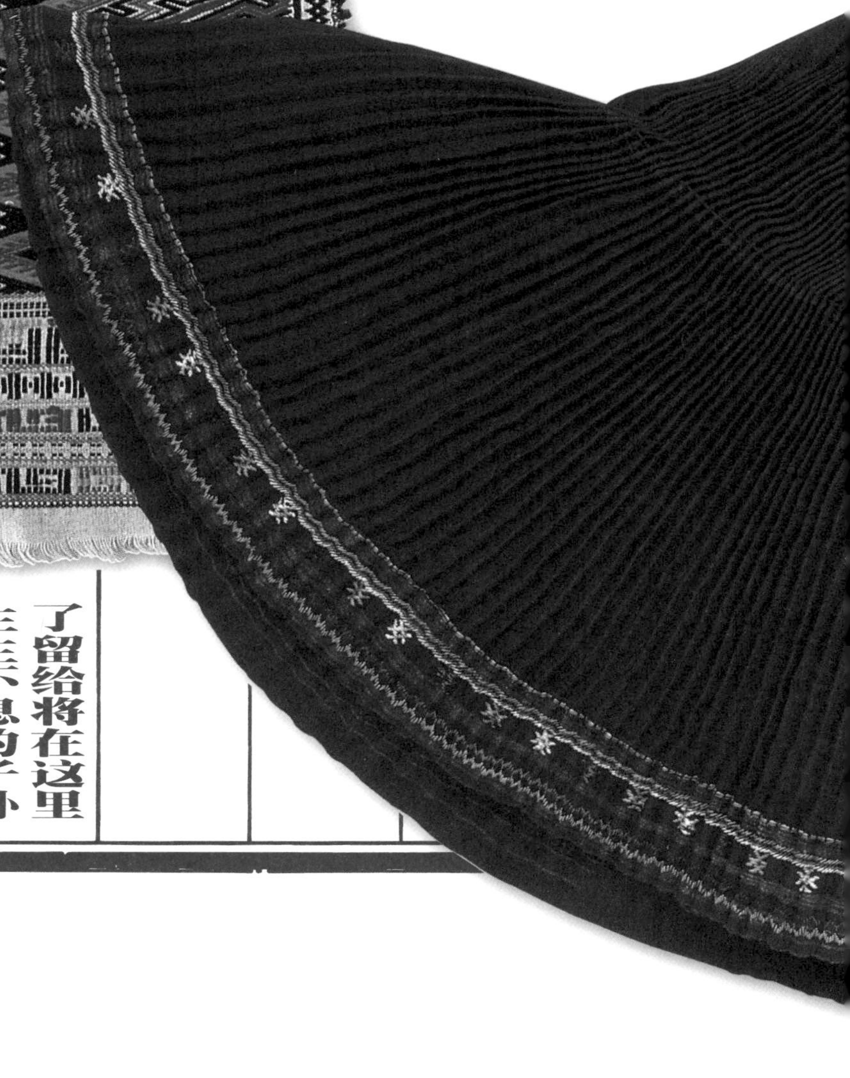

了留给将在这里生生不息的子孙万代，子孙万代不亦乐乎？人类从披挂树叶花草等大自然的恩赐过渡到自己在世界上建造的奇迹，在件件花衣上不断证实。

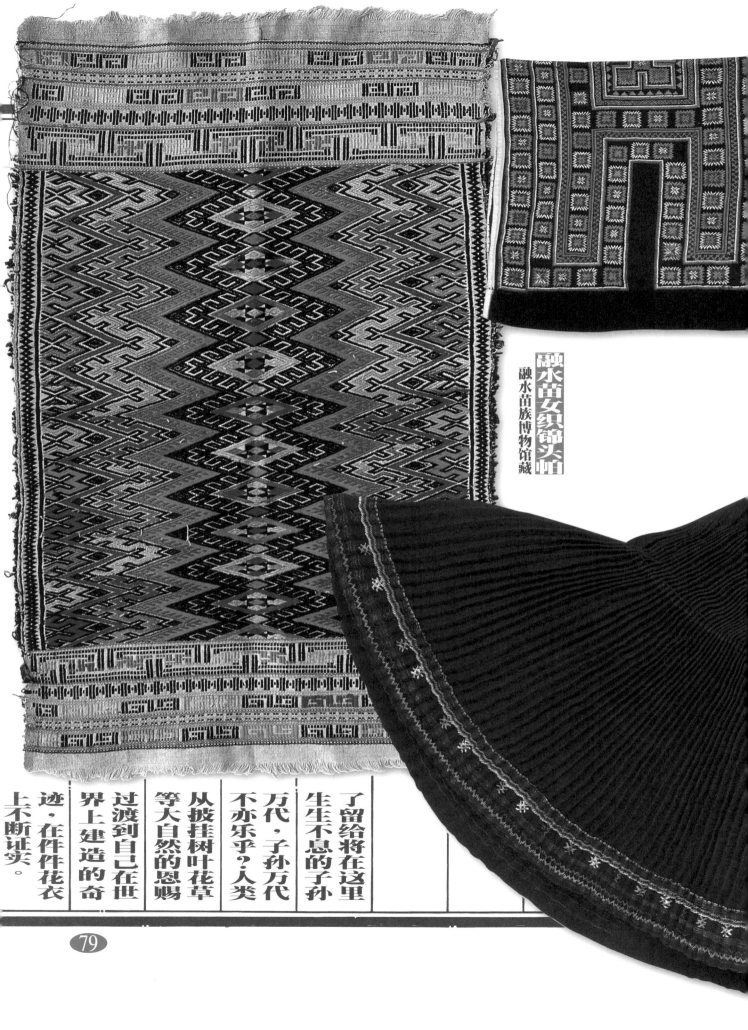

西林白苗女挑花衣镶彩围腰·褶裙 广西博物馆藏

白苗女装带给我们一种轻松欢快的意境。白色的麻布褶裙体现着民族的洁净无瑕，黑色的对襟衣却仍透露出历史的深沉，五彩斑斓的袖、花带、围腰是在这种背景上跳跃着的鲜活的生命。

隆林偏苗女蜡染挑花褶裙

广西博物馆藏

融水苗女对襟绣衣·蜡染褶裙

广西博物馆藏

融水苗族博物馆藏

苗族古歌《开天辟地》中说：天地是由巨鸟科啼生出来的，同时又生出一群开天辟地的巨人神。其时，天像『大撮箕』，地像『大晒席』。作为苗族经久传颂民族创世神话中的一个层面，

融水苗女镶彩绣花胸兜

融水苗族博物馆藏

古歌里的巨鸟依然为许多支系崇拜的形象，并引申为对诸多鸟雀的敬重和模拟，有首苗歌唱道：『姑娘照着锦雉的模样，仔细打扮自己的全身。高高的发髻，像锦雉的羽冠；宽宽的花袖，像锦雉的翅膀；密密的百褶裙，像锦雉的羽尾。』苗家盛大节日里穿着的百鸟衣，花裙带缀结的羽毛随着翩翩舞姿演示出鸟尾的摆动，和着头上顶带的银雀首饰，插在上面的花翎毛，打扮了像鸟雀一样欲飞的苗女。花裙带五彩绣片上的若干个鸟的图纹似乎也活了，展开翅膀扑向百鸟竞翔的旋律——像是衣裳上写出的一首诗。

南丹中堡苗女围腰
南丹文管所藏

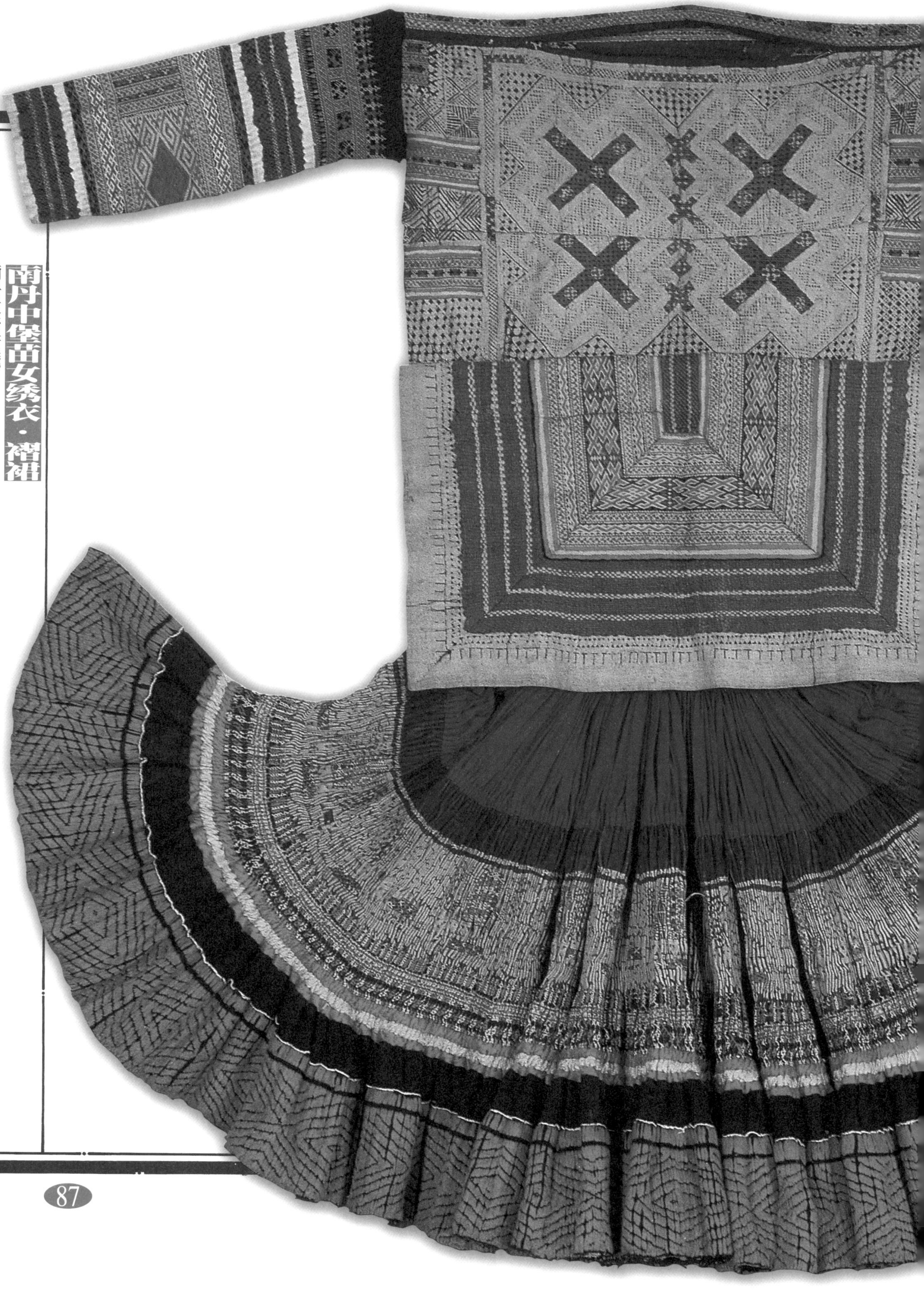

南丹中堡苗女绣衣·褶裙

南丹文管所藏

南丹中堡苗女印染挑绣衣背 南丹文管所藏

苗族的社会组织『鼓社』是以血缘为纽带的氏族组织，社主由本鼓社男女推举，主持祭祖活动，通过不断地提醒民族根系，使之力量凝集。中堡苗绣衣图纹符号所构织出的神秘色彩，仿佛正将我们带进一个场面浩大的祭祀圣坛，参与缅怀先祖创业的静穆之

中。四个醒目的十字符号确定了四方祭坛的庄重位置，而将热烈与喧闹推向周遭。周围红黄色调挑绣出的神竿祭祀场面中，如若有千万吹芦笙的苗家后生跳起激扬的『踢竿舞』。神竿是雄性力量的象征，是立地顶天与神沟通的精神支柱。神竿下狂舞欲醉的苗家男女，更清醒祖先寄予的重托——民族生命的延续。

三江程阳侗族女扒花衣
三江侗族博物馆藏

在颈项部位设置饰物的最初目的是为了提示头颅的重要，因为识别人与动物根本准则就在于面孔与理智，而二者都在头上。因而头部就需要渲染烘托，就需要最安全的护符。

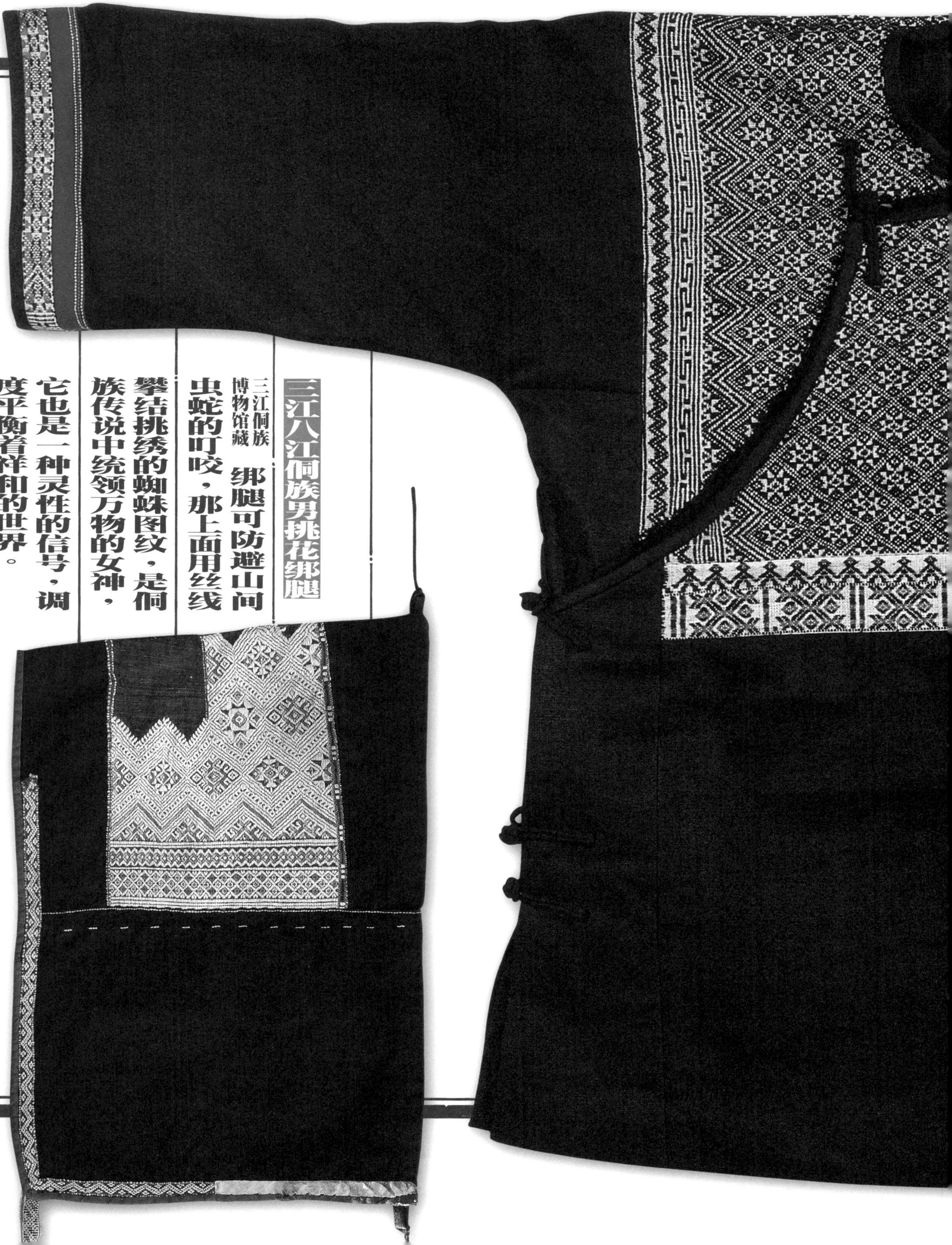

三江八江侗族男挑花绑腿

三江侗族博物馆藏

绑腿可防避山间虫蛇的叮咬，那上面用丝线攀结挑绣的蜘蛛图纹，是侗族传说中统领万物的女神，它也是一种灵性的信号，调度平衡着祥和的世界。

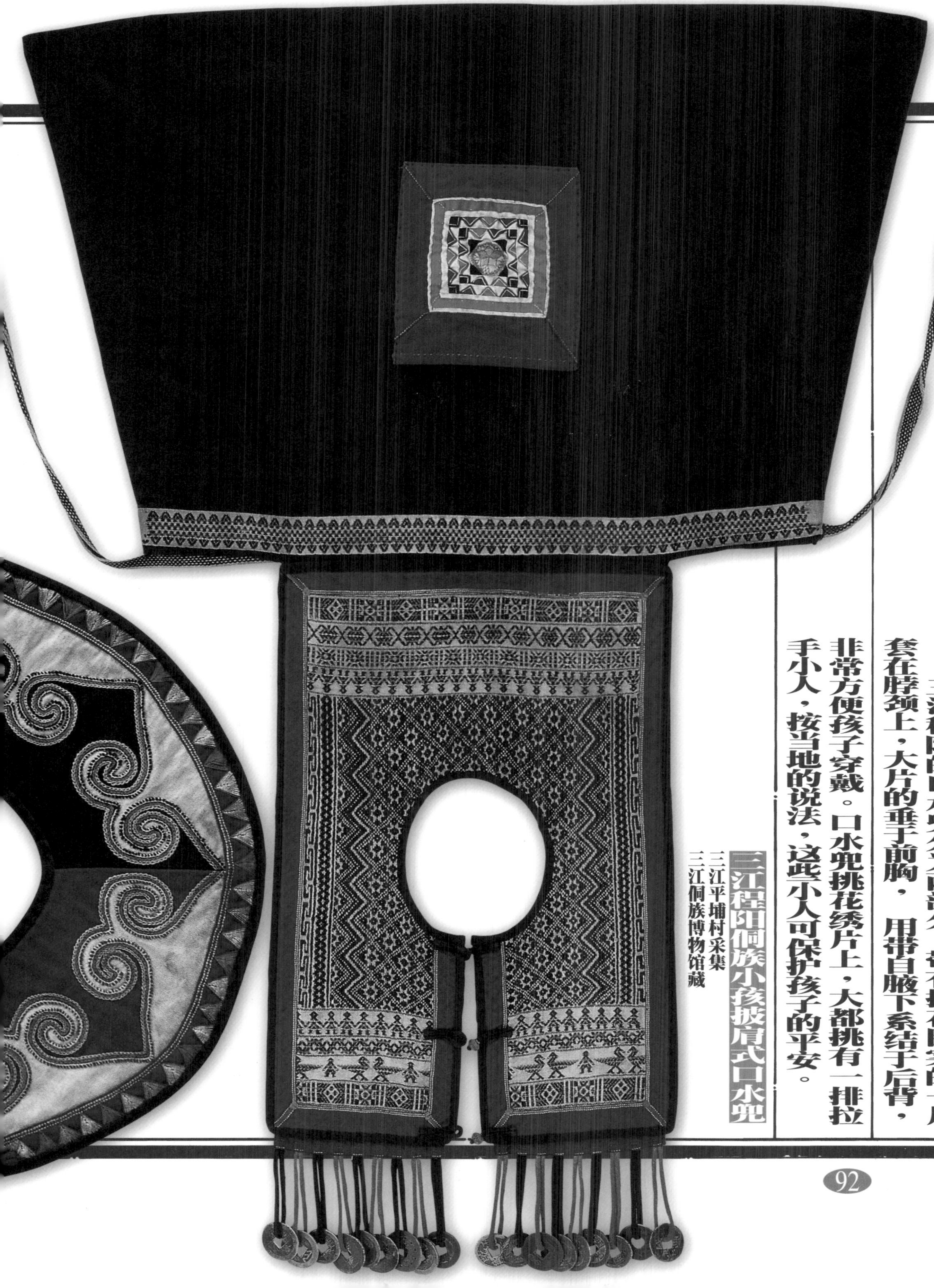

三江程阳的口水兜分为两部分，带有挑花图案的一片套在脖颈上，大片的垂于前胸， 用带自腋下系结于后背，非常方便孩子穿戴。口水兜挑花绣片上，大部挑有一排拉手小人，按当地的说法，这些小人可保护孩子的平安。

三江程阳侗族小孩披肩式口水兜

三江平埔村采集
三江侗族博物馆藏

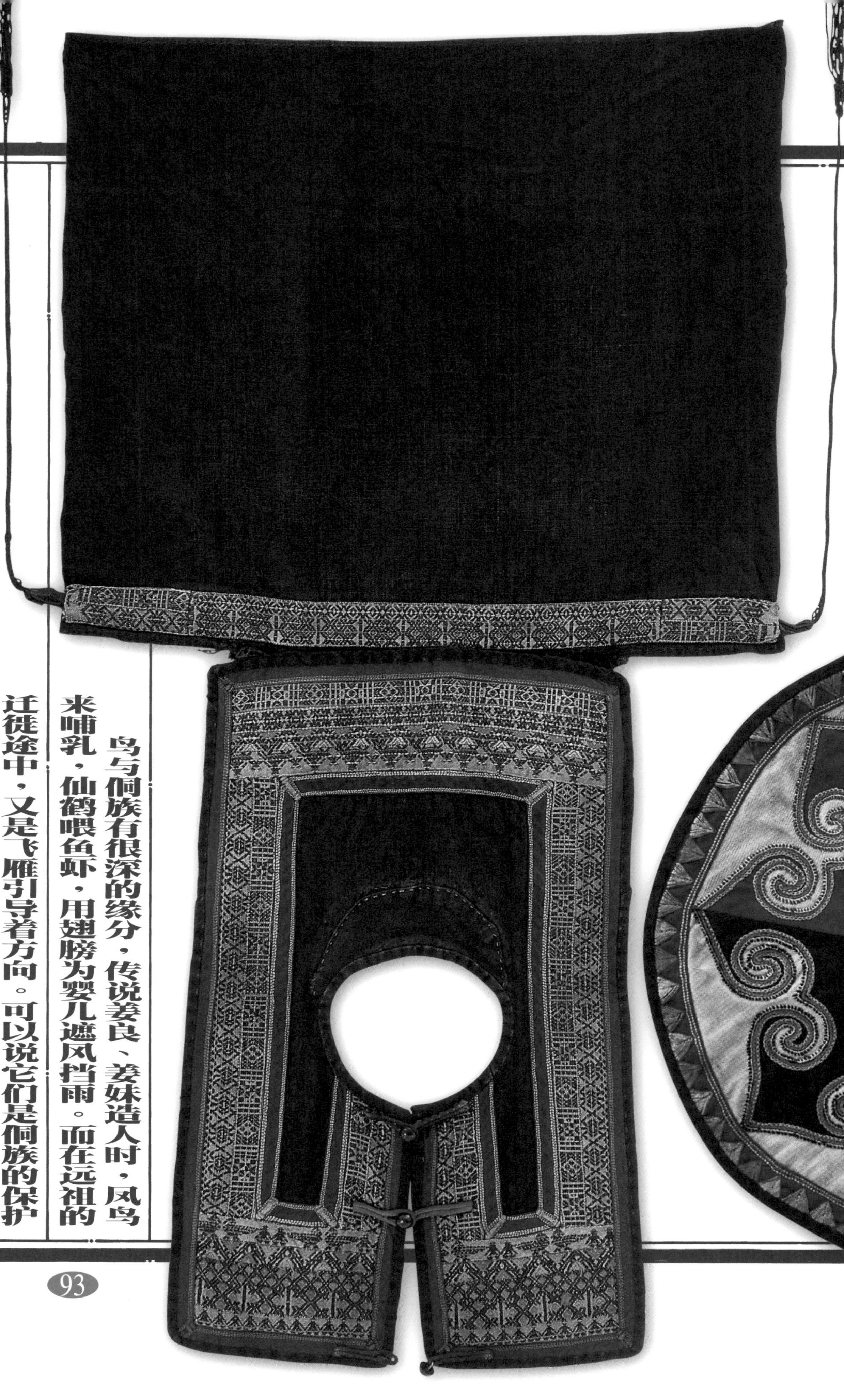

三江平埔侗族小孩口水兜

三江侗族博物馆藏

三江程阳侗族小孩口水兜

博物馆藏

鸟与侗族有很深的缘分，传说姜良、姜妹造人时，凤鸟来哺乳，仙鹤喂鱼虾，用翅膀为婴儿遮风挡雨。而在远祖的迁徙途中，又是飞雁引导着方向。可以说它们是侗族的保护神。挑绣在小孩口水兜上的大鸟，也具有这样的意义。

三江独峒侗族小孩口水兜

三江独峒乡
吴圆海娘绣

三江独峒侗族小孩口水兜

三江独峒乡
吴圆海娘绣

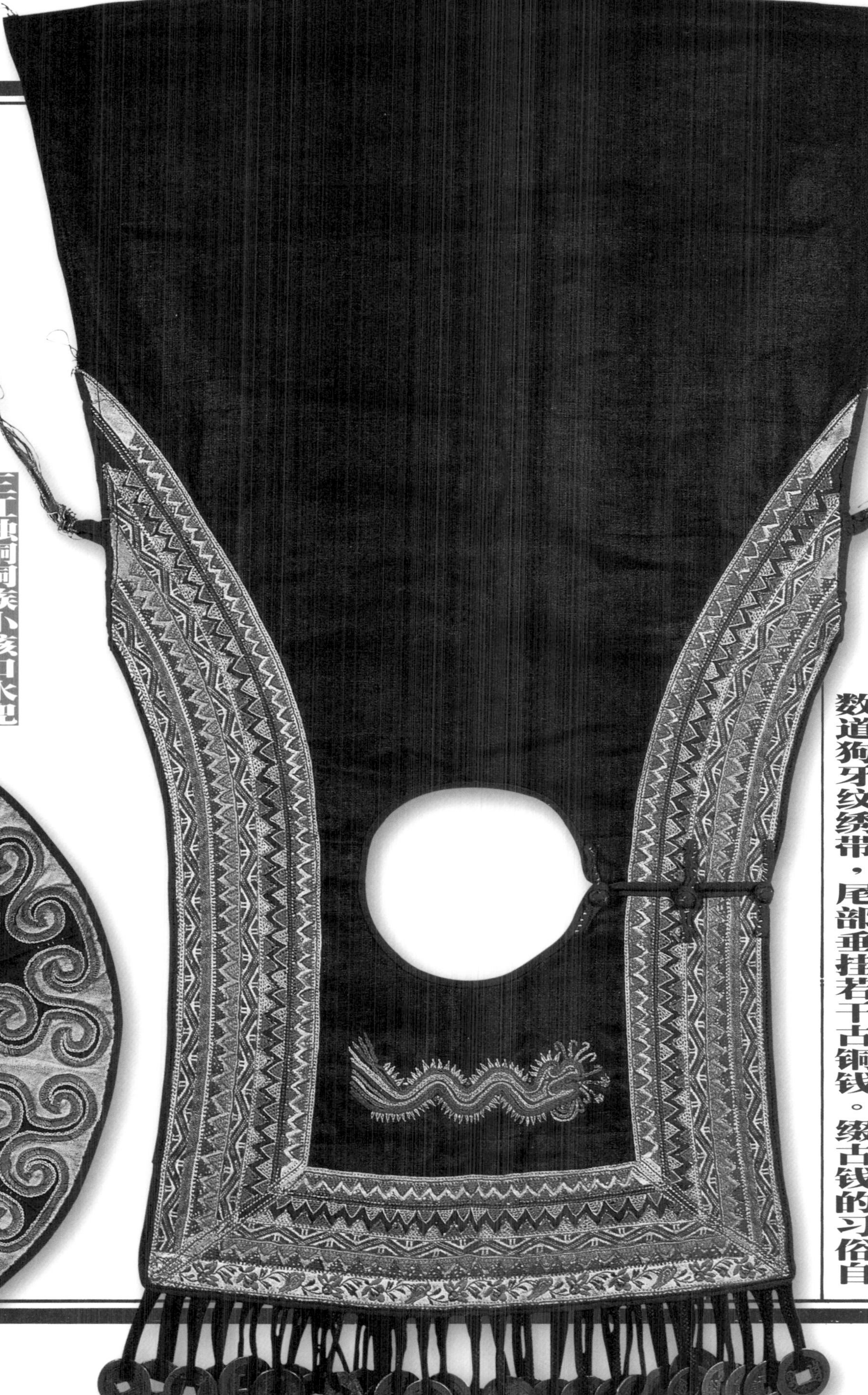

独峒的小孩口水兜是一个完整的形体，肩部侧开口，自腋部至后背镶数道狗牙纹绣带，尾部垂挂若干古铜钱。缀古钱的习俗自

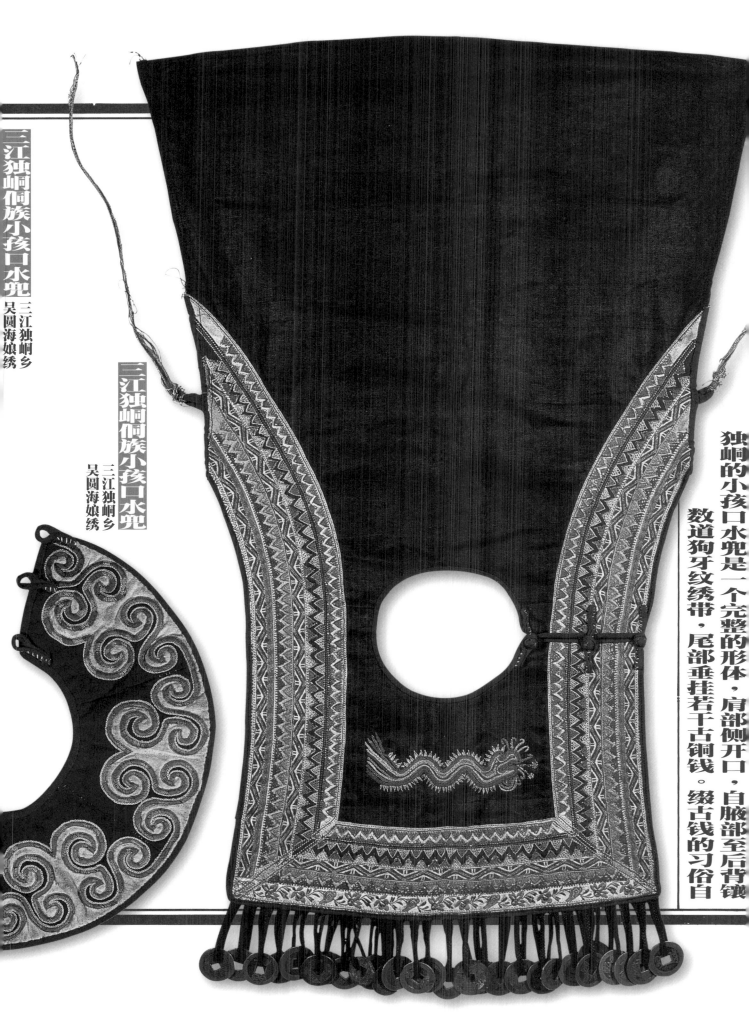

三江独峒侗族小孩口水兜

三江独峒乡

杨共国奶绣

古已有，实际作用大概是可丁冬作声发出信号，让大人知道孩子的行踪。古钱同时也是吉祥、财富的象征，其『内法地、外法天』的造型，是贯通阴阳、规矩动静世态的图符。在古代金文中就有负贝于双肩的人形，很像民间刘海戏金蟾的图画。侗家小儿在口水兜上挂铜钱的风俗，是否与之有着某种关系呢？

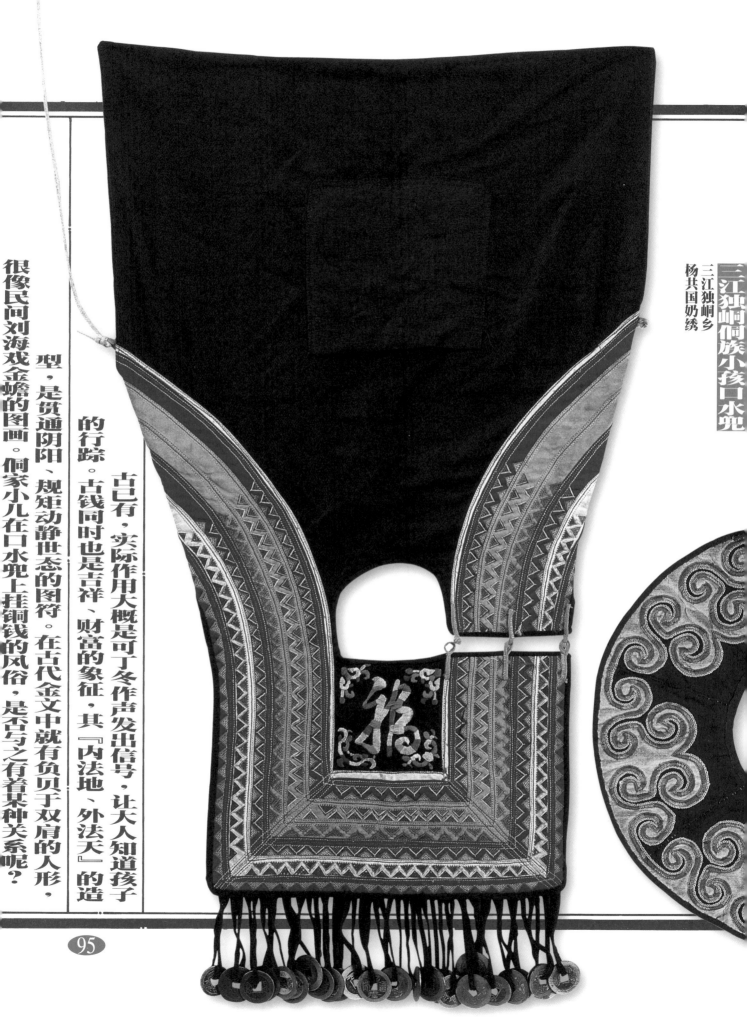

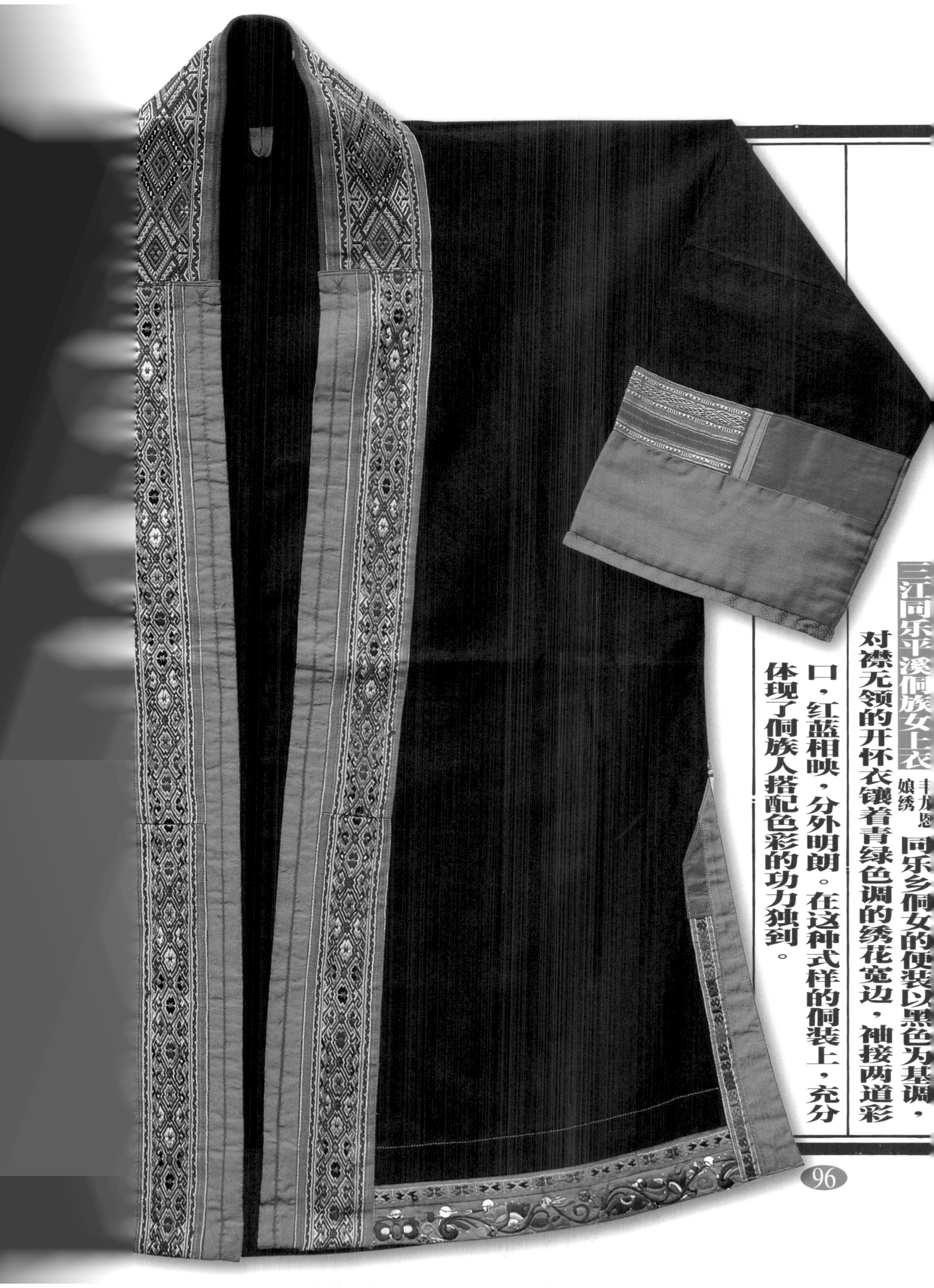

三江同乐平溪侗族女上衣

丰龙恩娘绣

同乐乡侗女的便装以黑色为基调，对襟无领的开怀衣镶着青绿色调的绣花宽边，袖接两道彩口，红蓝相映，分外明朗。在这种式样的侗装上，充分体现了侗族人搭配色彩的功力独到。

红色的运用在蓝、黑的基调中是需要小心谨慎的，袖口的大块与开气处的小块恰当地摆好定势，花边中的细碎点缀形成了和谐。小心翼翼是因为必须保证整体的稳重，大胆泼彩是因为生命内在活跃的灵魂。敞开的胸怀间是黑色的胸兜，颈口处三层镶彩，一是海蓝色，二是刺绣，三是彩锦带，极尽繁复之工托起生动的面容、丰富神秘的心界。

三江同乐平溪侗族女胸兜

覃景义娘绣

三江富禄岑旁侗族盛装女裙

陈仁奶绣

三江富禄岑旁侗族女衣 陈仁奶绣

清代三江独峒侗族男芦笙衣 杨湖峰藏

芦笙衣是侗族祭祀庆典时男子舞奏芦笙所穿的一种特殊衣装。《迈祖歌》中描述古代侗族部落首领的形象：『额上飘扬鹇雉羽，一把银剑竖耳旁，肩披红色绒毛毡，连甲战袄闪光照，腿着白色紧身裤，

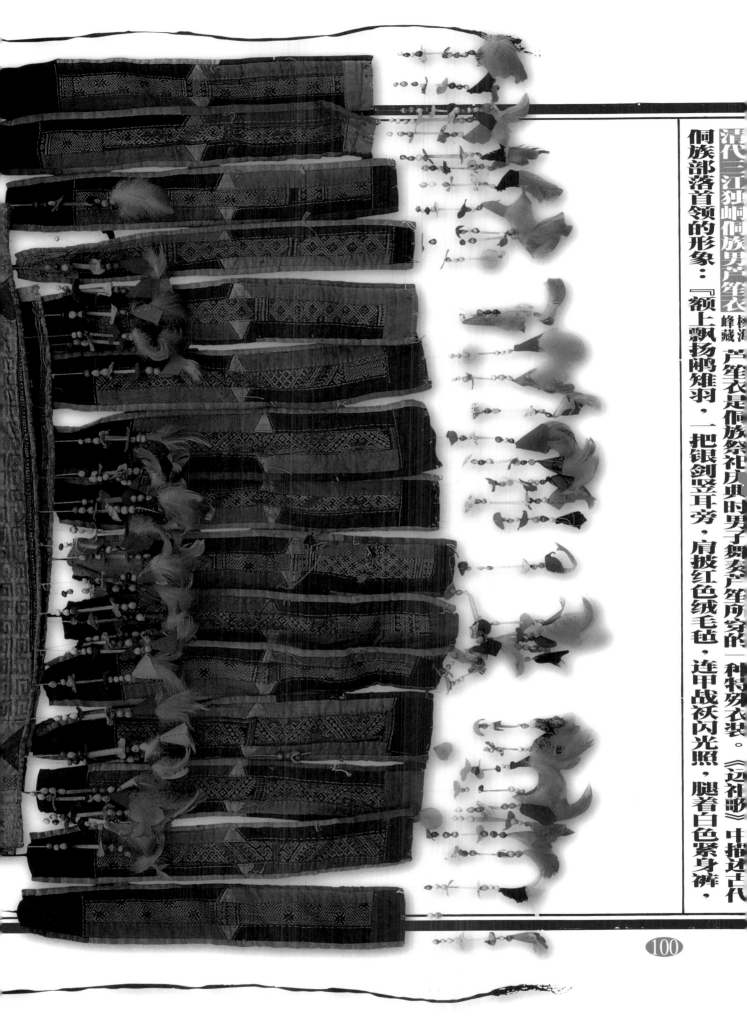

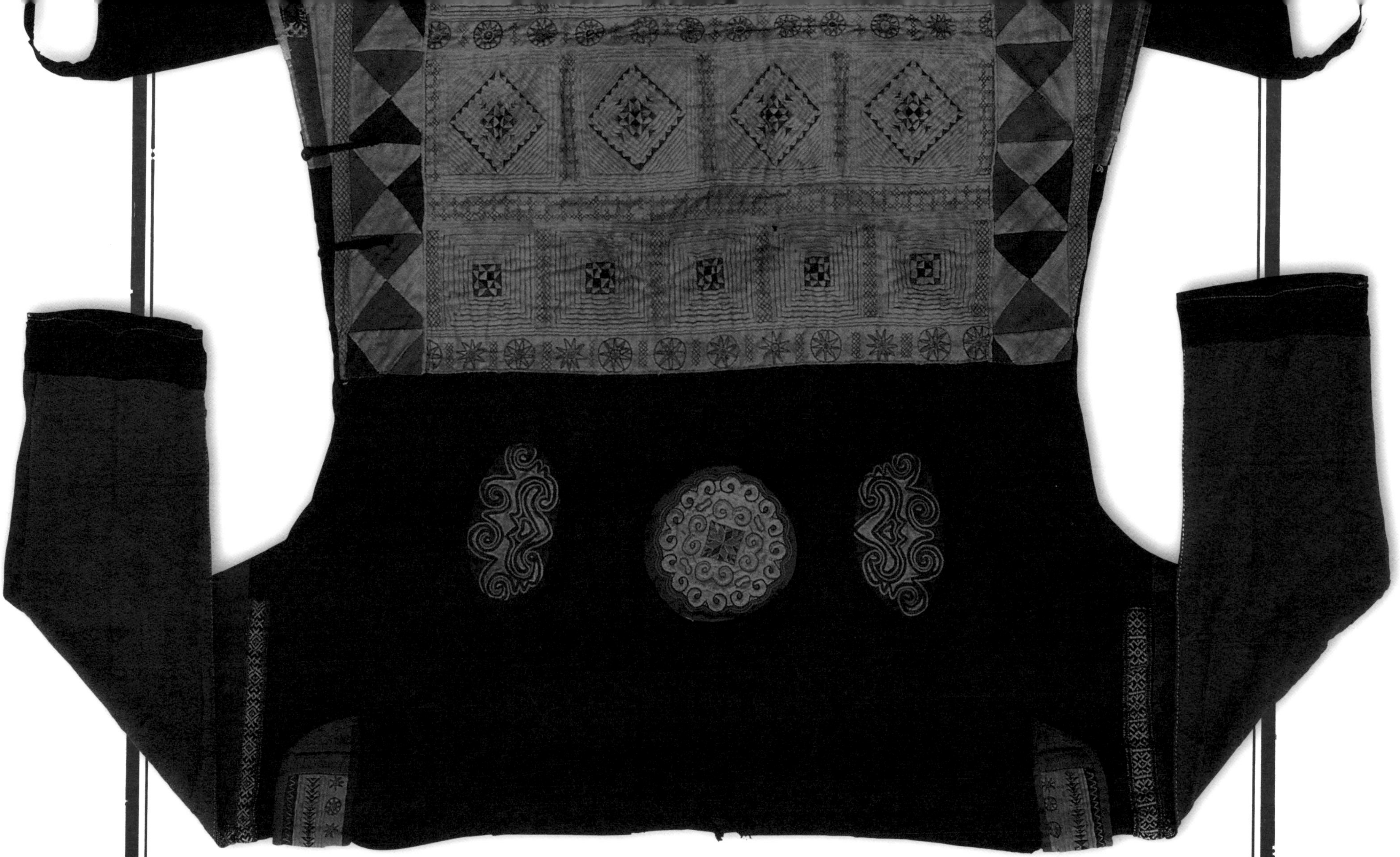

羽帘条裙随风扬　身穿水帘白羽衣，龙须宝剑挂身旁。』这样的打扮，很像着芦笙衣的侗家男子。帘裙上一条条的挑花片，其实是原始时期人类以毛皮、树叶、鸟羽、草实穿串结成衣的遗迹。侗族人居住的各地都有祭祀始祖母萨天巴的传统，三五年一小祭，十年一大祭，以诵、唱、舞的方式追念这位至高无上的神灵，而芦笙舞是仪式中最为重要的。古朴而又华丽的芦笙衣在祭祀礼中渲染出冥冥洪荒的远古时代，令今天的人们看到创世大业中的先民风姿。

三江独峒侗族男芦笙衣

杨峰 祖绣

三江独峒侗族女求裙·花帽 广西博物馆藏

就像神话故事中变成仙女的神鸟脱下的羽衣，放在阳光下晾晒，却被我们无意中瞧见，我们因此而得知仙女的来历——正是一件件美丽的百鸟衣，使摆脱了动物属性的侗家人在从蒙昧走向文明之后，仍不断地梳理着压在箱底的故事，以往日的记忆省思今天。那臂膀上的白羽是巨翅的缩影，扇动着高天云气拥抱太阳，那裙下的白羽是长尾的写照，摆动着风水抚摸大地。百鸟衣是一首可观赏的诗歌，感天动地！

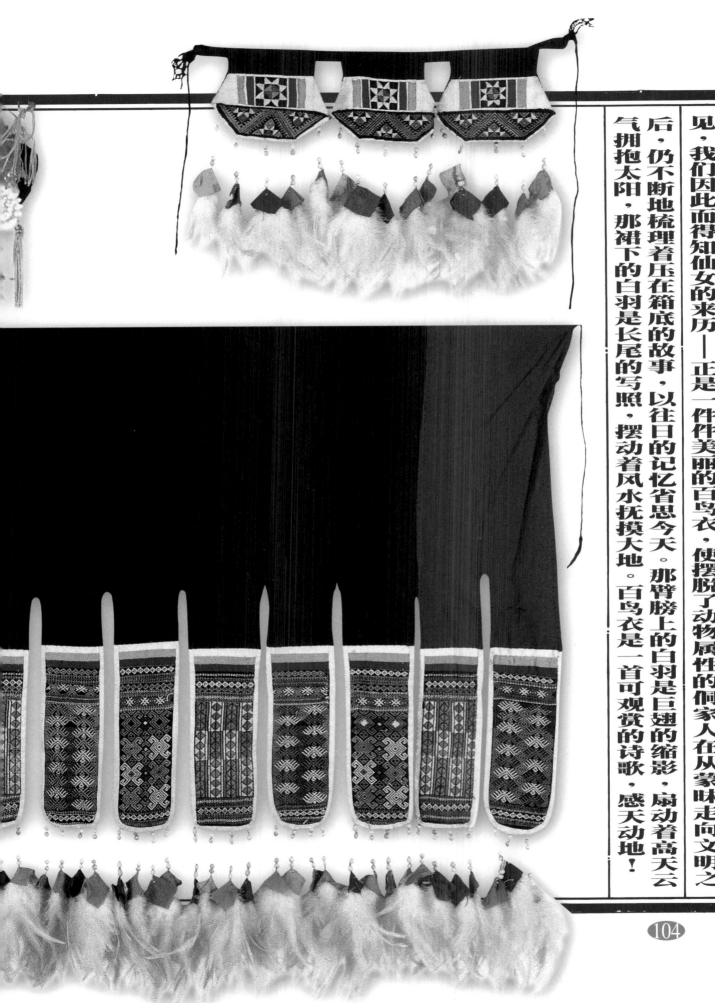

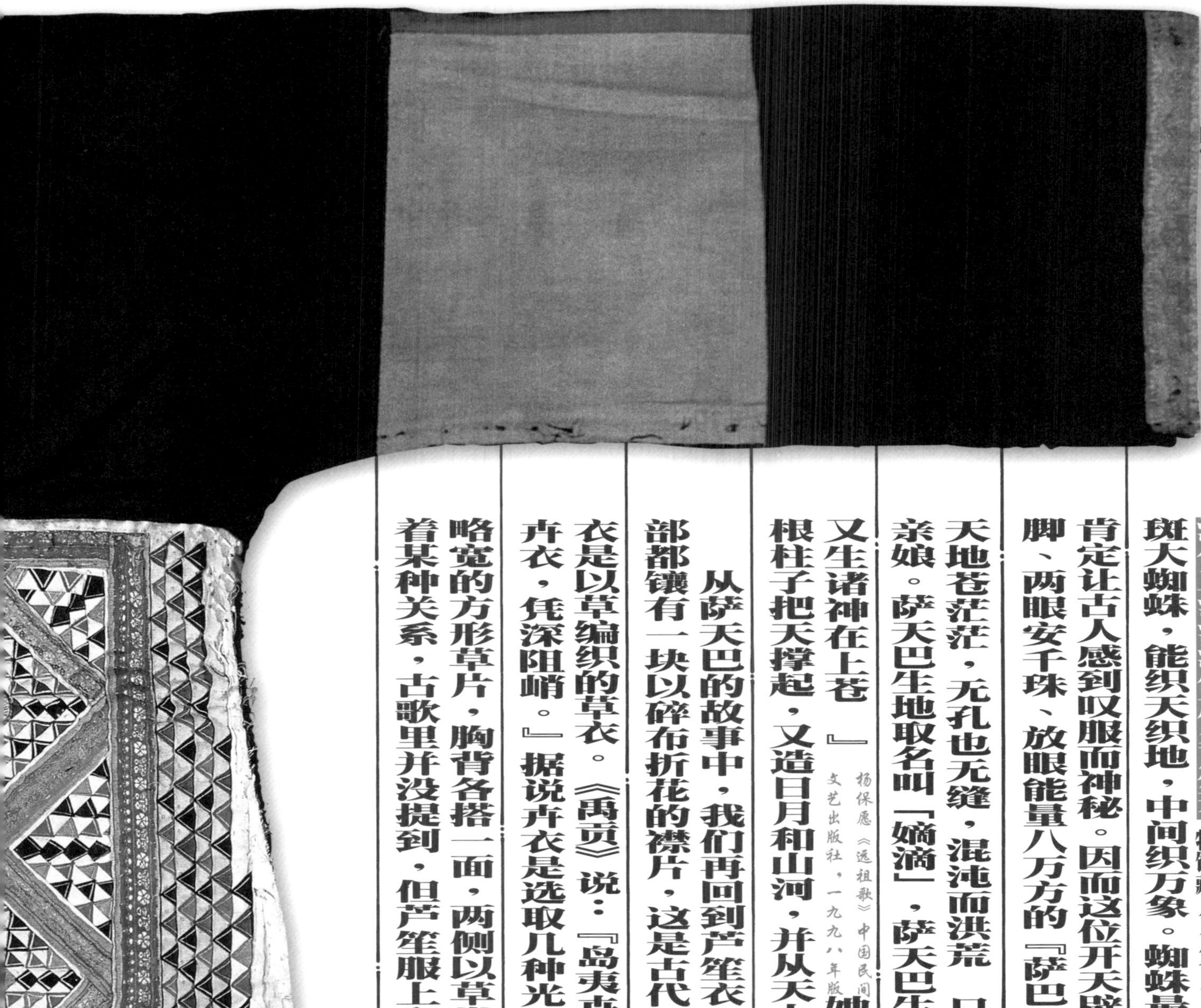

清代三江洋溪侗族男芦笙衣 柳州博物馆藏

侗族创世大母神萨天巴，在世间的形象是一只金斑大蜘蛛，能织天织地，中间织万象。蜘蛛最令人惊佩的本领乃是结网，其精美程度肯定让古人感到叹服而神秘。因而这位开天辟地的女神，就成了一个有四只手和四只脚、两眼安千珠、放眼能量八万方的『萨巴』。《远祖歌》中说：『远古那时光，天地苍茫茫，无孔也无缝，混沌而洪荒 只懂有个祖婆萨天巴，传说她是天地的亲娘。萨天巴生地取名叫「嫡滴」，萨天巴生天取名叫「乌闷」，地是摇篮为母体，又生诸神在上苍』杨保愿《远祖歌》中国民间文艺出版社，一九九八年版 她又率领姜夫、马王二神修天地，用四根柱子把天撑起，又造日月和山河，并从天上撒下种籽，从此大地万物生长。

从萨天巴的故事中，我们再回到芦笙衣上，三江洋溪的芦笙衣，前后两襟的下部都镶有一块以碎布折花的襟片，这是古代『卉衣』的遗风。卉是百草的总称，卉衣是以草编织的草衣。《禹贡》说：『岛夷卉衣。』《后汉书·南蛮传》载：『鏤体卉衣，凭深阻峭。』据说卉衣是选取几种光滑而又有韧性的草，用手工编织成比肩略宽的方形草片，胸背各搭一面，两侧以草带系结。擅织的女神与卉衣之间是否有着某种关系，古歌里并没提到，但芦笙服上彩布折叠编结的放射状的纹路，却像一

面面闪动着彩色的蛛网，就像『混沌而洪荒』中，萨天巴『织天又织地，中间织万象』所留下的杰作。

芦笙衣黑底钉镶着红黄色布，及其前后襟片上的碎布折花网纹，布出一个幽深莫测的境界，使穿上它的人不由浑身生出灵性的感应。

环江毛南族女衣裤

广西民族大学藏

在宋代史籍中，有记载今毛南族居地为『茅滩』的名称，其先民应是古代越的一支，由于历史上『蛮夷』所遭受的歧视，有些毛南族人的族谱里便写成是来自外省的汉族。这种现象也反映于他们的衣装之中。

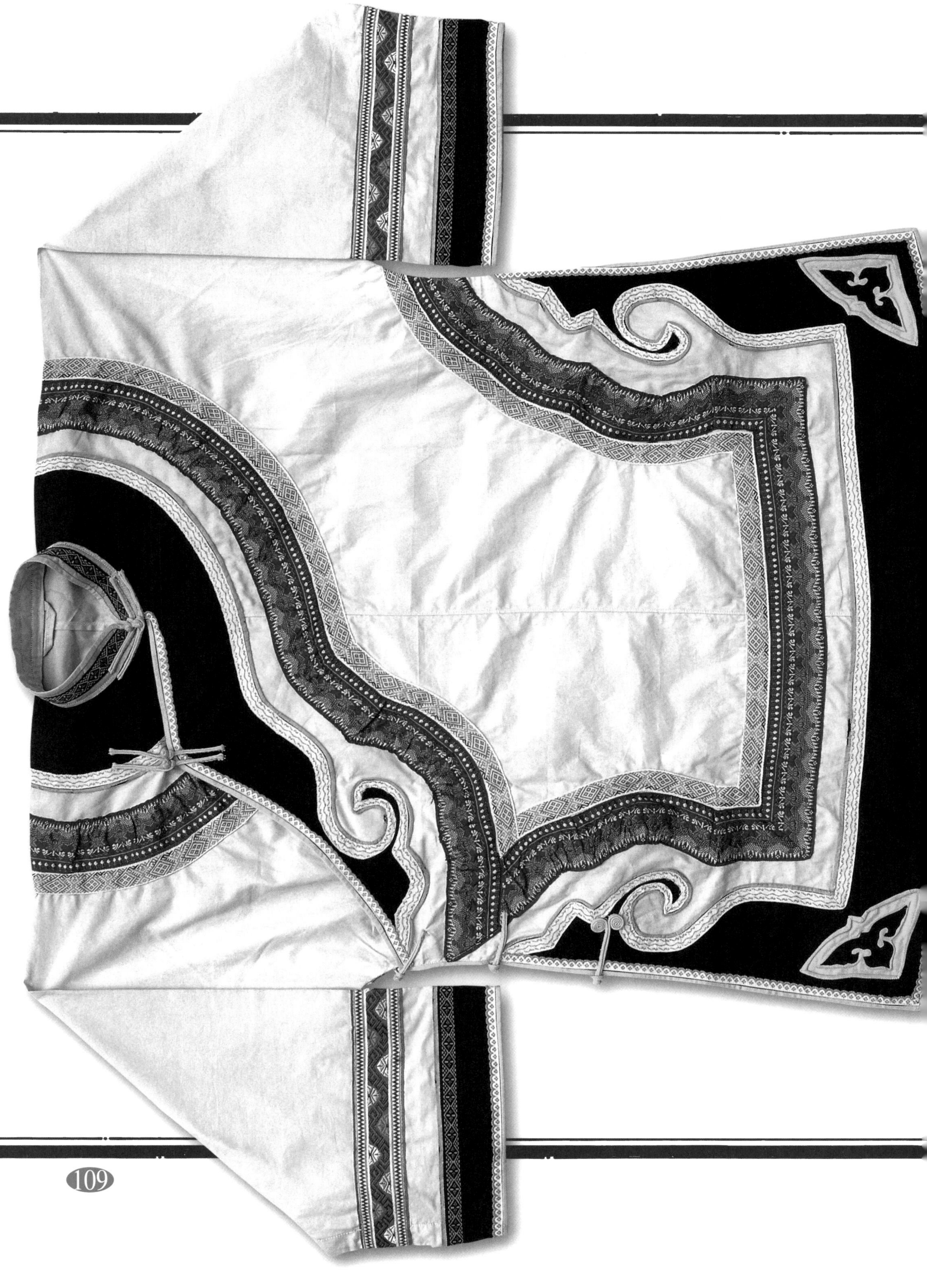

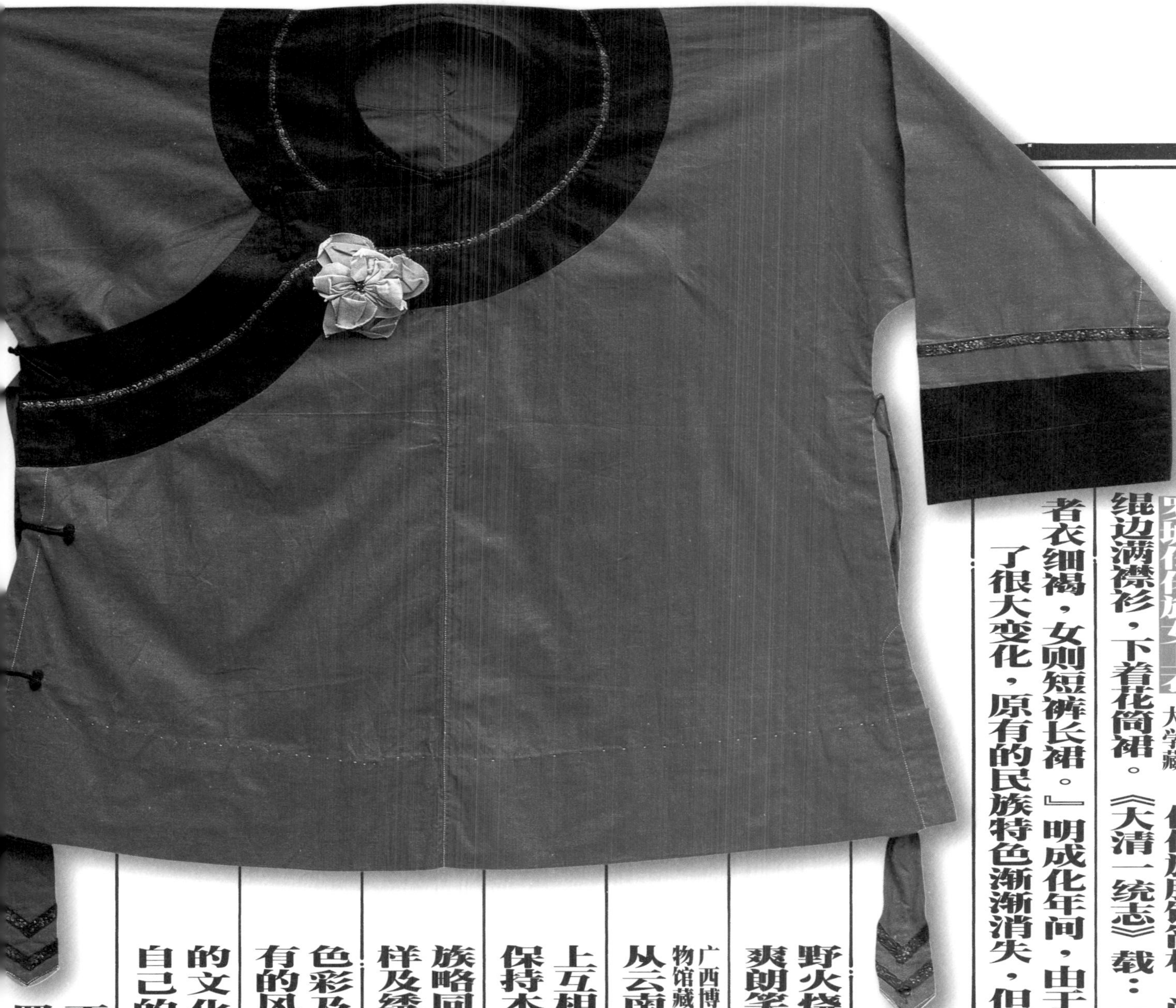

罗城仫佬族女上衣 广西民族大学藏

仫佬族服饰简朴，尚青色，明代以前，妇女上穿宽身阔袖的绲边满襟衫，下着花筒裙。《大清一统志》载：『姆佬即僚人，服色尚青，男衣短裤，老者衣细褐，女则短裤长裙。』明成化年间，由于统治阶层强令仫佬族人改装，服装发生了很大变化，原有的民族特色渐渐消失，但尚青的习俗依然如故。这件上衣青布作基，领袖沿黑色阔边，简朴极致中缀结一枚红黄布簇成的小花于胸前，就如同野火烧不尽的原野之中，清风拂出一串报春的爽朗笑声。

清代隆林德峨黑彝女刺绣无袖夹衫 广西博物馆藏

隆林德峨的彝族，传说早在唐宋时期从云南东川迁来，他们与当地各族杂居，生活上互相交流，共求生存，大多数彝族的着装仍保持本民族特点，节日的盛装与云南、四川彝族略同。清末民初时，有富庶人家模仿汉族式样及绣花谱本的现象。这件无袖夹衫的面料、色彩及花鸟绣纹，显然已不是彝族无袖衫原有的风范。引发我们深思的是，一种处于弱势的文化在强势文化的冲击下，是否应该以自己的消失作为代价？应不应该消失？如果不是的话，两个方面应当怎样摆正位置，试着恰如其分地磨合。

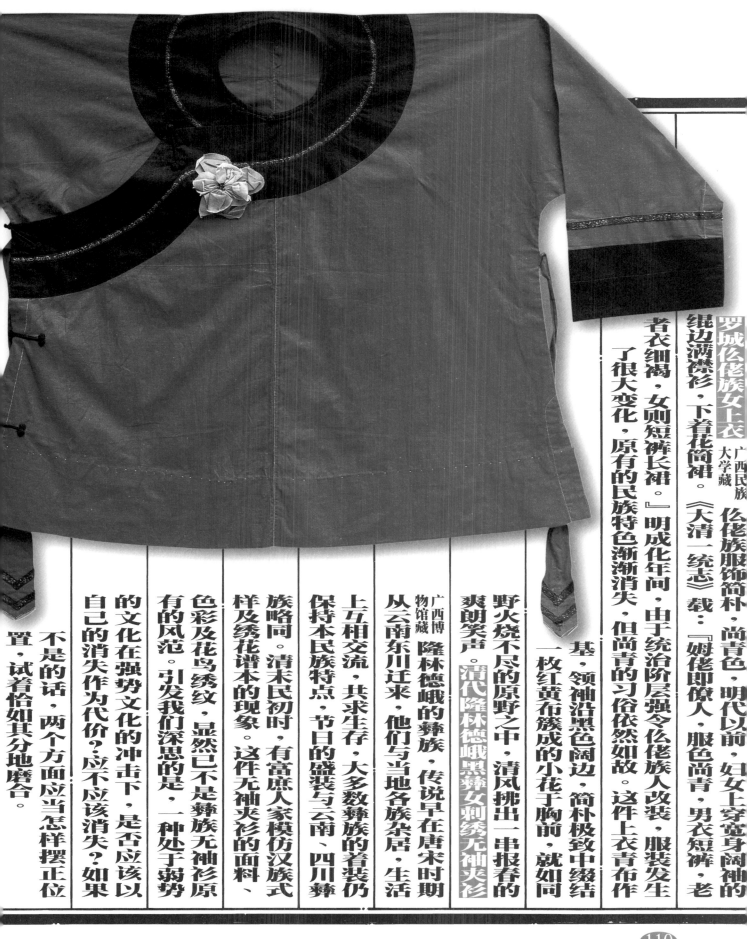

白色土布衣上缀锡制的星粒，胸前所佩『挡花』是太阳的图案。肥大的黑色平膝三角短裤不作花饰，却衬出了鲜艳的彩珠璎珞和缀星的花带。整衣素朴中藏华贵，简洁中寓丰盛——扯来白昼的天空，怀着日头，摘撷星星

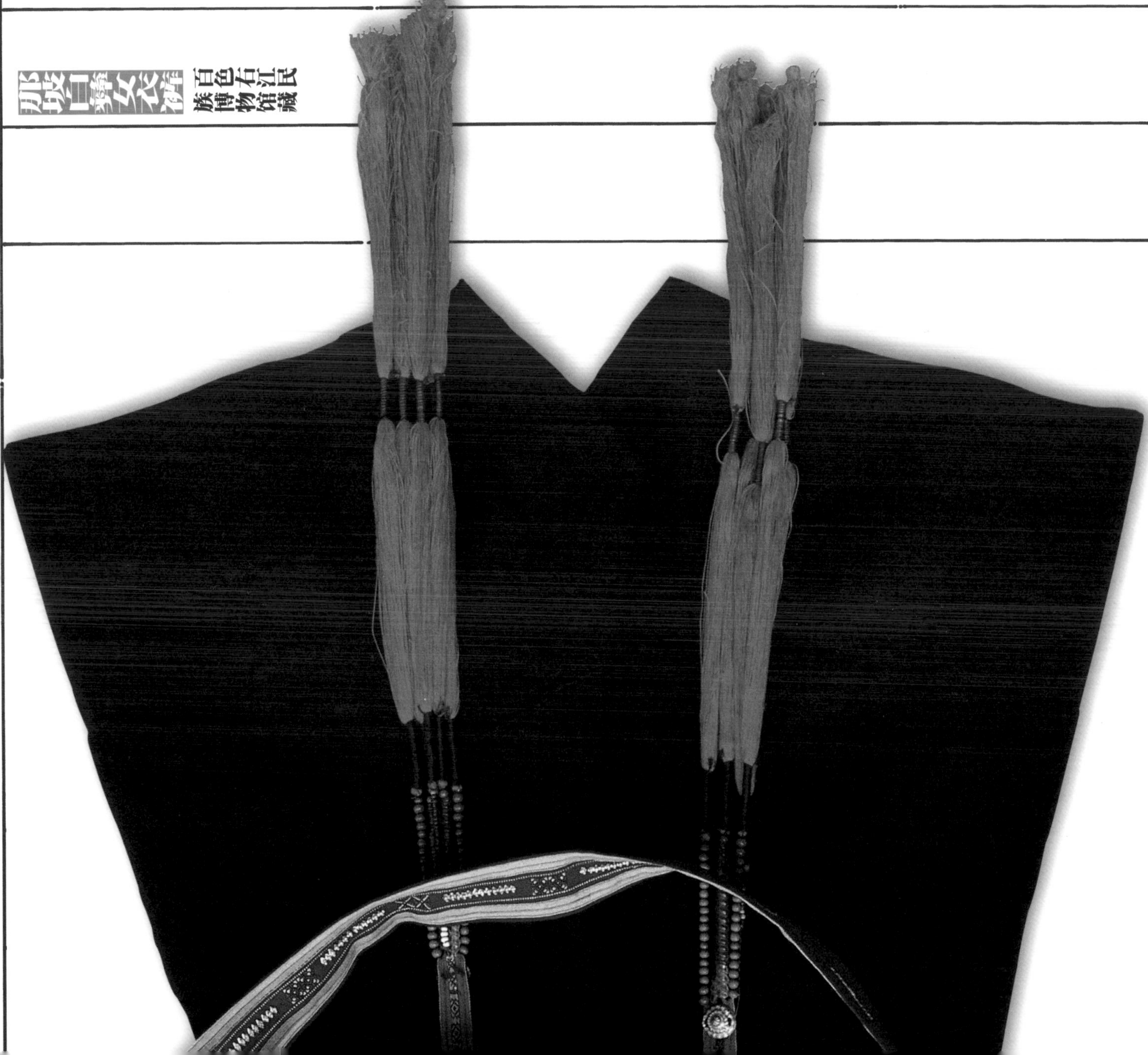

那坡白彝女衣裤 百色右江民族博物馆藏

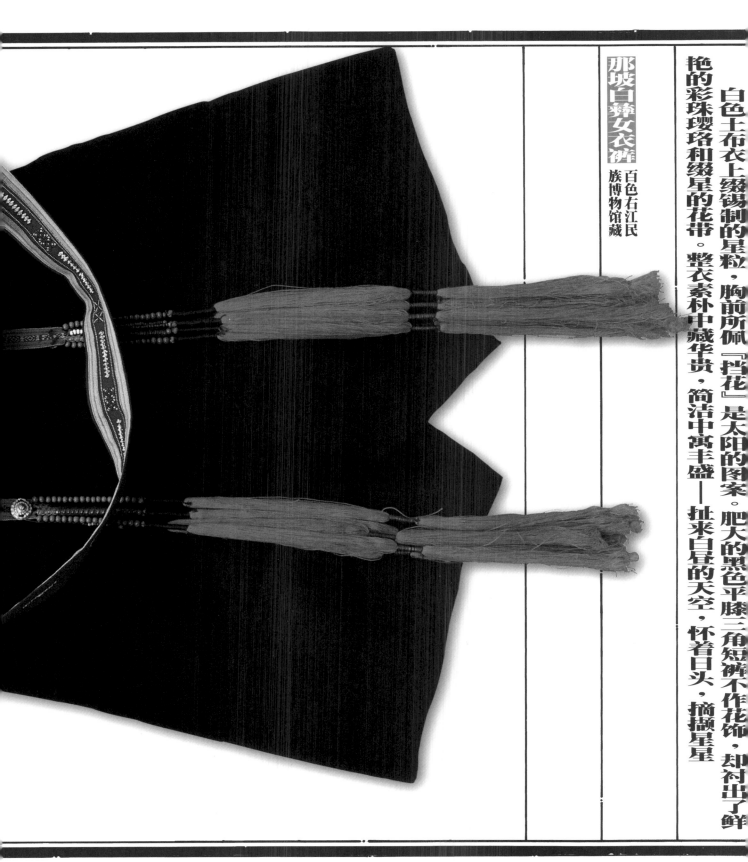

那坡彝族村寨传统的社会组织『议事会』，由『摩哺』管天，『萨哺』管地，其地位都由世袭。『麻公爸』是『跳弓节』的头面人物，要扮演古代战争中的将军，是由『摩哺』于正月初三以占卜的方式决定由谁来担任，一般是在村里具有一定威望、年富力强、机智勇敢，有责任感及家庭和睦的已婚男子。『麻公爸』可有两位，他们的妻子，也理所当然地成为『麻公妈』。

麻公爸与麻公妈都要穿上特殊的衣服。麻公妈的衣服是土布蜡染的长袍，上面布

那坡彝族『麻公妈』衣

那坡念甲乡者祥村

岑秀英制　那坡博物馆藏

那坡彝族『麻公妈』衣

那坡城乡镇采集
那坡博物馆藏

满蓝白相间的日月星辰图纹，是彝族创世神话里的图像。麻公爸的衣服为黑色土布短袖加接白布内套长袖，宽松及膝三角短裤，腰扎缀银星的五彩织锦带，颈围手织格巾，一身轻捷利落的打扮。跳弓节的日程，主要是祭祀『竹灵』，据说竹子赐予人类的生命。在麻公爸与麻公妈的引导下，全寨男女老少进入舞坪，围绕着金竹丛翩跹起舞，尽兴表达对祖先的崇敬之情。

那坡彝族『麻公爸』衣裤

那坡念甲乡者祥村采集

百色右江民族博物馆藏

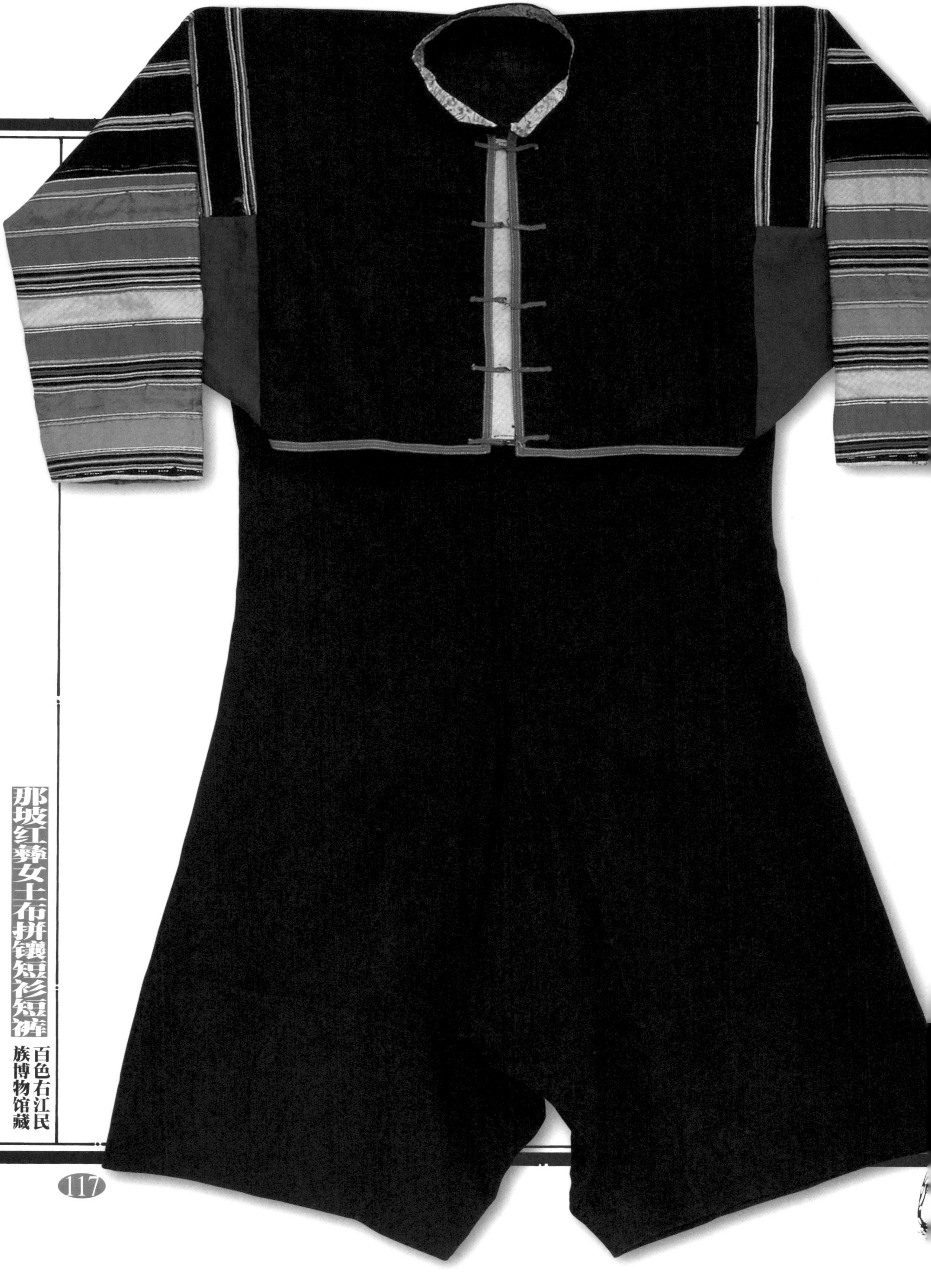

那坡红彝女土布拼镶短衫短裤

百色右江民族博物馆藏

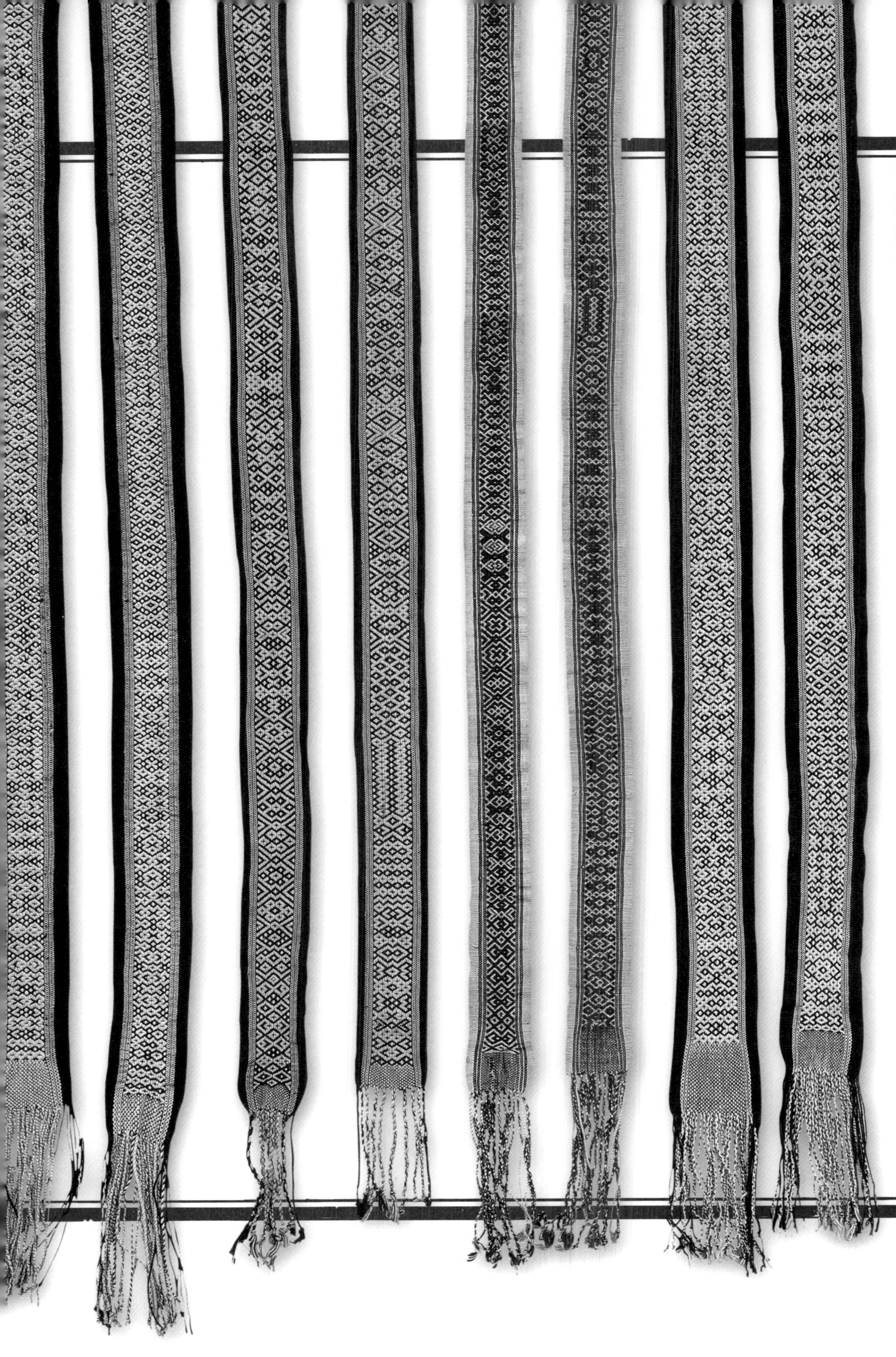

山寨里的女子闲暇时便聚在一起织花带，供自己和家人使用。不同花色的花带带着各自民族的经纬，或镶在袖口裤脚，或缠扎在头顶，或系结在腰背，在山风的摆弄中活泛着人的动态。

罗城仫佬族花带

罗城四把乡大梧屯
吴掉銮织

金秀花蓝瑶花带
金秀瑶族博物馆藏

隆林德峨白苗衣带
族博物馆藏

融水同练瑶族师公服挑花带

金秀瑶族博物馆藏

师公是传说中具有天人沟通法术的巫师，师公服上的图案，大多描绘远古创世神话中的图景。花带上浩渺的烟波和水纹、撑天的古树与拉手的小人儿，构成了瑶族先祖天地人三界的宇宙宏观。

金秀蓝靛瑶男头巾

金秀六巷乡采集

金秀瑶族博物馆藏

帽子的花色式样在广西各民族中难以数计，且都有各自的民族特色。由于版面限制，在此仅摘取几种在卷四中不曾出现的式样。

三江林溪平埔侗族娃崽帽

杨爱月藏

三江林溪的娃娃帽以青黑两色布制成帽身，红结顶带，帽身钉缀太阳图案的银

质圆片，两串银珠排列在帽脸处，托着点翠的花字片与中间的佛爷。

三江八江侗族娃崽帽

三江侗族博物馆藏

太阳崇拜的远古遗风在孩子的身上体现得尤甚，据说有太阳纹符在，可使娃娃不遇病灾。八江童帽红蓝黑与银色的交映，斗出一种生命神圣崇高的光彩。

罗城仫佬族女帽

罗城文管所藏

清末民初时，仫佬族服装渐趋汉化，这种老年妇女戴的圈帽便是当时风靡的样式。但纹样中仍能看出仫佬族传统的混沌花的痕迹，绣花绕帽一圈，给萧瑟的秋冬之季添了一份春意。

南丹月里壮族娃崽帽

莫姝如制

壮族花帽种类很多，这顶最有代表性。帽顶上的花蝶重合的图案，曾普遍出现在娃崽的背带上。将花视之为保护神，是因为壮族创世神话中的始祖母米洛甲就是自花中生出。花中套花或物象重合的造型手法在民间艺术中多见，劳动者在艺术创造过程中认识与思维的本色方式，使造型的象征达到了理想的境地。

南丹中堡苗娃崽帽

南丹文管所藏

中堡苗的小孩花帽与其民族衣服的图案色调极其吻合，帽上的红黄色挑花纹和谐成温暖的色调，红色的缨穗又使之更添一份热烈。『吉玉鸟』的形象在帽上萃集若干，如若鸣唱着迎接明天的太阳。看来花帽的作用不只是保暖，依照着各民族文化传承约定俗成的程式规范，制成的一顶新花帽就有了护佑平安的精神功能。

将花鞋垫、麻布鞋作为情感的象征物赠送给心上人，是广西许多民族盛行的风俗。桂西一带壮族的小伙子在三月三的歌圩上对歌，如果遇到情投意合的姑娘，便会向她讨要白布鞋和花鞋垫作为定情之物。姑娘若有意，便会如约相送。如两只鞋子留下线头用死结系住，小伙子就明白了姑娘的意思『生死相连，永不分离』。如果线头打了活结，一拉就开，则表示已有了对象。

有时候，姑娘有

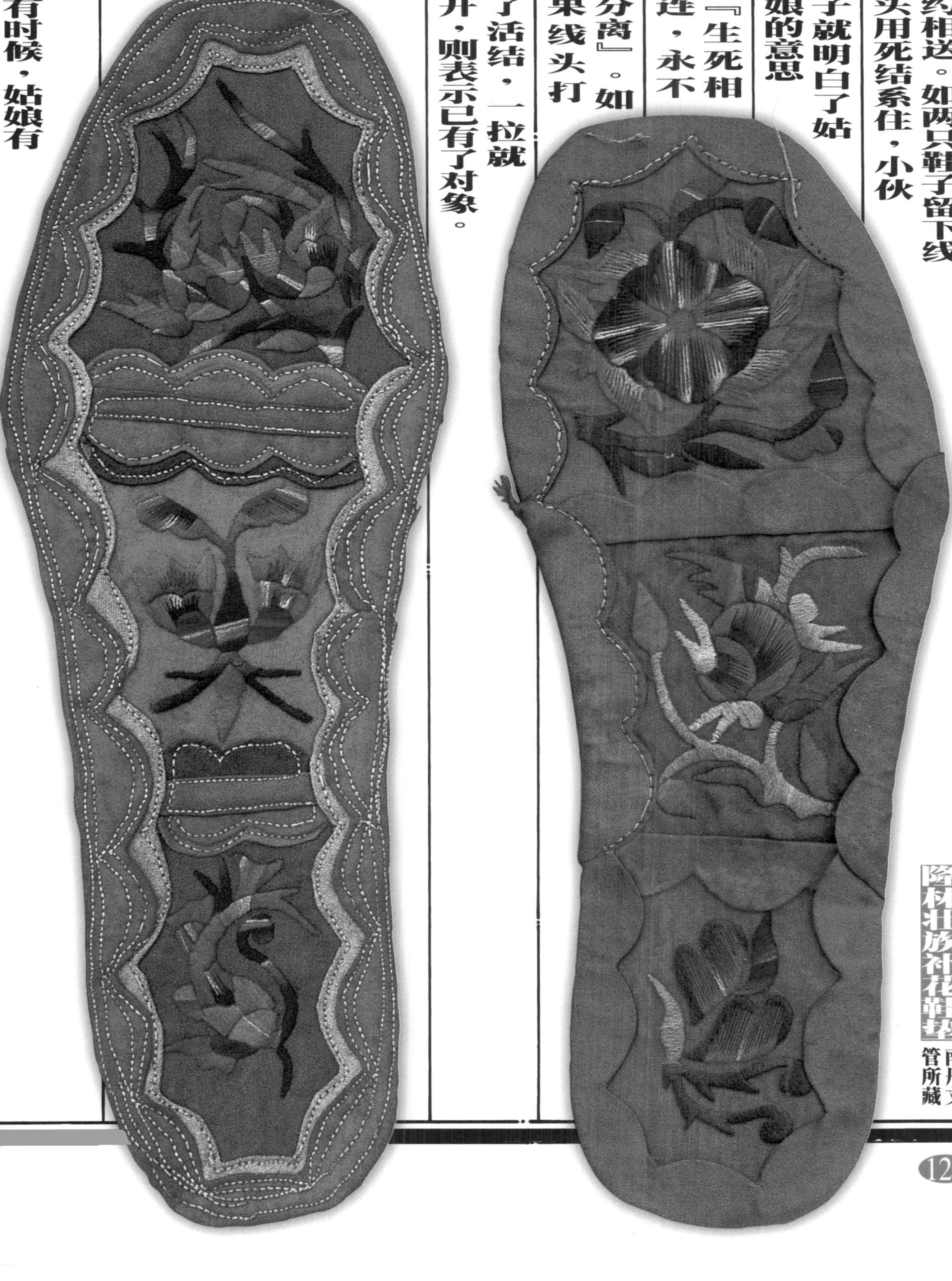

隆林壮族补花鞋垫

南丹文管所藏

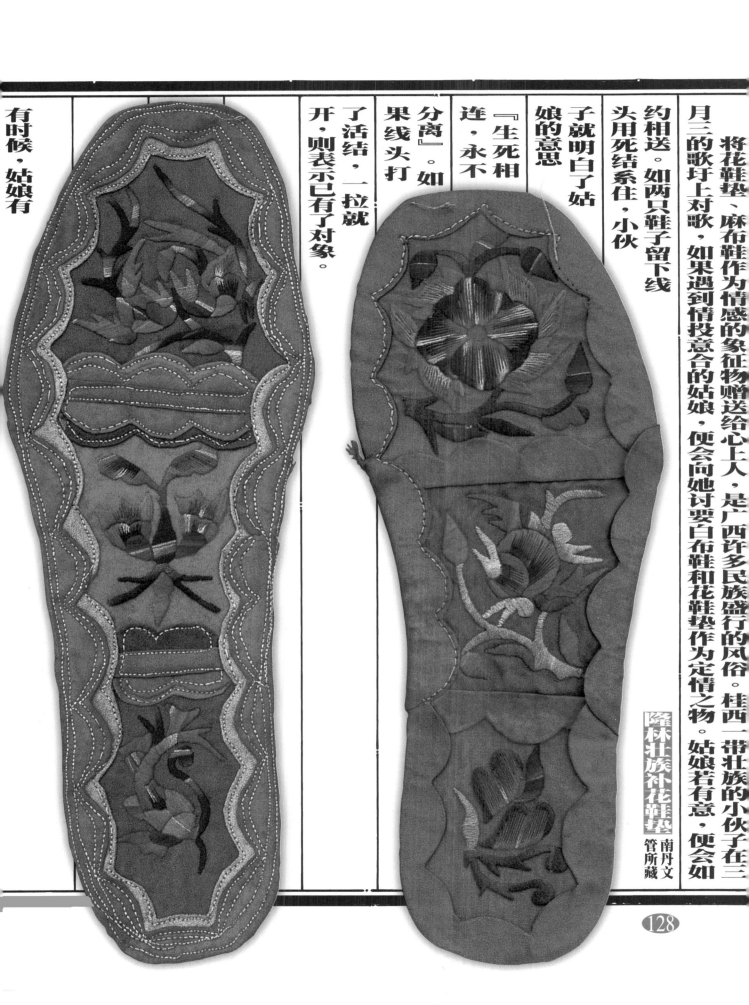

意将某处不缝完，留下线头让男方去接续，意思是『你愿连就连』。当然，定亲以后姑娘会做更加精致的『同年鞋』送给小伙子。用十几层白布层层褙贴、包边，长白棉线纳得横竖成行，密密匝匝，有时候还在鞋底纳上鱼鸟花蝶的纹样，纳好的底子需放在锅里蒸过再取出晾干，然后配面上帮，整个工序，凝聚着女儿家全部的感情。因此，情郎哥哥哪能不视若珍爱好生保护？有一句山歌唱道：『鞋底破了鞋帮在，把妹手工带回来。』尽管歌里不谈爱情，但针针线线的手工里，已钉实了两个人的心。

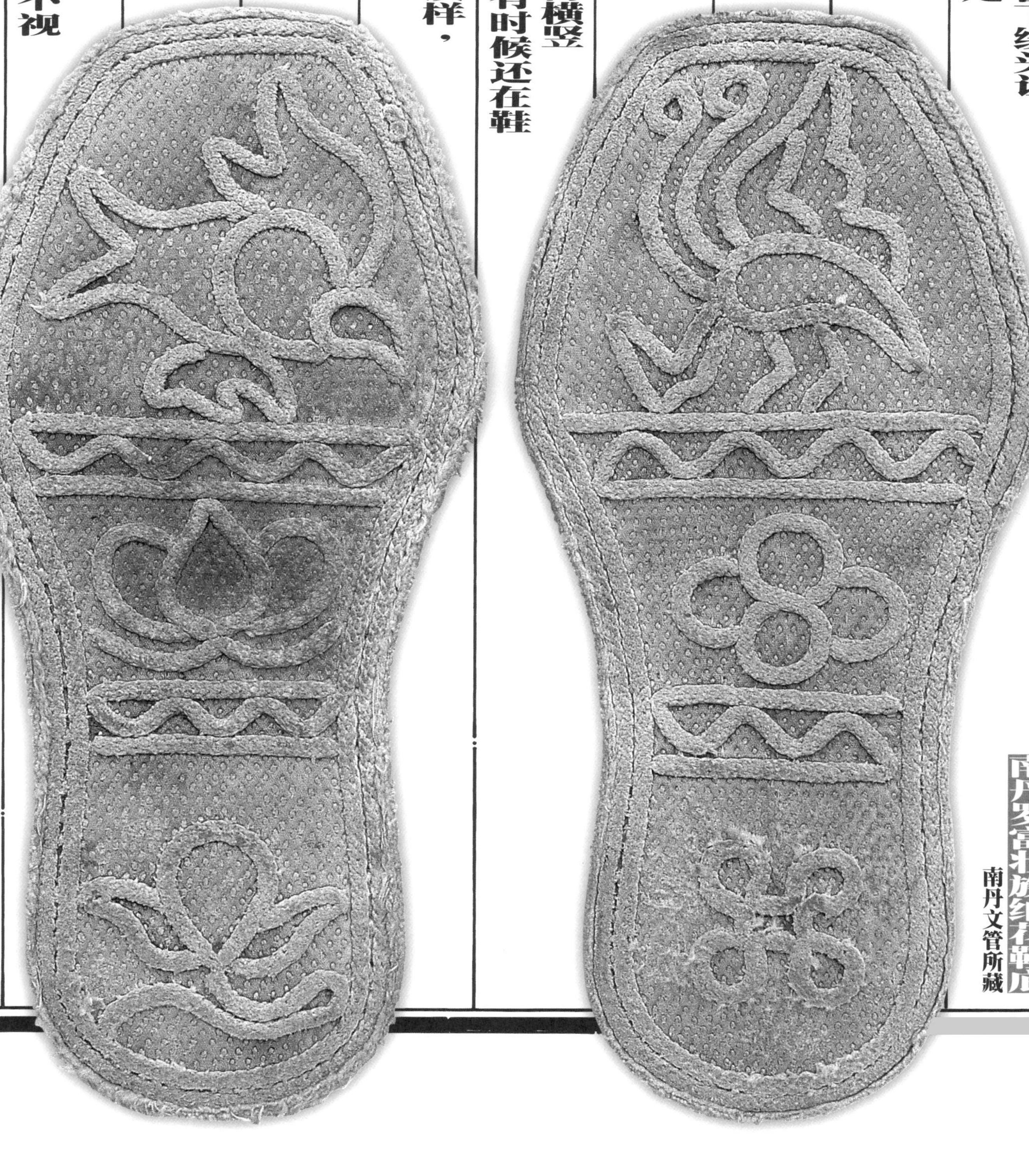

南丹罗富壮族纳花鞋底

南丹文管所藏

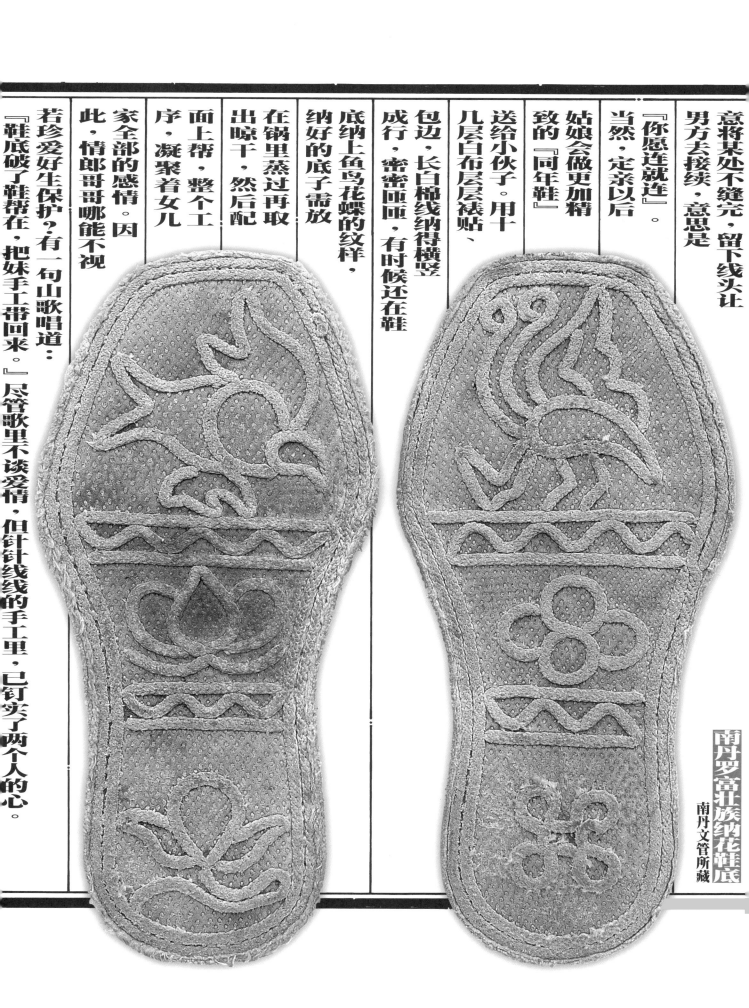

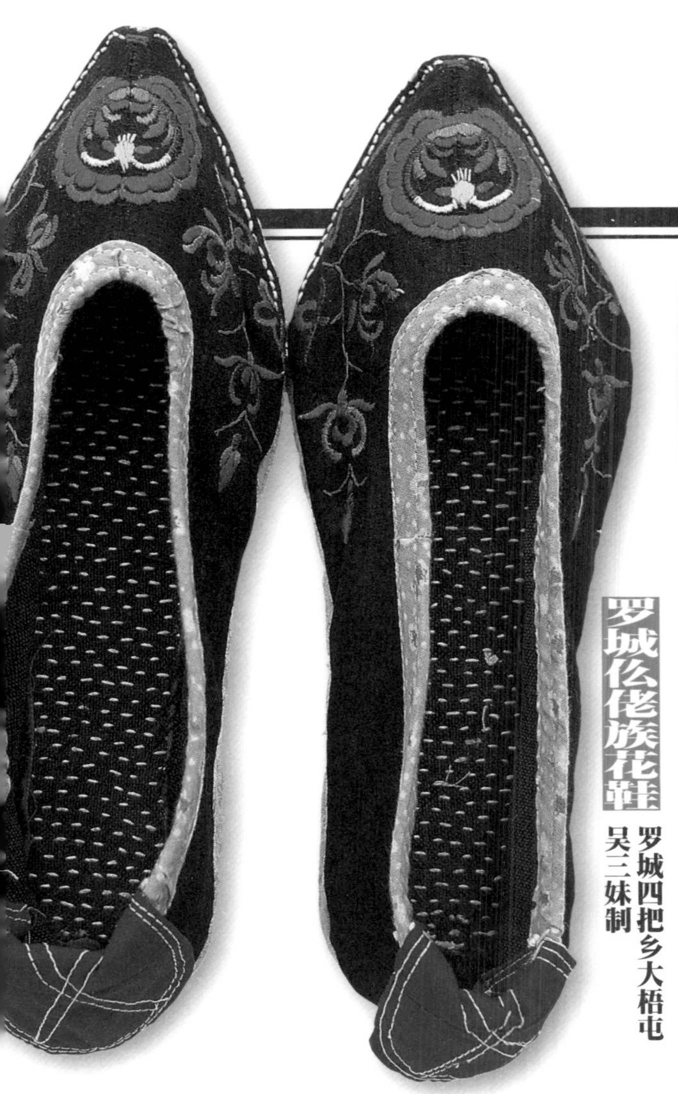

罗城仫佬族花鞋

罗城四把乡大梧屯
吴三妹制

南丹壮族女鞋

南丹罗富乡
班艳娜制

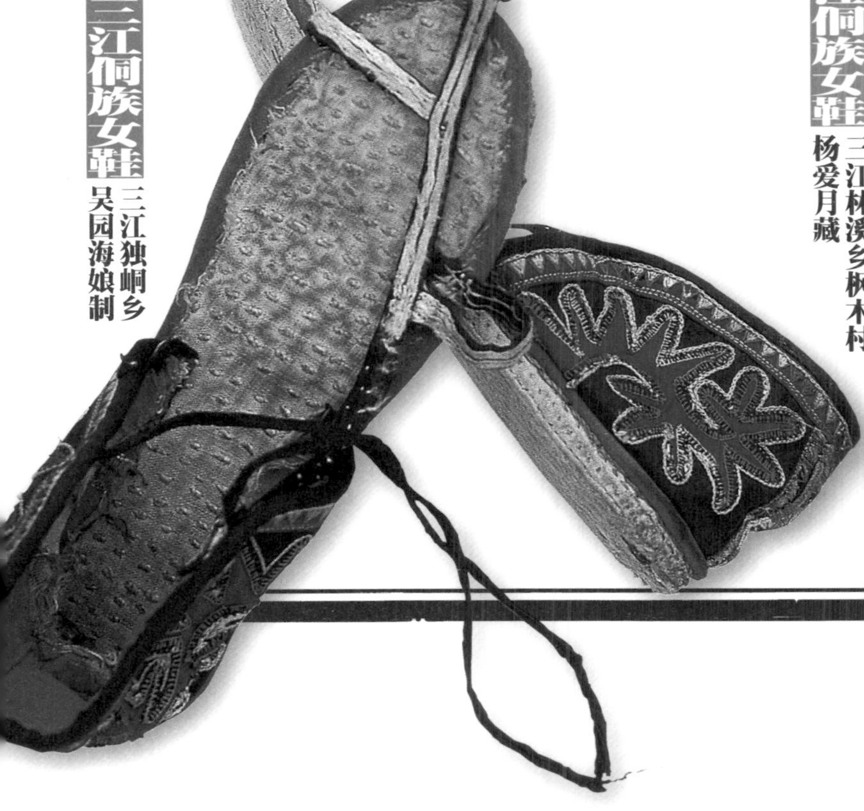

三江侗族女鞋

三江独峒乡
吴园海娘制

三江侗族女鞋

三江林溪乡枫木村
杨爱月藏

隆林彝族花鞋

隆林德峨乡
隆林文管所藏

其实，这并不是山寨农家衣箱的全部，主人们拿出来很多，地方小了摆放不开；有的因藏得很深，很难翻箱倒柜马上拿得出来；有的就穿在他们身上，还来不及洗熨 但这足够了，足以让我们惊叹广西少数民族五彩衣裳家底的丰厚。趁着这些衣裳还没有穿上人身，我想说，衣服本身的确已具有了生命和灵魂——在外观上它体现为美丽，于内在处它饱含着情感。因而遮挡天象的风雨霜寒在这里显得并不重要了，因为精神已得到完善的庇护。于是，我们的心情可以坦然了——即使在新文明的强势之下，各民族少男少女都换上现代化的时装，甚至在节日时，也不再愿意披挂起这些千古未改的衣裳，或将之锁进更深的箱底——不要紧，五彩衣裳已获得生机长在，灵魂永不死亡。

南丹壮族花鞋

南丹罗富乡
陆海玲制

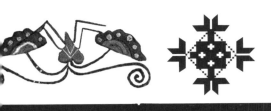

篇叁·细看神秘的花纹

《左传·闵公二年》说：『衣，身之章也。』章，可解为文采，或标记。无论怎样的解释，『章』字对人类的制衣初衷都可适宜，而章，必定萃文而成，衣服上的花纹，便可视为完成长篇巨制不可缺少的字或句。或者说，要真正读出广西少数民族衣裳的美妙，就必须首先辨识那些绣在衣服上的花纹。

《书·皋陶谟》曰：『五服五章哉。』孔传曰：『尊卑彩章各异』。章，亦可解为彰明

①图腾遗风

《战国策·赵策（二）》曰：『被发文身，错臂左衽，瓯越之民也。』在广西生活着的古人也有着文身的习俗，这种习俗甚至保持到近代。

文身最初的目的是标志自己部族的图腾，当人类学会编织，继而选择了以纺织品作为遮蔽自己的天体之后，文身上的花纹自然也跟随着转移到衣服上来。

于是瑶族服装上一道道五彩斑斓的彩布条代替了原初刻画在身上的纹理。衣服上的花纹既表达了族群的集体特征，又免受了文身的皮肉之苦。这是何等的美事。

壮族的花

壮族创世女神米洛甲自花中生出，

因此，壮族人求生育的方式是祭祀花神，或采回原野的花插在床头。在壮族小孩的背带、帽顶上及女子的胸襟上，花的形象被极其恭敬地摆放在最为显著的位置。帽顶上的牡丹花与蝶相叠合的造型寓意着阴阳相谐化生万物。而女子围裙绣花的程式，表现为天、地、人三界的宇宙观。绣片下部的锯齿纹为草叶，是大地，画面上部的鸟或蝶示意天，

中心部位的大花则是繁衍人类的花神米洛甲。

龙狗盘瓠

盘瓠是瑶族的犬始祖图腾。

刘锡蕃《岭表纪蛮》云：『狗王惟狗瑶祀之。每值正朔，家人负狗环行炉灶三匝，然后举家男女向狗膜拜。是日就餐，必扣槽蹲地而食，以为尽礼。』可见其仪式之郑重。瑶族服装整体的表现，自有长尾斑衣的古俗，以仿效五彩龙犬之模样。另外，

在融水花瑶、龙胜红瑶的女衣上，也出现有盘瓠的具体形象。花瑶挑花的龙狗更像一条龙，且在同一件衣上有多头的，有一头的，出现几种形态，显示出盘瓠神奇的幻化。红瑶的龙狗有的在肚子里绣上很多人形，标志着盘瓠繁衍了芸芸众生。

枫叶与蝴蝶妈妈

苗族流传的《古枫歌》中唱道：

『树干生妹榜，树心生妹留。』

苗语『妹』即母亲，『榜』与『留』即蝴蝶。

据说蝴蝶从枫树心里孕育出来，

与泡沫婚配，生下十三个蛋，从中孵出姜夫、雷公、老虎、水龙等众兄弟。

在这里，蝴蝶妈妈被塑造成人、兽、神的共

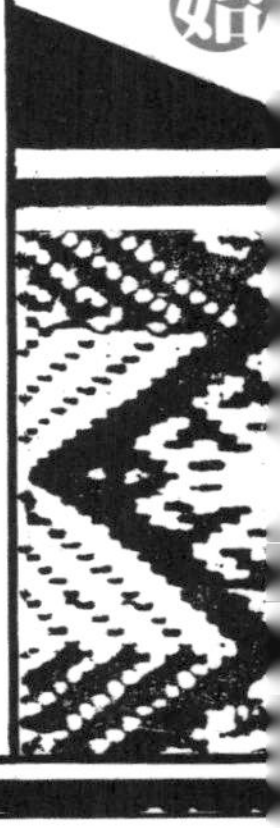

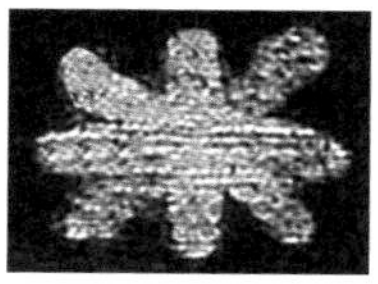

同母亲。枫叶与蝴蝶，也翩翩落在苗女的衣装上。

巨鸟的恩泽

《苗族古歌》中开天辟地一节中说：天地是由巨鸟科啼生出来的，同时又生下了一群开天辟地的巨人神，因而鸟得到苗族人普遍而又广义的崇敬。南丹中堡苗的衣裳挑花中，有似长着双角的鸟纹反复出现，甚至布满整块背花。侗族、瑶族的花纹中也出现有大鸟纹。侗族传说，在先祖造人时造出的孩子漫山遍野无计其数，是凤鸟和仙鹤哺育照料这些孩子。在民族迁徙迷失方向时又是大鸟导航，才脱离险境。

金斑大蜘蛛

侗族创世女神萨天巴（侗语萨汀巴），在天上象征日晕——侗语神号『萨巴隋俄』。她有四只手四只脚，两眼安千珠，放眼能量八万方。在侗族图纹中，萨天巴的形象被美化为一朵花的外形，俗称之为『螃蟹花』，其实，那正是金斑大蜘蛛——侗语神号『萨巴汀析』，在地上的化身是金斑大蜘蛛的图腾形象向着花朵状变异的结果。萨天巴作为母系氏族社会的领袖，成了至今还未曾凋谢的永恒之花。

② 宇宙景观

从哲学的角度看，无论是怎样的一种创造，都会体现出创造者的世界观、宇宙观，而图像是比文字的记载更具体、更生动的方式。广西少数民族衣装的花纹，也以不同的造型语言向人们展示出他们心里的景观。

天地三界

迫切追问宇宙时空的神秘，是人类思维即将叩响文明大门的标志。在民间流传的神话中，从天地混沌到分为三界有一个过程，先是混沌世界，宇宙是一团飘飞旋转的云雾。宇宙无形体，也无神性。天地分开后，相互对应，产生了阴阳、男女、父母的观念。天地三界即天国、人间、冥界，又可分为五个层次——第一层是水；第二层是大地负者（即龟、鲸、鲇鱼或牛、蛙等）；第三层是大地人间，人和动植物的世界；第四层是撑天柱或天梯；第五层是天界神国。天又有九重、十二重、三十六重不等，有天门可上下，为日月星等诸神所居。天、地、人三才的宇宙在广西各民族中表现的意象为天圆地方，其图像则取剖面式，像地质测绘的剖面图，一层层展示出来，如隆林花苗女子衣服上的花纹。

顶天立地

各民族都使用的头帕，是包在头上的织物，因而，也是象征天的华盖。如侗族头帕中心必有一个八角的太阳纹，以示意人类与天相接的愿望。而裤脚的挑绣花纹多为草叶、树、山水的纹样，表示为地。这种脚踏实地、理想崇高的图像表现，实在是贴切地表现了人性的本质。

日月星辰

日月星辰本是天象之中的一部分，但人类对它们的崇拜由来已久，特别是对太阳的崇拜。在开天辟地的神话中，创造日月、合适地使用日月的章节有着显而易见的重要的地位。在各民族的服饰图纹中，太阳无处不见，特别是侗族儿童的帽子上，往往要钉缀若干银质的太阳。彝族跳弓节『麻公妈』的蓝色蜡染衣上，也绘满了各种太阳的图案。

撑天树

龚自珍在《壬癸之际胎观第一》云：『人之初，天下通，人上通；旦上天，夕上天；天与人，旦有语，夕有语。』很像瑶族神话故事中所说，『人在地下说话，天上也能听得到』。为此，人类设计出可与天地沟通的天梯或

撑天树。瑶族有一则神话说：『远古时[illegible]一棵树撑起[illegible]相隔很近，地上的人经常沿着树爬到天上去玩儿。』瑶族衣裳花纹中，大树的形象时而显出一种雄伟庄严的孤傲姿态，时而连成一排，与人相处得亲近和谐。

拉手的小人

人不管在世界还是在宇宙中，仅占有微乎其微的位置。这一点，文明世界里的现代人也许已被『胜利』冲昏了头脑，早就忘乎所以了。然而，在广西少数民族服装上，在巧女们美丽的宇宙景观中，人往往处于被忽视的地位。如若出现，则不具体出五官特征，而是作为苍茫茫大地上的一群剪影。他们拉着手，仿佛在呼唤一种集结起来的力量。

万物化生

天地相合，万物化生，必定要有一个繁盛的大千世界。在原始朴素的宇宙观里，人与万物是相互依存、祥和共处的关系，万物皆有灵性。衣装上的草木花朵兽鸟鱼虫们，即使不曾有过被族群崇拜或成为图腾的资历，也完全可以在这美丽的景观中找到自己的位置。

③ 民族的历程

一个民族或集群所遭受的艰难历程，往往是增强民族或集群内部凝聚力的最好教材。有关这一点，在各民族创世史诗中都有充分体现。特别是中国南部的少数民族，历史上一直被称为『蛮夷』，民族生存的尊严使得他们更加注重民族的陈述。

江河故乡

苗族古歌中有一段这样唱道：在万国九州的中间是罗浪周底，我们的先人就住在那里。在万国九州的范围以内，甘当底益棒和多那益慕是苗族根基地。这些地方到底在哪里？都在直密立底大平原红稗小米不曾缺少，高粱稻谷样样齐全，还有黄豆赛过鸡蛋。以后启野要至老从这里经过，占据了先人居住的地方。格也爷老、格蚩爷老、甘骚卯碧都很悲伤。他们可惜这块大平原，因为这是个好地方。他们只有把这些景致做成长衫，拿给年轻的女子穿。她们笼笼统统地穿起来给老人看，穿起来给男女老少看。衣衫上的花纹就是罗浪周底，围裙上的线条就是奔流的江河。他们又想起曾经住过的楼房，又把景致做成披肩，拿给年轻男子穿，他们一左一右地披起来给老人看，披起来给男女老少看。那些开垦出来的田地，只有把这些景致绣在围裙上，拿来给婆娘们穿，她们团团转地围起来给老人看，给男女老少看，让人们看到那些开垦出来的良田，让人们看到那些盖起来的楼房，把这些当做永远的纪念 如果古歌所唱真是远古的史实，绣在苗家衣上的花纹将古时信息竟传承到现代。

迁徙的航船

在龙胜泗水乡红瑶女子的衣服上，我看到有水纹托着船形的图纹，船里还有若干人形。这正是瑶族师公所唱的祖先迁徙的场景——漂洋过海又过江，开船三月迷方向，行驶不出海中央。思量飞天无翅膀，人心慌乱无主张，又怕风大翻落海，万般无奈想盘王最终，盘王显灵，保佑舟船顺风顺水。

血手印与瑶王印

南丹白裤瑶男子裤双膝处各有五道红色条形绣纹，他们自己这样解释：百年前先祖与土官斗争负伤，将血手

印在族人的裤子上，以表示永远不忘民族仇恨。女子的衣背上有一个方形的图案，则解释为被土官夺走的瑶王印，这曾是民族的耻辱，因而绣于衣上，以激励人们发愤努力，洗雪大耻。当然，这些图纹的最初含意未必这样，在特定的民族遭遇时期，人们为原有的图符赋予强调民族意识所必要的新的解释，也是情理中事。

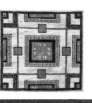

④远古程式

在广西大山里的少数民族，他们的服装形制、装饰法式经历了漫长的历史演绎，肯定会发生诸多变化，如材料制衣工具等因素的改变，文化的开放导致与外界的交流等原因。但是，民族自信、自立、自强的愿望又使他们竭尽全力将最为重要的部分保持住。也许这些正是衣服中的灵魂——本色的东西。像顶戴翎毛、着带羽毛的褶裙、佩玑珠等习惯，可以看作是古事重演，但在材料转换中发生的传承与蜕变，却让人感到历史的耳目一新。

草裙依然

融水苗族女子的褶裙以紫黑色的『亮布』为基，间隔一段便有一幅蜡染布相接。蜡染的图案为草叶纹。我国南方土家族现在还保留着的一种追缅先祖的舞蹈『茅古斯』，便是以草裹身的装束。披茅草阔叶的方式在人类原始时期并不为奇，在人类结束了衣草的时代以后，苗族女子却执意的挽留着它。是不舍草叶美丽的纹理，还是不舍旧时的情调？即使忘记了昔日的经历，本色也依然显示着魅力。

卉衣犹在

卉是百草之总称，卉衣则是以草编织的草衣。《禹贡》曰：『岛夷卉服。』《后汉书·南蛮西南夷列传》载：『镂体卉衣，凭深阻峭。』据说，卉衣是选取几种光洁又有韧性的长草手工编织而成，它的形状大致是比肩略宽，长方中间留有一方孔，穿着时套入头部，前后片各敷胸背，以草绳系结。编结技巧在人类文明的初始时期是一种必须，因为要获得较大块的面料制衣并非易事。但在有了布料以后，侗族的制衣者却仍要将大布裁成小片，再折花编结成大块，却并非出于聚零为整的目的。侗族女祖萨天巴是一只擅织的金斑蜘蛛，用彩布折叠编结起来的图纹呈放射状纹路，很像一面面彩色的蛛网，也许是创世神话中『织天又织地，中间织万象』的图景。

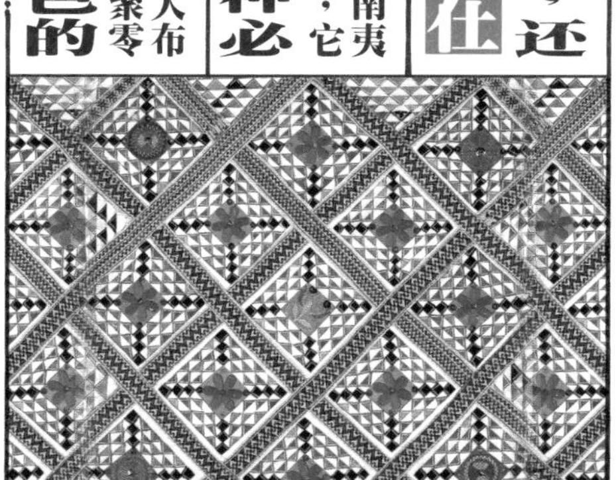

羽人重现

《史记》记载古越人喜『羽翎为饰』，侗族《远祖歌》中，亦有『雅常身穿水帘白羽衣』的词句，在广西贵县和西林县出土的古越人铜鼓上，就清楚地描绘着插翎毛、穿羽裙的古越人形象。今天还可见到的苗、侗百鸟衣，其裙用一片片的绣片连缀而成，绣片呈长长的叶片羽毛形，上面绣着凤鸟或图案花纹，绣片下钉有鸡毛，提醒着我们认出它的本相。

总之

隐藏在广西各民族衣裳花纹中的神秘空间已敞开了大门，等待着有心人深入其中层层叩问。我想，既然走进来，就乘着花的热情和生动细细观赏。相信会发现和辨识更多奇异的图纹，破译出更多来自远古的神秘符号，那时，回过头来再通读绣在衣装上的文章，会越发觉得文采洋溢——字里行间都在回答你关于艺术本色的追问。

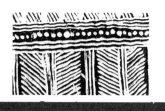

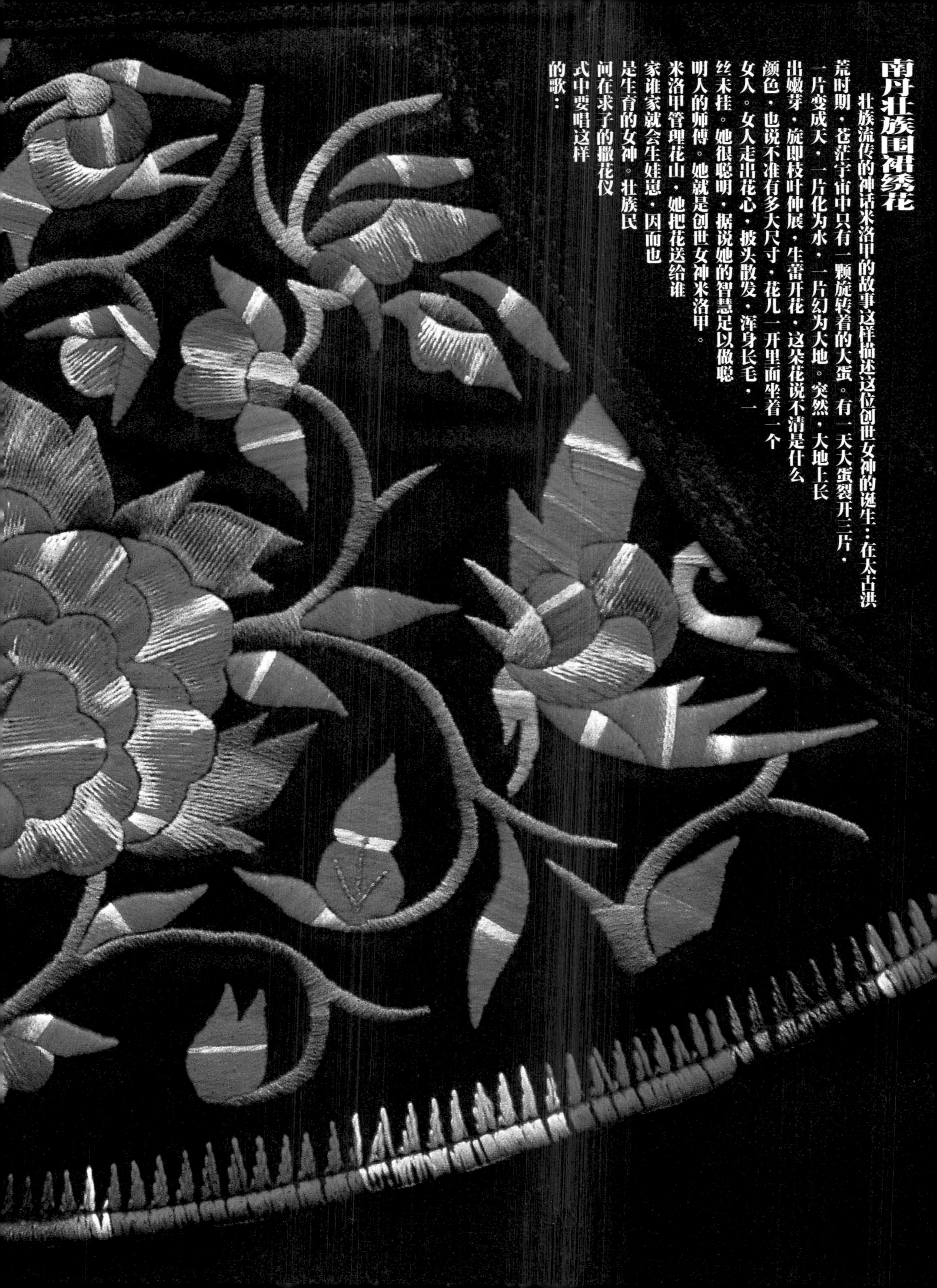

南丹壮族围裙绣花

壮族流传的神话米洛甲的故事这样描述这位创世女神的诞生：在太古洪荒时期，苍茫宇宙中只有一颗旋转着的大蛋。有一天大蛋裂开三片，一片变成天，一片化为水，一片幻为大地。突然，大地上长出嫩芽，旋即枝叶伸展，生蕾开花，这朵花说不清是什么颜色，也说不准有多大尺寸，花儿一开里面坐着一个女人。女人走出花心，披头散发，浑身长毛，一丝未挂。她很聪明，据说她的智慧足以做聪明人的师傅。她就是创世女神米洛甲。米洛甲管理花山，她把花送给谁家谁家就会生娃崽，因而也是生育的女神。壮族民间在求子的撒花仪式中要唱这样的歌：

『我是花神来撒花，哪人接得子孙旺，花朵沾身娘欢笑，明年生个胖儿郎。谁人求花求到我，保你子孙万代长』。在青年男女的婚礼上，撒花人这样唱：『一撒天花花叶秀，结配良缘天长久。二撒地花花满堂，百年偕老永安康。三撒人花花结果，生男育女家兴旺』。一个崇拜花的民族必定是爱美的民族，壮家巧女把花也绣在了衣服上。南丹壮族女子的围裙刺绣，正是一朵艳丽的大花。当然，这花并非一般的装饰，它与创世女神米洛甲的故事相呼应，形象地表现了天地初开的壮观。绣纹底部一道草叶纹表示为地，飞鸟或蝴蝶表示为天，天地之间蜿蜒伸展的枝叶中，怒放着一朵娇艳无比的花朵，这花朵当然是创世的米洛甲。天地人之三界在女子围裙上完整地绣制出来，向世界永远称颂着母性的伟大。

南丹壮族围裙绣花

——姿态各异的飞鸟和花枝，丰富了壮家女子们的个性色彩。

清代龙胜壮族土布衣细部
——八角花纹、古龙纹等。

清代龙胜壮族胸兜细部挑花

——网纹·十字花纹·寿字纹。

融水花瑶亮布衣龙犬盘瓠纹挑花细部 盘瓠是瑶族的犬始祖图腾。刘锡蕃《岭表纪蛮》云：『狗王惟狗瑶祀之。每值正朔，家人负狗环行炉灶三匝，然后举家男女向狗膜拜。是日就餐，必扣槽蹲地而食，以为尽礼。』可见崇拜仪式之庄重。在融水花瑶女子的衣背上，除了五彩斑斓的红绿色杆栏拼镶之外，还有一片精细的织锦，上面织出了龙犬盘瓠的形象。在这里，盘瓠呈现不同的变形，有五个头的，有四个头的，有稚嫩天真的，有老成持重的，可谓一个盘瓠家族的盛会。

融水同练乡瑶族师公服挑花带细部
——神树、古龙、巨鸟及苍茫世界的芸芸众生。

金秀女子出嫁时的盖头巾——金秀瑶族女子出嫁时的盖头巾，日光泼洒八方，天地因而交接。一串串的小人人沿着结构的界线，层层笼罩在太阳所波及的光浴之中。图像此时似乎给我说出一串令我吃惊的现世套话——民众们团结起来，紧紧地围绕在至高无上的中心太阳的周围，就没有抵挡不住的困难。太阳给我们带来幸福，红太阳光辉照万代——传统和现代的形式与内容如此相似，但蒙在盘瑶新娘头上的花锦，却闪烁着天然本色的光泽。

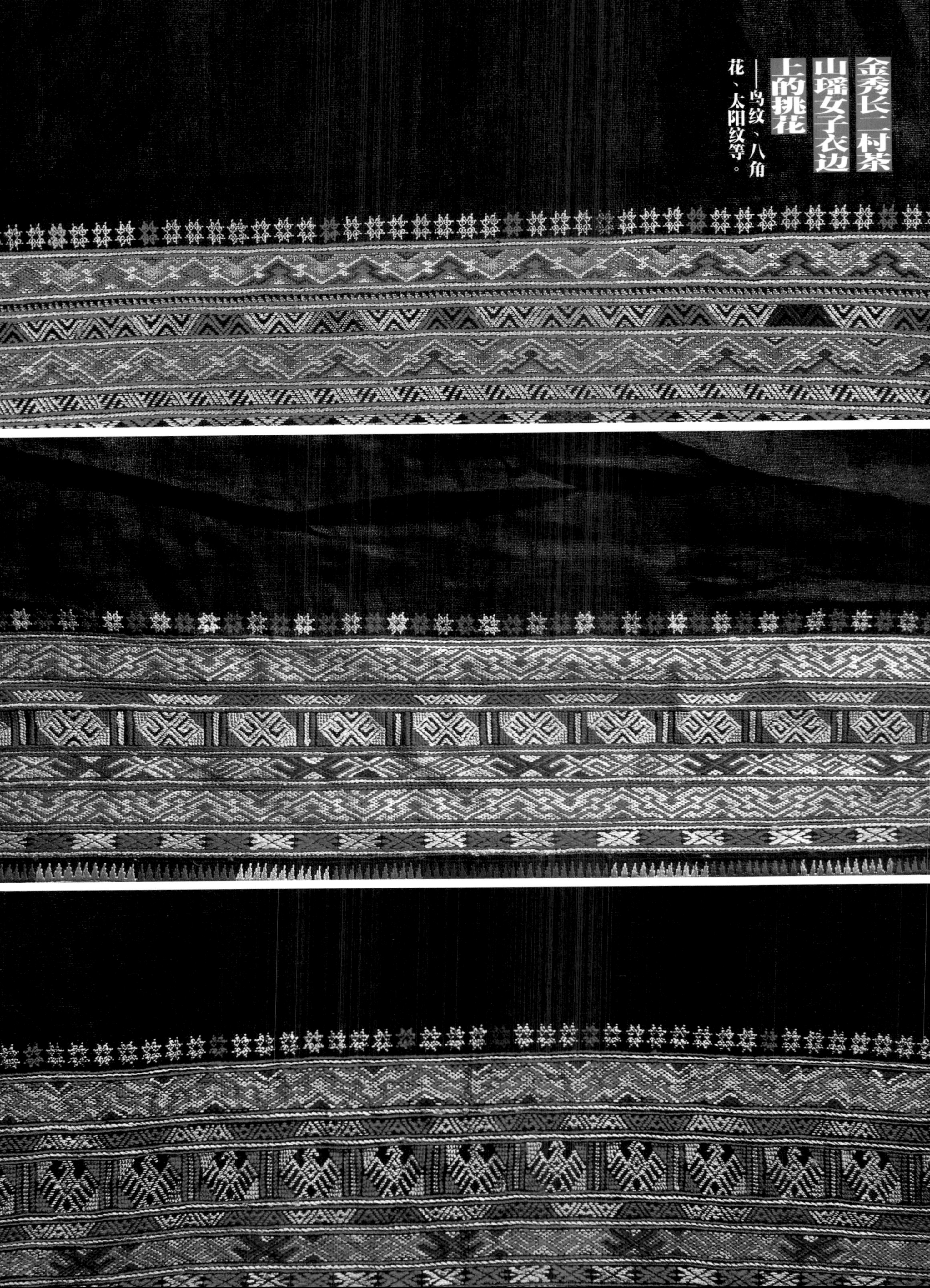

金秀长二村茶山瑶女子衣边上的挑花——鸟纹、八角花、太阳纹等。

金秀六巷村花蓝瑶女子衣边上的挑花

——龙纹、对鸟纹、田字纹、万字纹等。

那坡瑶族花带

神竿是部族祭祀活动中常见的道具，与缅怀祖先、祈求生殖繁衍有关。那坡瑶族挑花带上的神竿与太阳纹符号的组合，形成了一个新的谜语：神竿之形为箭形，是男性能力的象征，立于地；以万字纹为符号的太阳纹居箭头神竿之上，可作天。这就产生了矛盾——太阳纹在此象征的属性是什么？如果按历代学究的说法，『天』或『阳』为男性，此处的神竿指对太阳或可解释成『射日』的神话。但是，在对侗族背带图纹的分析中，我们已知道女神萨天巴在天为日的说法，女性曾作为天空和太阳的秘史已天机大露。因而，我有理由觉得神竿与太阳的对偶纹样，是母系氏族时期喻男女的另一种对应——那时天是母亲的天，地是父亲的地。

金秀茶山瑶挑花

齐整的地基，层层叠叠中蕴育着无限的生机。茶山瑶女子挑花裤角上面，当然会沾染无数泛香的茶村，又冒出芽来。在路旁，在坡头，在大地，生命土壤中辛勤耕耘栽种的茶山瑶人已不把生命简单看作人的形躯。传统中挑绣在衣上的一串串护佑生命的小人人在这里已变异为幼芽状的图形使其原本更有了诗情画意。但是，生命的神树和太阳是不能改变的，但神树已不是独立的一棵，千力株神树已成森林，在千万个太阳的光辉中生长茂盛，已与天连接在一起。

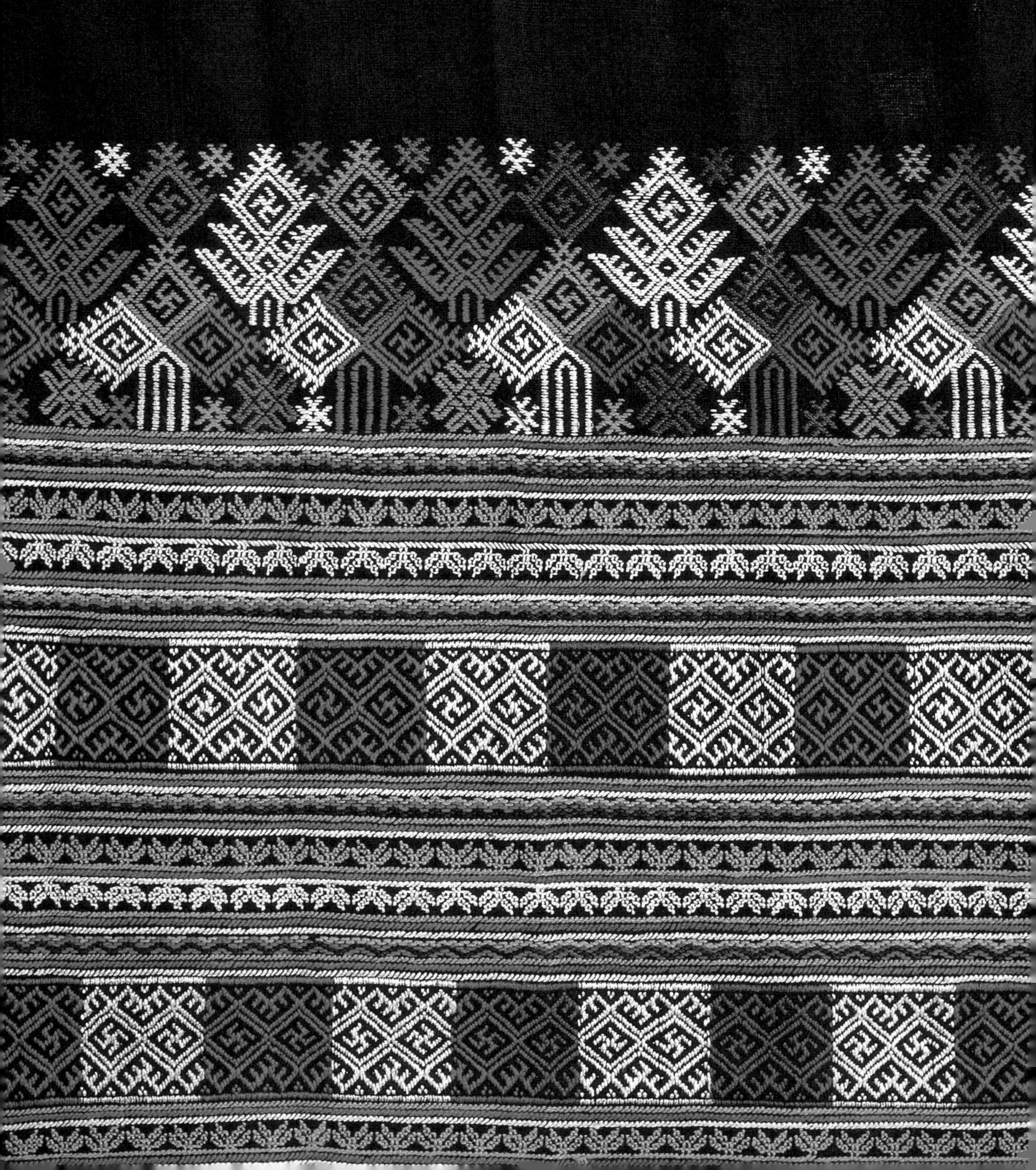

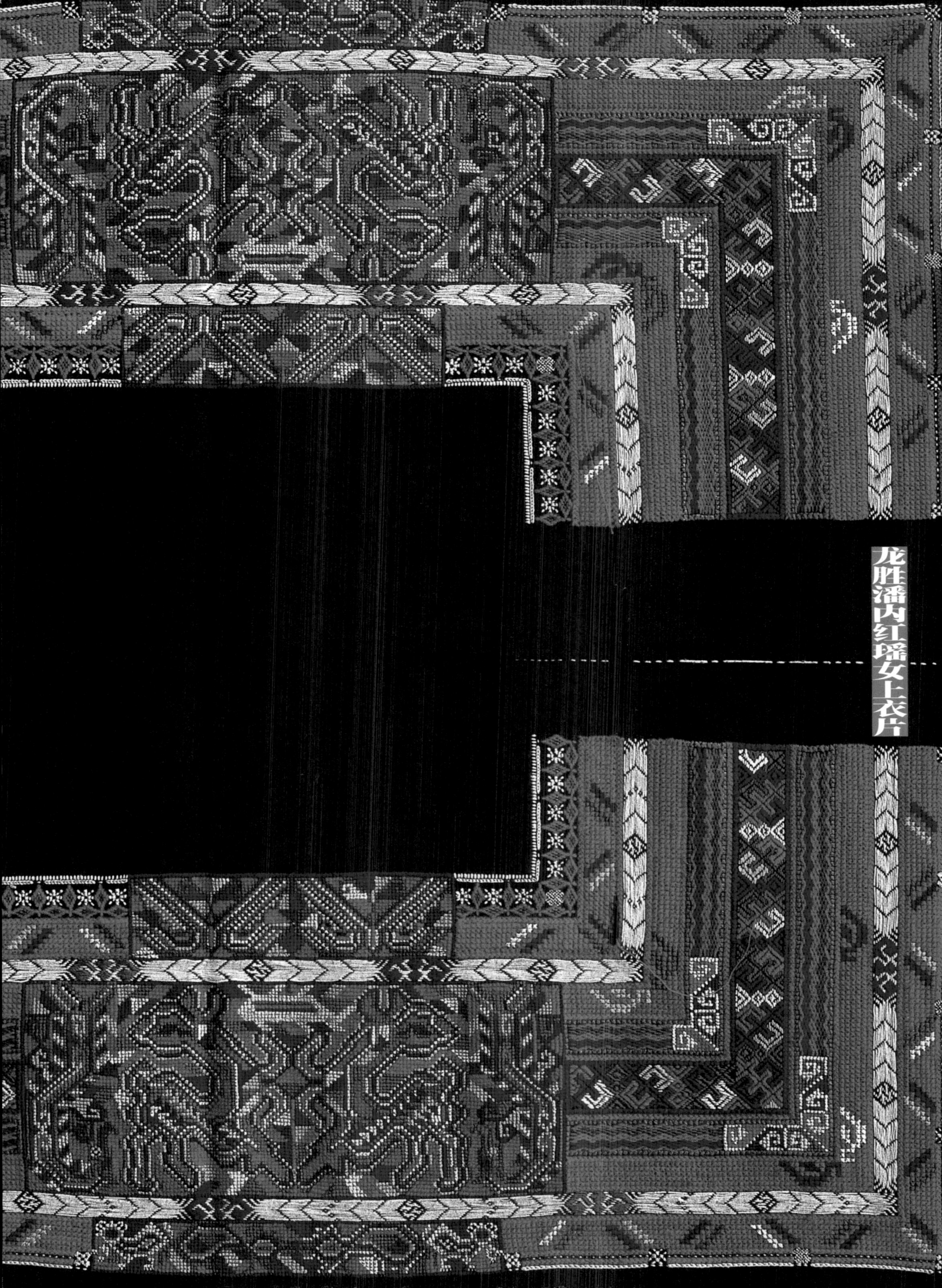

龙胜潘内红瑶女上衣片

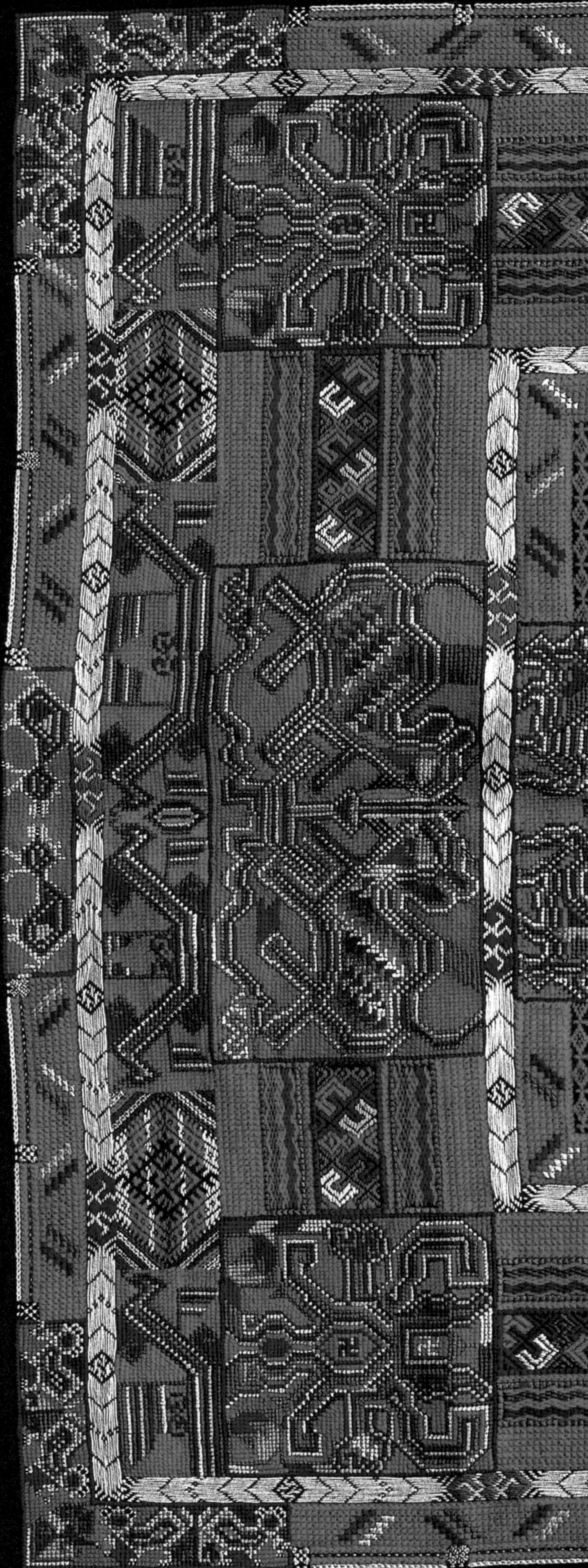

龙胜泗水乡潘内村红瑶女子衣服的肩片呈围城之形，一道草绳纹的界线把围城分隔为三层，看来天地人界三才的宇宙观在人类早期思想中所占有的普遍地位——许多民族都有将这种宇宙观绘成图形披挂在身的习惯。图像是最为直观、最为简捷的认知方式，比文字语言更富于感染力。我们的先人把自己艰苦创世时的所有对无形宇宙的感受和认识，作了严密的比较归纳和图形调整，仔细地记录了下来。一代又一代的图形传承人又不断给以新的补充和完善，终于把这样一部载记着民族或人类认识之谜的『天书』保留了下来——我们一时还无法全部读懂它，可绝不能认为其中没有学问。

龙胜潘内红瑶女上衣挑花

周石姣绣

当人类还没有完全摆脱动物的野性时，动物是人类真正意义上的伙伴，那不是一种口号式的向往，而是实实在在感受到动物与人类生存关系平衡必要的先祖们所普遍身体力行的本分——动物的启示和帮助，像上帝的恩赐，为人类执掌世界提供了无私的辅佐——这就一点也不奇怪了，为什么我们祖先中的许多部落都以动物作为『图腾』，甚至当做自己的祖先顶礼膜拜。在瑶族的创世神话传说中，有一个龙犬盘瓠创世的系统，就是将一只五彩斑斓的龙犬奉为祖先，这在中原地区汉族的神话中也有类似的故事。当然，在人类不断地摆脱动物

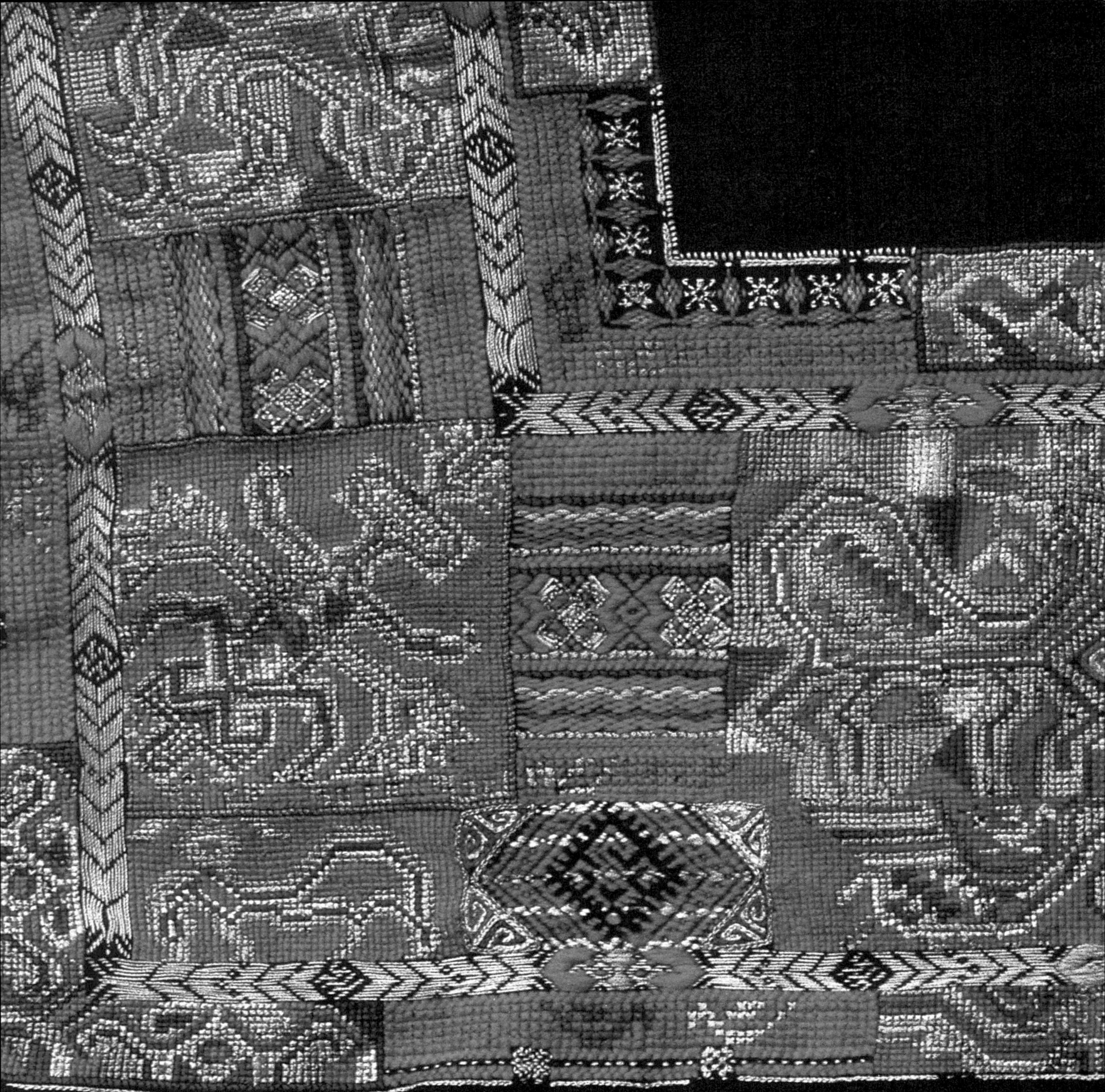

性走向『文明』之后，动物的地位由被崇敬沦为遭受唾弃，自以为聪明的人们往往不愿意与动物沾亲带故。于是，宁愿取一个虚幻的怪物——比如说龙或凤——作为自己的祖宗，似乎这样做就超出了凡俗一等。其实曾受崇拜的动物已是人文色彩极强的一种以它为形的符号而非生态动物本身，有意地去遮掩它，恰反映出人类的虚伪一面。瑶族的龙犬崇拜一直是坦率的，他们把犬的形象绣在了衣上，成为永远的守护神。

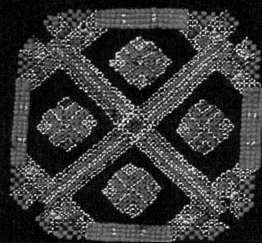

在这件衣绣中，另有一对男性生殖祖神的形象，四肢张开，仰天长啸的雄姿及硕大的生殖器官，让我们感受到一种生命扩张的博大力量。

龙胜潘内红瑶女上衣挑花

这件衣绣的主体图像是一个花蝶合一的混沌。说是『混沌』，一是因为花或蝶的形态在这里都已含混不清，二是其内容为混沌初开、万物化生。蝴蝶与花作为配偶组合形象表达阴阳相合的主题，这在西南少数民

族文化中是多见的图像，比如仫佬族、壮族的背带花，苗族、水族的蝴蝶妈妈等。民间善于用美好的视觉形象去表现世间难以如实描写的事件或概念，使造型艺术超越了物质世界的真相，又恰如其份地图解了真相的本质。

红瑶女上衣挑花

在这件红瑶女子的衣服上，我看到水纹托着船形的图纹，船里还有若干人形——这正是瑶族师公所唱远古祖先迁徙的场景：漂洋过海又过江，开船三月迷方向，行驶不出海中央，

思量飞天无翅膀，
人心慌乱无主张。
又怕风大翻落海，
万般无奈想盘王。

最终，盘王显灵，护佑子民顺水推舟。洪水故事是人类再创神话中不可缺少的一段，盘王子孙漂洋过海的迁徙图景，是中国本土的诺亚方舟。

南丹白裤瑶女无袖衫树胶染画环

这是两幅通常被称为『瑶王印』的图案，当地人说是模拟曾被土司夺走的瑶王印而绘，以不忘民族的仇恨，以求兴旺发达，洗雪耻辱。其实这个图形更像一个方位明确的城堡建筑平面图，也许图纹原是古瑶人宇宙天地观的图像表现，而在特定的民族遭遇时期，被人们赋予了强调民族意识所必要的新的解释。值得一提的是这种特定的图纹是专门染绘、绣制在女子的衣背上，是女性一贯古有的一块特殊的领域，或许其中隐藏了一份对创世女神的怀念和敬意。

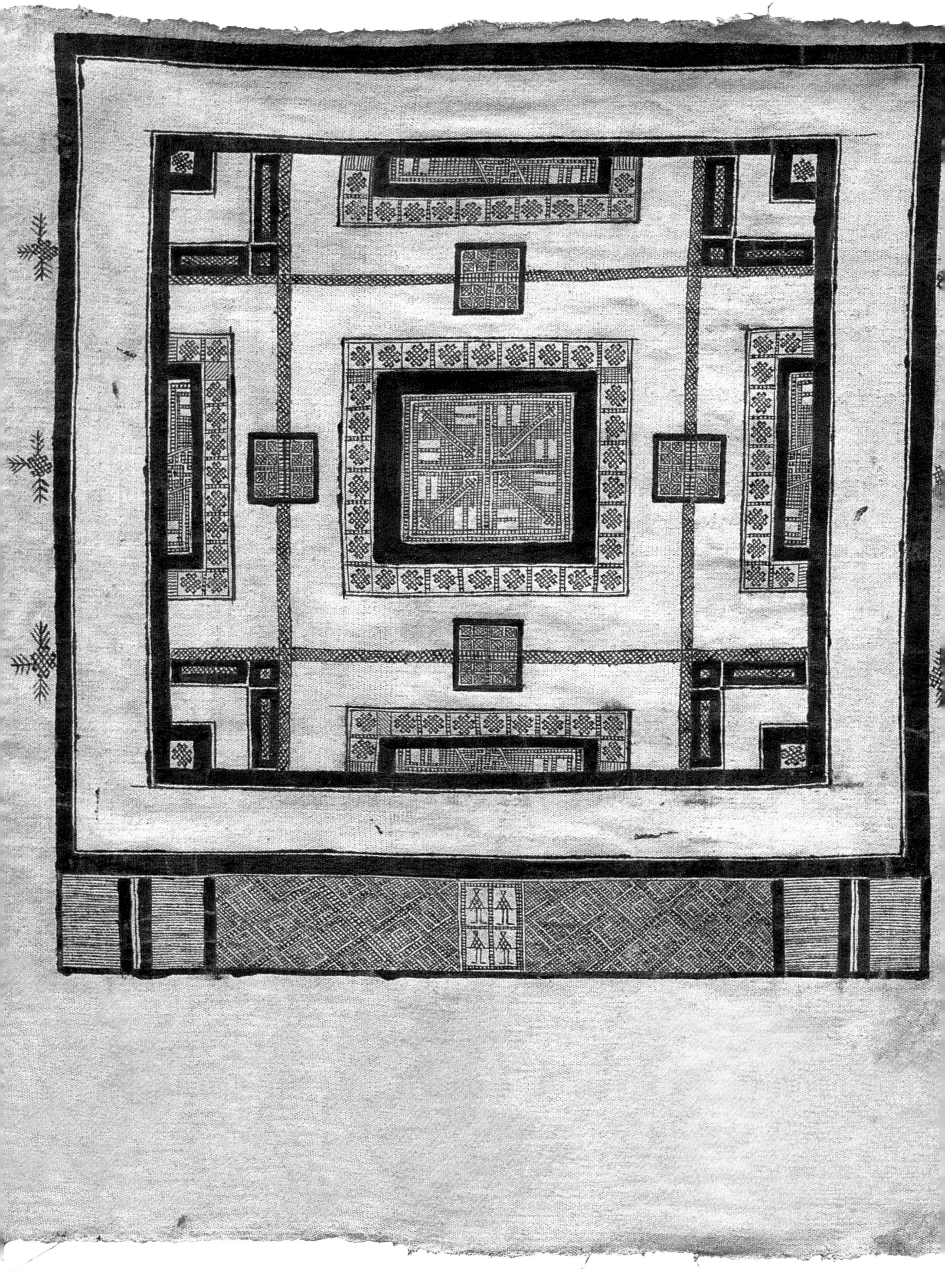

隆林德峨红头苗土布
围腰绣花细部

隆林大树脚清水苗土布围腰绣花细部

南丹中堡苗女子上衣挑花

衣上的图纹中间为十字太阳纹，两边为神竿纹，白色的主体符号四周，布满了红黄两色的神鸟，被垒砌般地定位在一种热烈神圣的气氛之中，如同司职生命典礼的仪仗队。

隆林德峨花苗女子長襟衣

集挑绣、蜡染、织锦拼缀于一体·表现了天地人合一的境界。

隆林德峨大水井偏

苗女裙边

江河浪滔滚滚，
岸上丰收在望，
青蓝的水花
与金黄的嘉禾
勾画出一幅
磅礴无垠的风景画，
动静尽在其中。

这不是风景画，
这是隆林水井偏
苗女子裙上的花纹。

苗族古歌中这样唱道：
在万国九州的中间
是罗浪周底，
我们的先人就住在那里。
红稗小米不曾缺少，
高粱稻谷样样齐全，
还有黄豆赛过鸡蛋，
以后
后野要至老从这里经过，
占据了先人居住的地方。
他们只有
把这些景致做成长衫，
拿给年轻的女子穿。
长衫上的花纹
就是罗浪周底，
围裙上的线条
就是奔流的江河。
那些开垦出来的田地，

只有把这些景致绣在
围裙上，拿来
给婆娘们穿，
她们团团转地围
起来给老人看，
给男女老少看，
让人们看到那些良田，
那些盖起的楼房，
把这些当做永远的纪念。

古歌声中，
仿佛传来远古的信息，
苗族人祖先
曾被迫离开故土迁徙，
而故乡业绩及美丽，
成了永远的记忆。
偏苗女裙上的花纹，
使记忆清楚可见。

一个民族或集群
所遭受的艰难历程，
往往是增强凝聚力的
最好教材。
有关这一点，
在各民族创世史诗中
都有充分体现。
民族生存的尊严
使得他们
更加注重民族史的陈述。

我们从哪里来？
我们到哪里去？
偏苗女子裙上的浪花，
已大声地提出发问，
而岸上的丰收在望，
已把祖先的创业精神
从久远的怀恋
带到面临的现实。

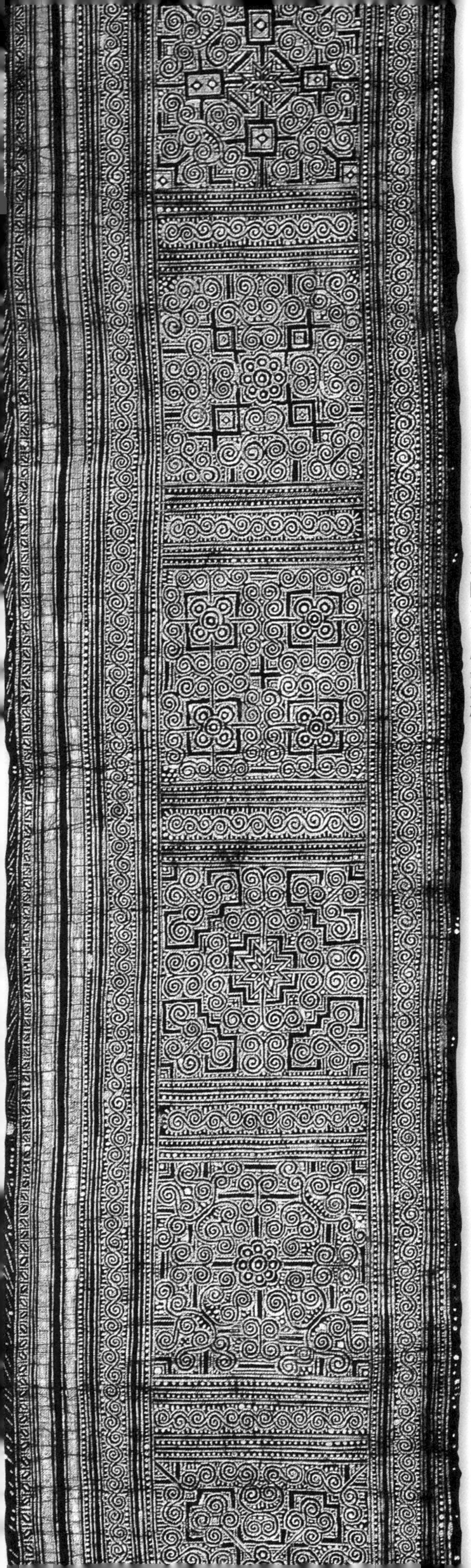

隆林大树脚清水苗女子蜡染裙图纹

有限的符号元素变幻出不尽相同的样式，产生了复式的符号层次结构。

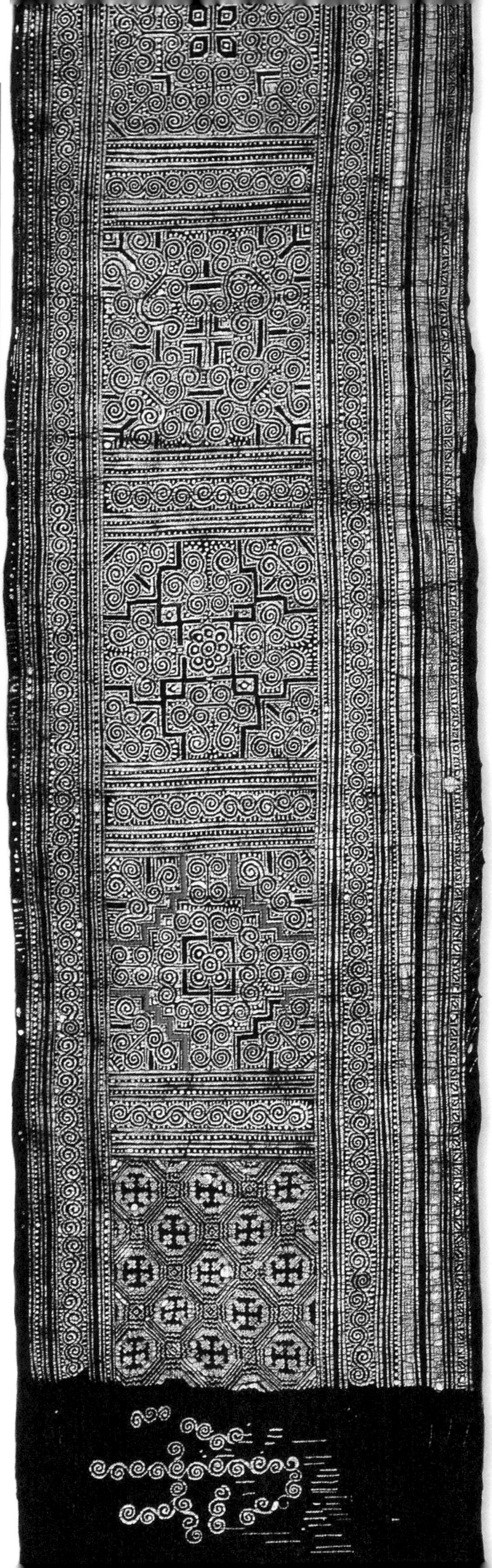

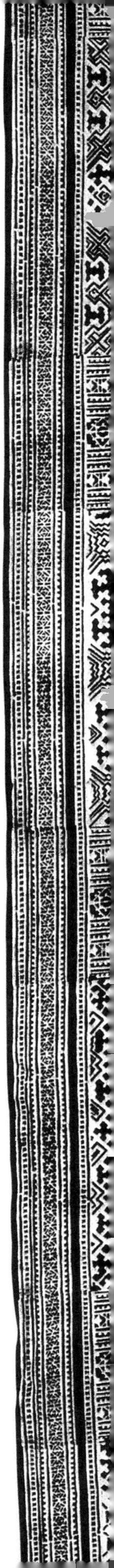

隆林蛇场栽姜苗女子挑花衣图纹　星群般的图案，构结成一个完整的城堡群——有四方的门阙，有中堂的圣坛，有层

叠的墙垒，有内设的侧殿似乎是座光彩的寄宿着日月星辰的天宫·如今拢聚在苗家人的身上·赐予创世先祖的恩泽。

融水苗蜡染褶裙图纹

蜡染褶裙上的草叶纹，是远古人类披草叶衣树皮的往事记忆。

三江侗族女子上衣挑花图纹

侗族女神萨天巴，在天是太阳，在地是金斑大蜘蛛显形。三江侗族女子衣胸背上的织锦片，蛛网纹与八角太阳纹套叠一起，将女神咤吒天地的能量集结为精致的锦绣，披挂在自己身上。

三江程阳
娃崽口水兜的图纹

口水兜的围片，通常是母亲手工织成，中部细密均匀的网络纹，象征着始祖女神萨天巴的护佑。

三江程阳
娃崽口水兜的图纹

口水围上的花边图案集结了侗族吉祥的龙或巨鸟等符号，但一排拉手的小人是不可缺少的。作为生命灵魂的替身，这些小人可使孩子免受病灾侵害。

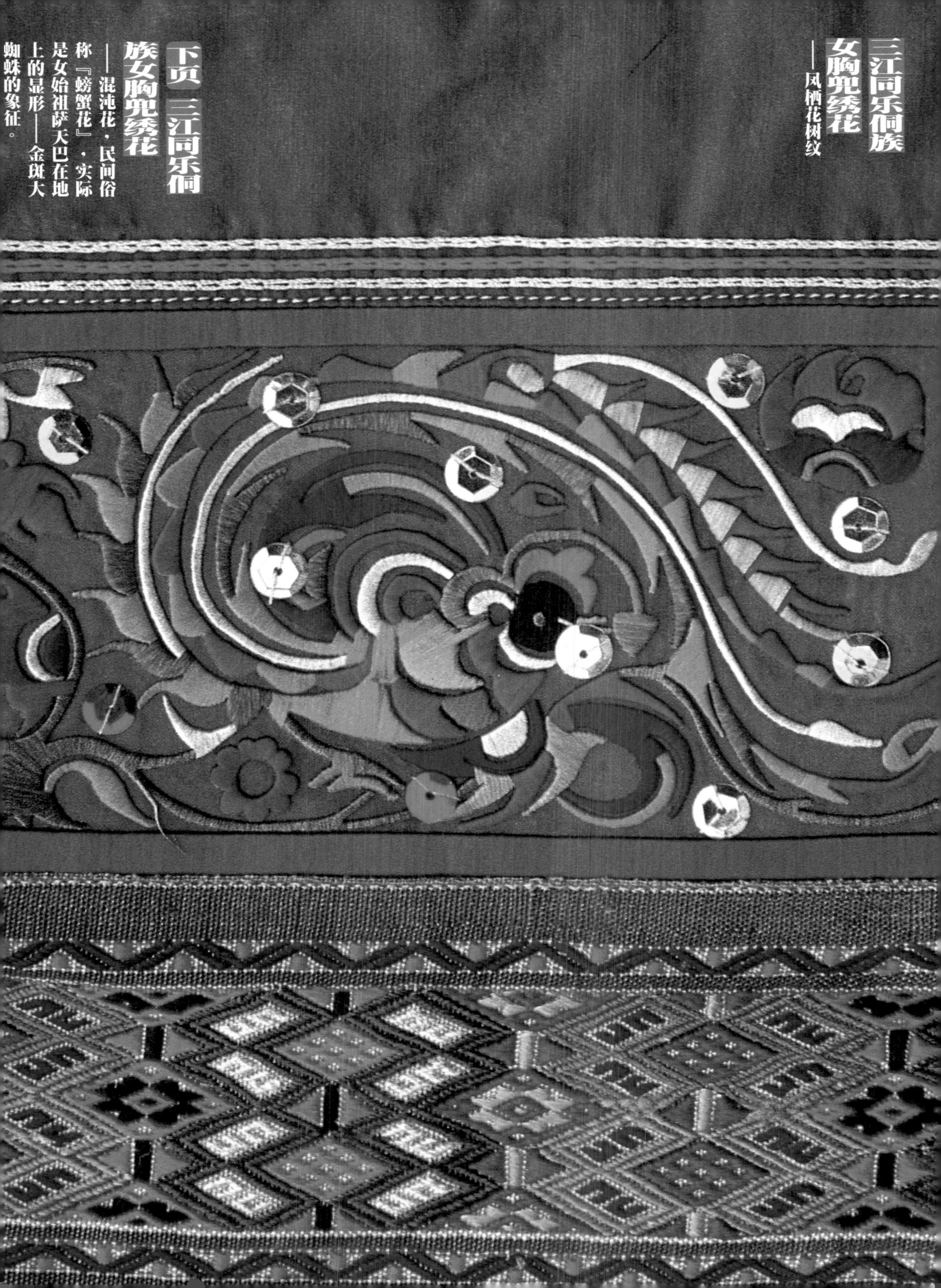

三江同乐侗族女胸兜绣花
——凤栖花树纹

下页 三江同乐侗族女胸兜绣花
——混沌花，民间俗称『螃蟹花』，实际是女始祖萨天巴在地上的显形——金斑大蜘蛛的象征。

三江八江侗族女胸兜绣花
——混沌花纹·凤鸟纹·花树纹。

三江同乐侗族女胸兜绣花

——蜂蝶纹·凤穿混沌花。

三江同乐侗族女胸兜绣花
——梁祝故事

三江侗族女胸兜上的绣花
——狮子绣球

三江林溪冠峒侗族芦笙衣图纹

五彩布片的斗折，如同一片编织讲究的花草席。据说古人穿着的卉衣，就是用柔软的阔叶编织出花纹，再拼缀成衣的，质地良好的卉衣固然会有吸汗消暑的功用，但今天人们用布片斗折编排，大约在于留住那种理性思维生成的美妙形式。

三江程阳侗族娃崽口水围图纹

精细的狗牙纹，如同山石般险峭狞厉，美丽的螃蟹花——蜘蛛——女神萨天巴花的形影怒放其中。这是一种顽强人格的提示。人类曾有负贝的古风，这不仅是为了贸易的需要，挂在项上的钱贝叮咚有声，成为中国民间一道普遍性的吉祥风景。神话故事里的刘海戏金蟾，不也挂着一串神奇的铜钱吗？

三江侗女头帕上的挑花——马上出游·凤凰护佑侗民·万字蜘蛛花·蜘蛛纹·田字回字纹·龙纹。

本卷结语

当漫步于这些美丽的花纹之中，将被它所陶醉时，我常常提醒自己：它给予我的不应当只是美丽。于是我必须停止陶醉，因为在这些『文章』面前，显出了自己的无知——这是另外一种文字，这是另外一种文明的方式。尽管人类都曾有过与之相似的经历，但我所在的『现代文明』的世界已与之离题千里了。曾经认为，人类的旅程就是『从愚昧到光明』，然而，越是在弄清楚一些历史的真实面目之后，就越发觉得这种说法的单薄无力。最起码，在前行的途中，人类需要回首校正自己的步履与目标，更需要回忆一下开始起步的本原动机。倘若我们忘记了或者乱了方寸，又怎能保证不会走进一个死胡同呢？要看得真真切切清清楚楚，就必须用自己的眼睛去解读历史。而图像，特别是民间艺术中所保留下来的篇章，是一部被忽视了的大书。

本卷仅展示了广西各民族衣装的平面，请看卷四——那些与生命合体的『五彩衣裳』，那些带精气神韵的人们。

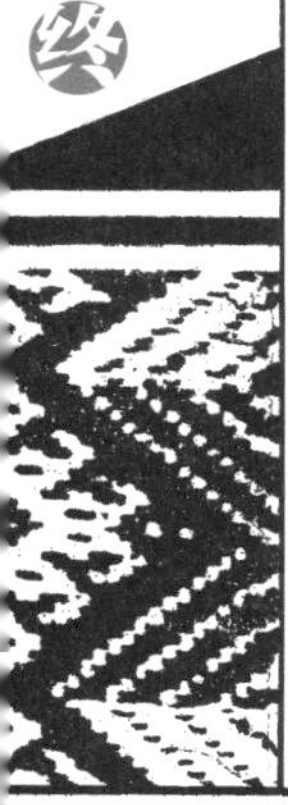

图书在版编目（CIP）数据

五彩衣裳：全2册/吕胜中主编.—2版.—南宁：广西
术出版社，2016.7
(广西民族风俗艺术)
ISBN 978-7-5494-1609-7

Ⅰ.①五… Ⅱ.①吕… Ⅲ.①民族服装—广西—摄
集 Ⅳ.①TS941.742.8-64

中国版本图书馆CIP数据核字（2016）第154685号

广西民族风俗艺术 卷叁

五彩衣裳 上

卷末

终

出版 广西美术出版社
总策划 甘武炎 钟艺兵
编辑总顾问 吴崇基(侗族)
策划编辑 邓欣 黄玲
责任编辑 余亚万 谭宇
装帧设计 全子
责任校对 陈小英
审读 林柳源

吕胜中主编

五彩衣裳 上

广西民族风俗艺术 卷叁

制版 雅昌文化（集团）有限公司
印刷 深圳市国际彩印有限公司
发行 全国新华书店
版次 二〇一七年一月第二版第一次印刷
开本 宽889mm×1194mm 1/16 印张 12
印数 一五〇〇册
书号 ISBN 978-7-5494-1609-7
定价 360.00元 上下卷